U0154281

人體的地圖

The Atlas of the Human Body

原著／高橋長雄　編譯／張豐榮

●原作者　高橋長雄
●編譯　張豐榮、郭玉梅
●資料、圖片提供者
(1)有關腦部的重大疾病：平井俊策、三澤章吾
(2)實際大小的腦：金光晟
(3)肺泡與氣體交換的構造：潼沢敬夫
(4)胃部的內部：長町幸雄
(5)利用電子掃瞄所見到的胃黏膜表面：山元寅男
(6)血管的鑄型標本：奥平雅彥
(7)利用膀胱鏡的尿道口：町田豐平

編者序

「腎臟究竟有多大？」

「食道與氣管究竟何者在前？」

「硬膜下出血與蛛網膜下出血究竟有何不同？」

每個人都擁有一個身體，但是，若有人提及上述的問題時，恐怕鮮少有人能正確說出答案。

在日常的診療中，醫師常須對患者或患者家人說明病狀，或講解手術的概要，這時，就須先讓對方了解身體的構造與內臟功能，其中最有效的方法，就是以照片或正確的圖形做輔助的解說。但是，都往往找不到合適的照片或圖形，只好採畫簡圖的方式來解釋。不過，光用線條式的平面圖，很難對立體的構造做最完善的解說。

本書的宗旨是提供讀者有關身體器官的正確功能、位置與大小，同時也介紹各部位可能發生的主要疾病。

當您或您的親朋好友患病時，只要翻閱此書，將可使您大概掌握約略的病情，配合醫師的用藥與指導，使自己在最快速的情況下恢復健康。

所謂「知己知彼，百戰百勝」，唯有徹底了解自己的身體構造，一旦患病，即可儘快獲知身體發出的警告訊息，並立刻就醫或採取應有的處理方式。

總之，這是一本可幫助您了解自己的身體，在需要時，也可作爲和醫師溝通的重要書籍，所以，本書也是一本家庭必備的良書。

目錄

身體器官的介紹目錄——6

編者序——3

本書的用法——身體結構與各部位名稱——8

1 頭與頸

頭與頸部的構造——10
頭蓋與頭部的血管——12
腦與脊髓——14
眼——18
耳——20
鼻——22
口腔與牙齒——24
咽部與喉部——26
● 頭與頭部的主要疾病——28

2 胸部

胸部擁有什麼器官——30
肺、氣管、支氣管——32
肺泡與氣體的交換——36
關係呼吸的肌肉——38
心臟——40
滋養心臟的血管——42
心跳韻律與心周期——44
乳房——46
● 胸部的主要疾病——48

3 腹部

腹部裏有些什麼器官——50
消化器官
食道——52
胃與十二指腸——54
小腸、大腸、肛門——58
消化與吸收——消化管壁的構造——60
肝臟——62
膽囊與胰臟——66
脾臟——68
● 消化器官的主要疾病——69
泌尿器官
腎臟——70
膀胱與尿道——74
● 泌尿器官的主要疾病——75

男性生殖器官——76
女性生殖器官——78
月經的過程——82
妊娠的發生——84
●生殖器官的主要疾病——86

4 手與足

上肢與下肢的骨骼與肌肉——88
肩關節——90
肘關節與手關節——92
髖關節與膝關節——94
脚的關節——96
上肢的血管——98
下肢的血管——100
上肢的神經——102
下肢的神經——104
●手與脚的主要疾病——106

5 全身

肌肉——108
骨骼與關節——112
皮膚與毛髮——116
血液與淋巴管的流向——124
淋巴系統——124
神經——126
內分泌器官與賀爾蒙——134
●全身的主要疾病——136

資料篇

1. 身體的數值——138
2. 主要檢查的正常值——141
3. 隨著成長的體型變化——143
4. 胚胎、胎兒的形態變化及胎兒容易發生異常的情形——143
5. 不同年齡的體力測試結果——144
6. 應該知道的用語——147

身體器官

循環器官

頭蓋與頭部的血管——12
胸部擁有什麼器官——30
心臟——40
滋養心臟的血管——42
關係呼吸的肌肉——44
脾臟——68
上肢的血管——98
下肢的血管——100
血液與淋巴管的流向——120
淋巴系統——124

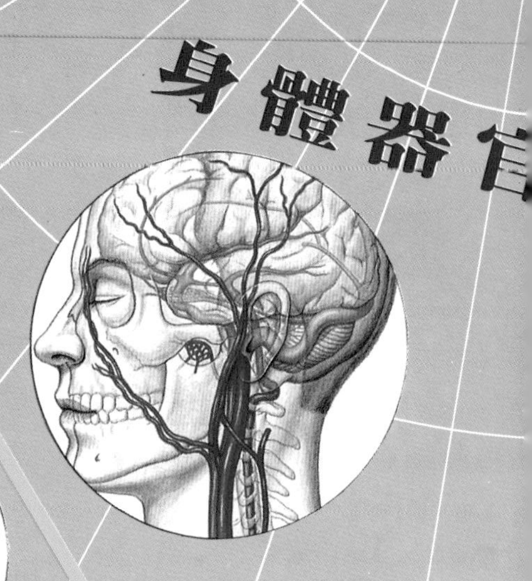

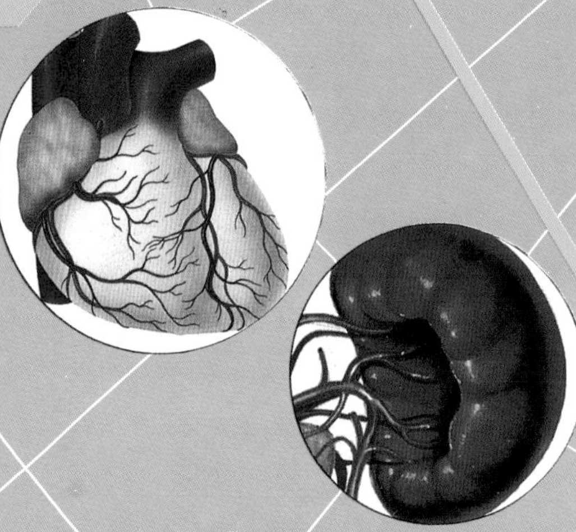

呼吸器官

鼻——22
咽部與喉部——26
胸部擁有什麼器官——30
肺、氣管、支氣管——32
肺泡與氣體的交換——36
關係呼吸的肌肉——38

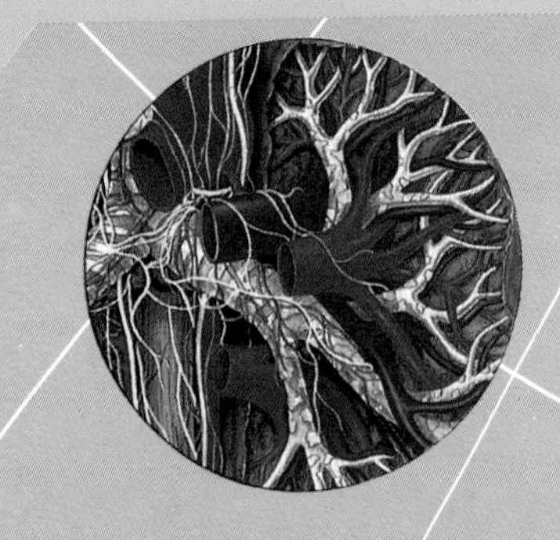

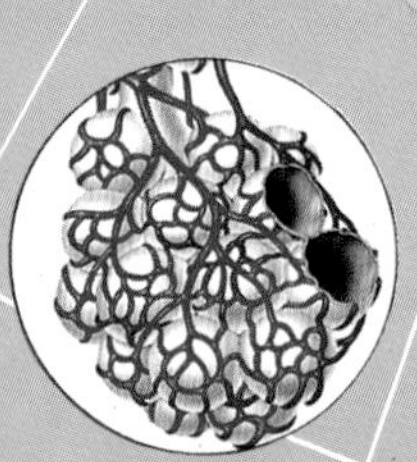

消化器官

口腔與牙齒——24
咽部與喉部——26
腹部裏有些什麼器官——50
食道——52
胃與十二指腸——54
小腸、大腸、肛門——58
消化與吸收——消化管壁的構造——60
肝臟——62
膽囊與胰臟——66

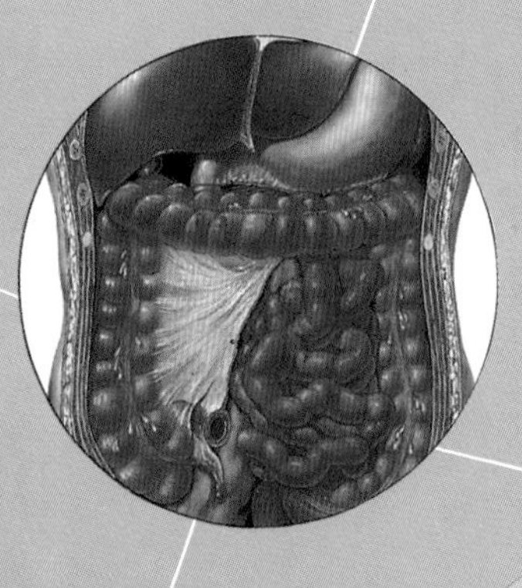

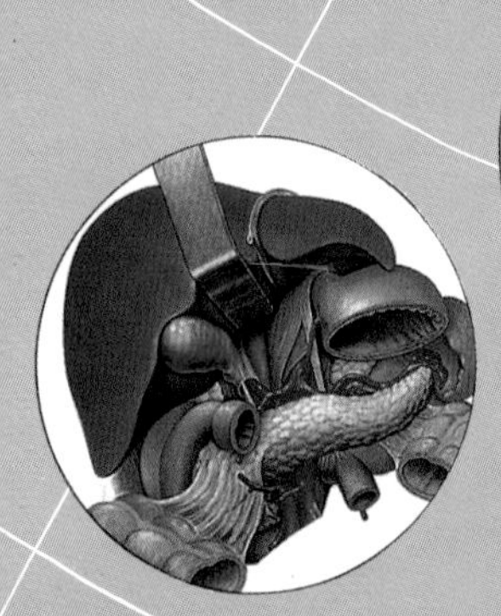

泌尿器官・生殖器官

乳房——46
腹部裏有些什麼器官——50
腎臟——70
膀胱與尿道——74
男性生殖器官——76
女性生殖器官——78
月經的過程——82
妊娠的發生——84

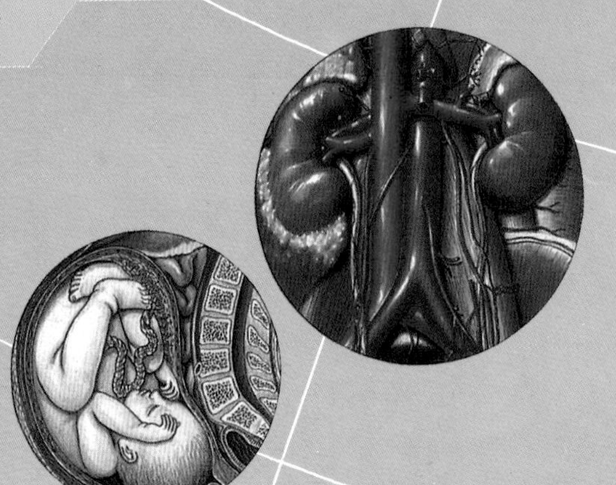

身體與疾病

頭與頸部的主要疾病——28
胸部的主要疾病——48
消化器官的主要疾病——69
泌尿器官的主要疾病——75
生殖器官的主要疾病——86
手與脚的主要疾病——106
全身的主要疾病——136

內介紹目錄

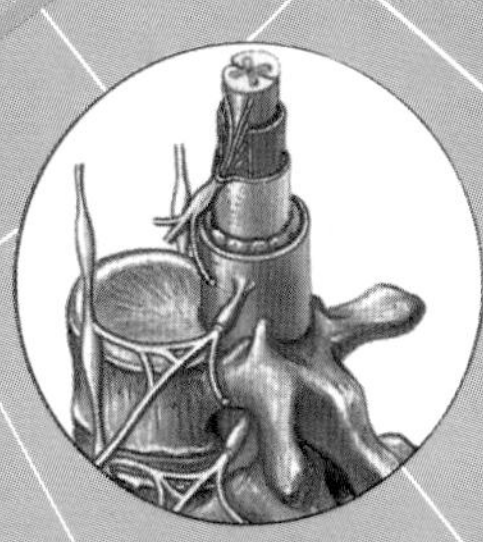
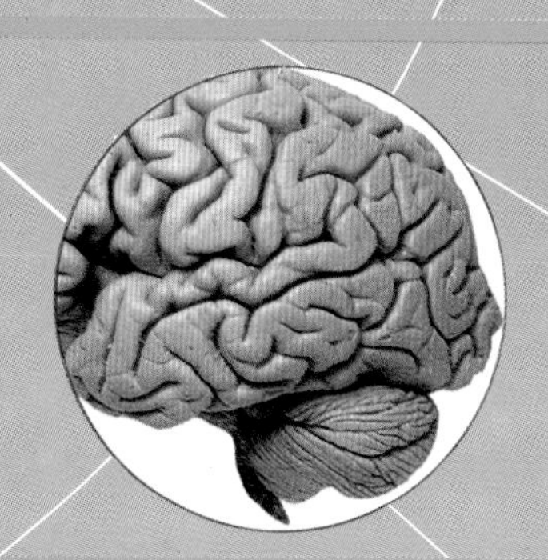

腦・神經系統

頭與頸部的構造——10
腦與脊髓——14
上肢的神經——102
下肢的神經——104
神經——126

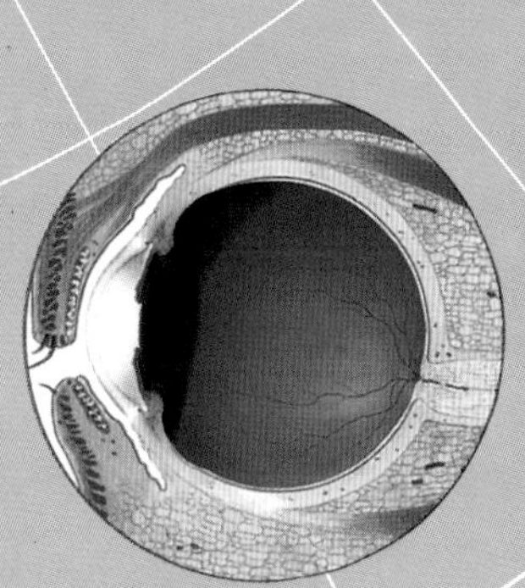
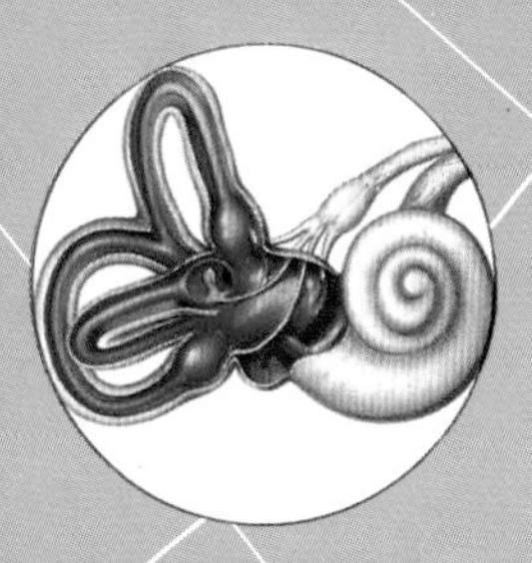

感覺器官

頭與頸部的構造——10
眼——18
耳——20
鼻——22
口腔與牙齒——24
乳房——46
皮膚與毛髮——116

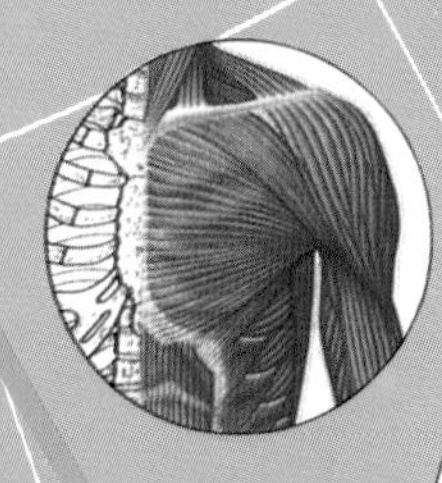
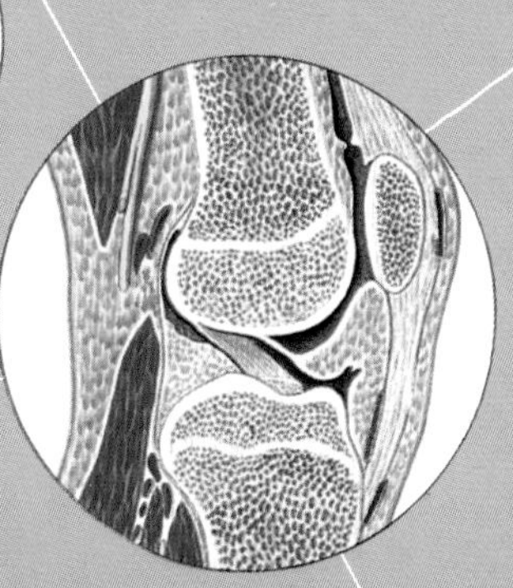

肌肉・骨骼

頭蓋與頭部的血管——12
關係呼吸的肌肉——38
上肢與下肢的骨骼與肌肉——88
肩關節——90
肘關節與手關節——92
髖關節與膝關節——94
腳的關節——96
肌肉——108
骨骼與關節——112

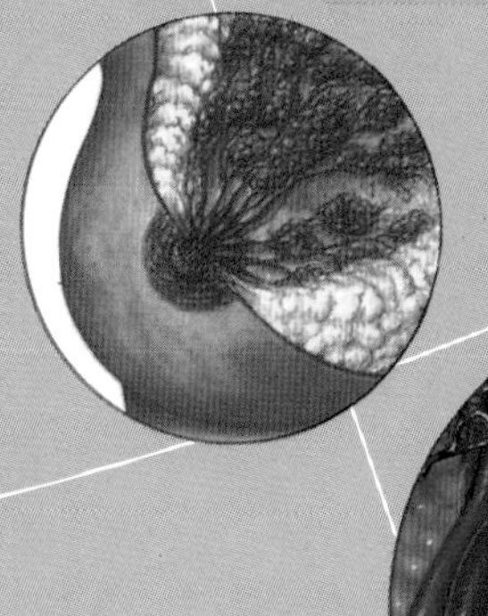
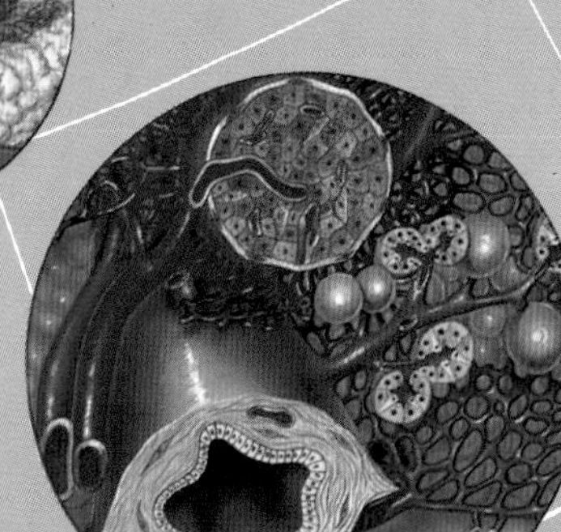

內分泌器官

乳房——46
腹部裏有些什麼器官——50
內分泌器官與賀爾蒙——134

資料篇

1. 身體的數值——138
2. 主要檢查的正常值——141
3. 隨著成長的體型變化——143
4. 胚胎、胎兒的形態變化及胎兒容易發生異常的情形——143
5. 不同年齡的體力測試結果——144
6. 應該知道的用語——147

本書的用法——身體結構與各部位名稱

●本書圖片說明中所用的〈左〉〈右〉，是專指身體的〈左〉〈右〉之意。

●身體的主要面與方向

①正中矢狀面：將直立的身體，以縱中線等分成左右的面。平行於正中矢狀面的面，便稱爲矢狀面。
②水平面：水平分割直立的身體就叫水平面。
③前額面：將身體分成腹側與背側的面。
④頭側：近頭部的部位，立正姿勢時稱爲上方。
⑤尾側：近下股的地方，立正姿勢時稱爲下方。
⑥腹側：胸部與腹部，稱爲前方。
⑦背側：背部，也稱後方。手則是指手背而言。
⑧內側：接近身體縱中心線的部位。
⑨外側：遠離身體縱中心線的部位。
⑩橈側：指位在上肢接近橈骨的部位（大拇指方向）。
⑪尺側：指位在上肢接近尺骨的部位（小指方向）。
⑫掌側：指手掌方向。

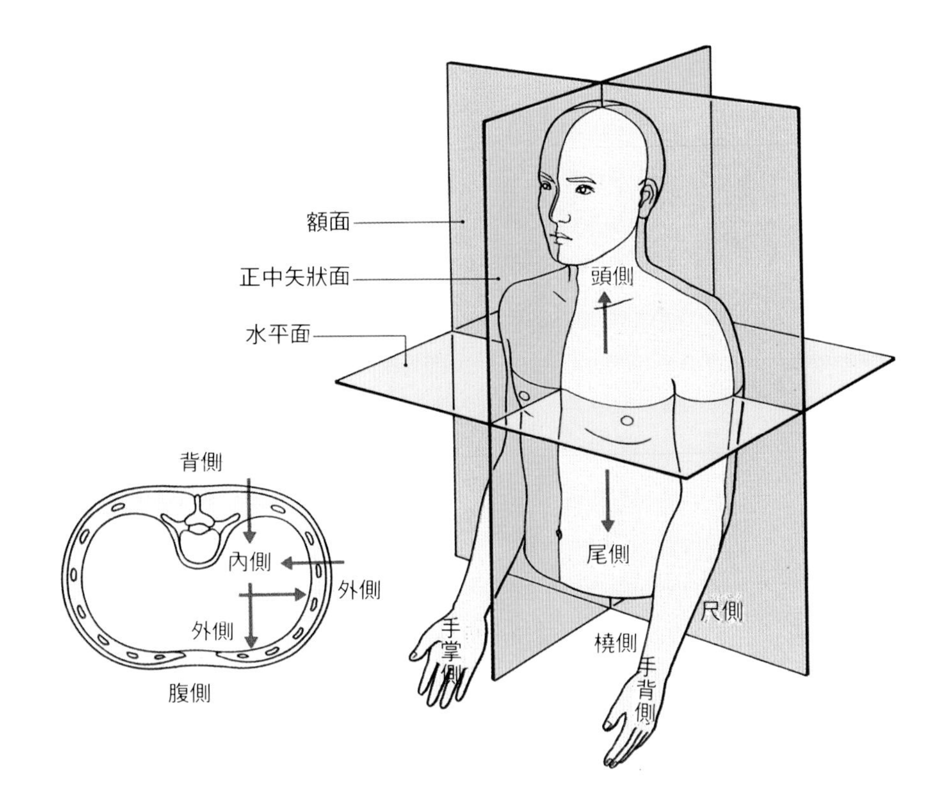

●身體各部位名稱

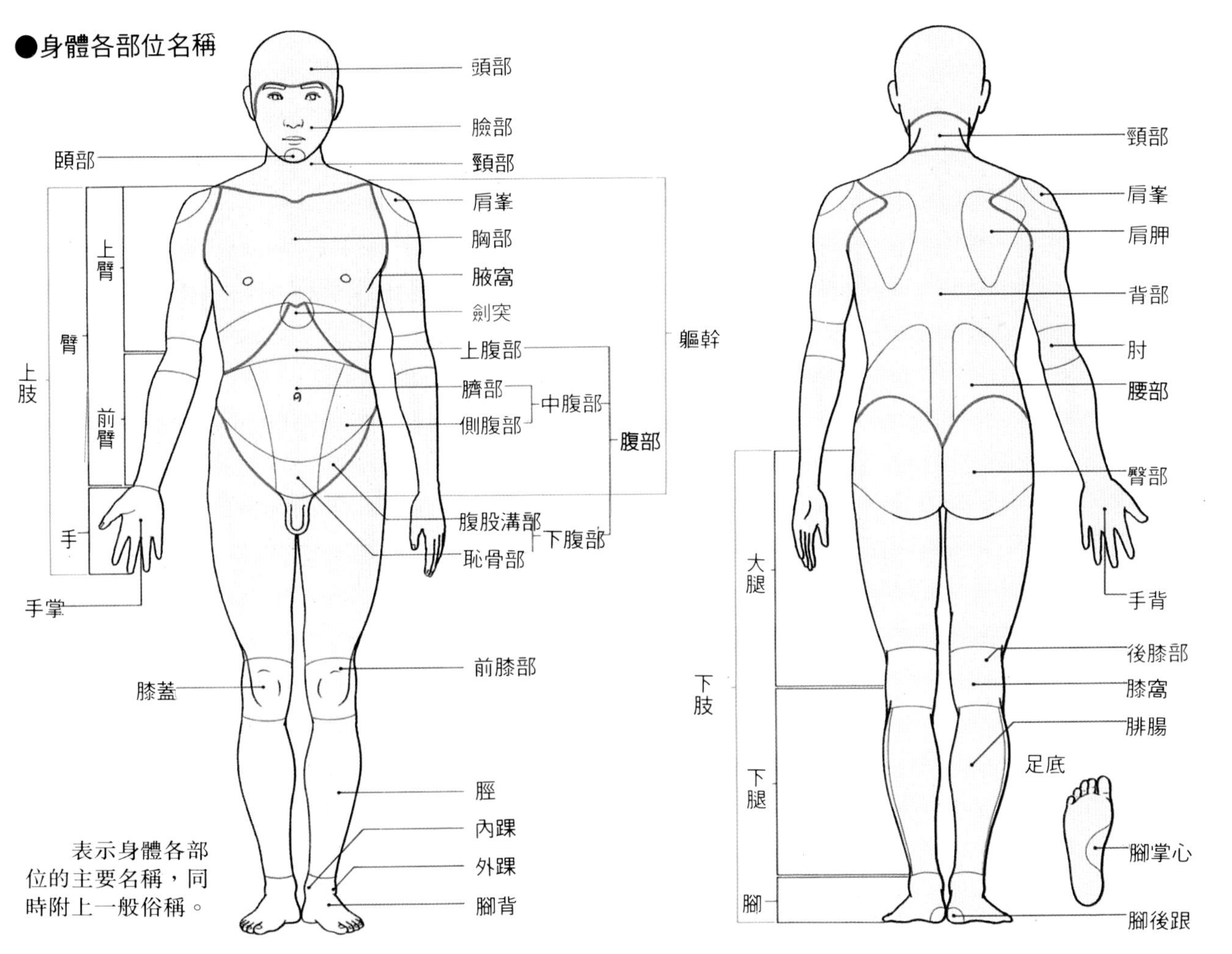

表示身體各部位的主要名稱，同時附上一般俗稱。

1 頭與頸

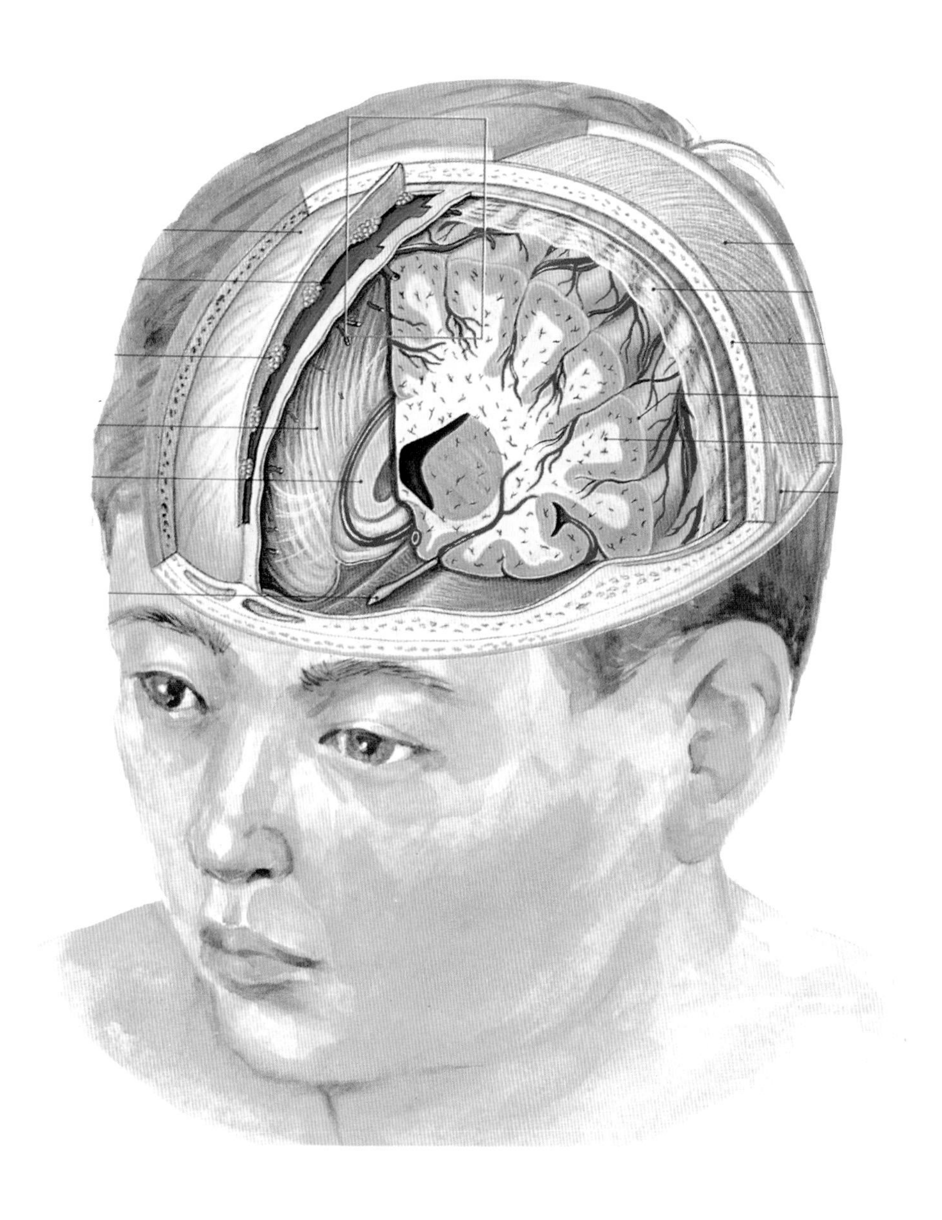

頭與頸部的構造

1 頭部與頸部

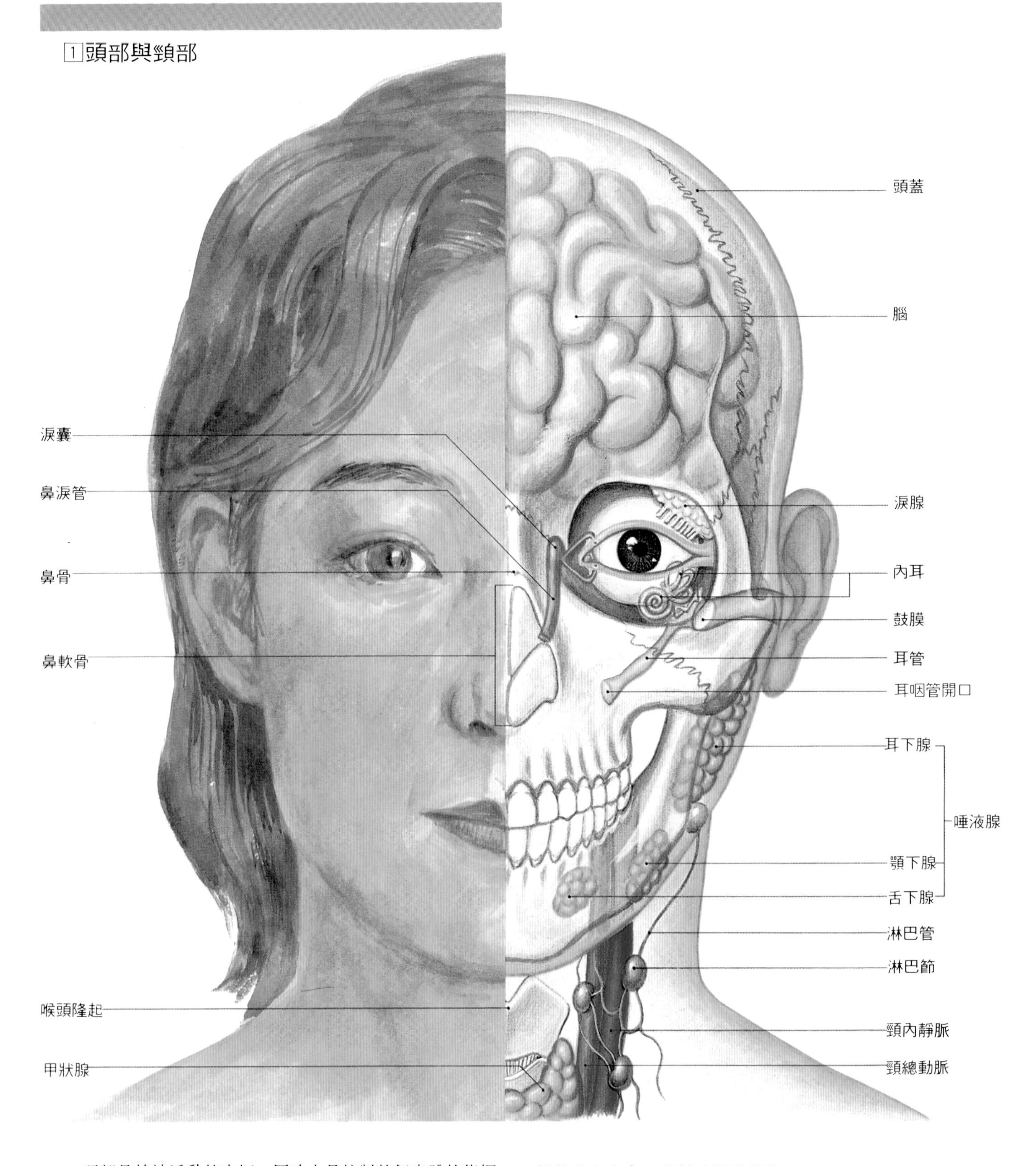

頭部是精神活動的中樞，同時也是控制整個身體的指揮所及主要感覺器官的聚集部位。堪稱是人體中最具特殊能力的部位。

頭部的腦蓋裏，收藏著主司高度精神活動的大腦，根據大腦指令主導身體一切行動的小腦，以及統合呼吸、循環等維持基本生命上必備功能的腦幹。

腦頭蓋前下方的顏面頭蓋裏，則收藏著可以掌握臉面變化的眼、耳、鼻、舌等感覺器官。並且附有創造喜怒哀樂表情的表情肌，是表現心中動態的舞台。

2 觀察頭的內部

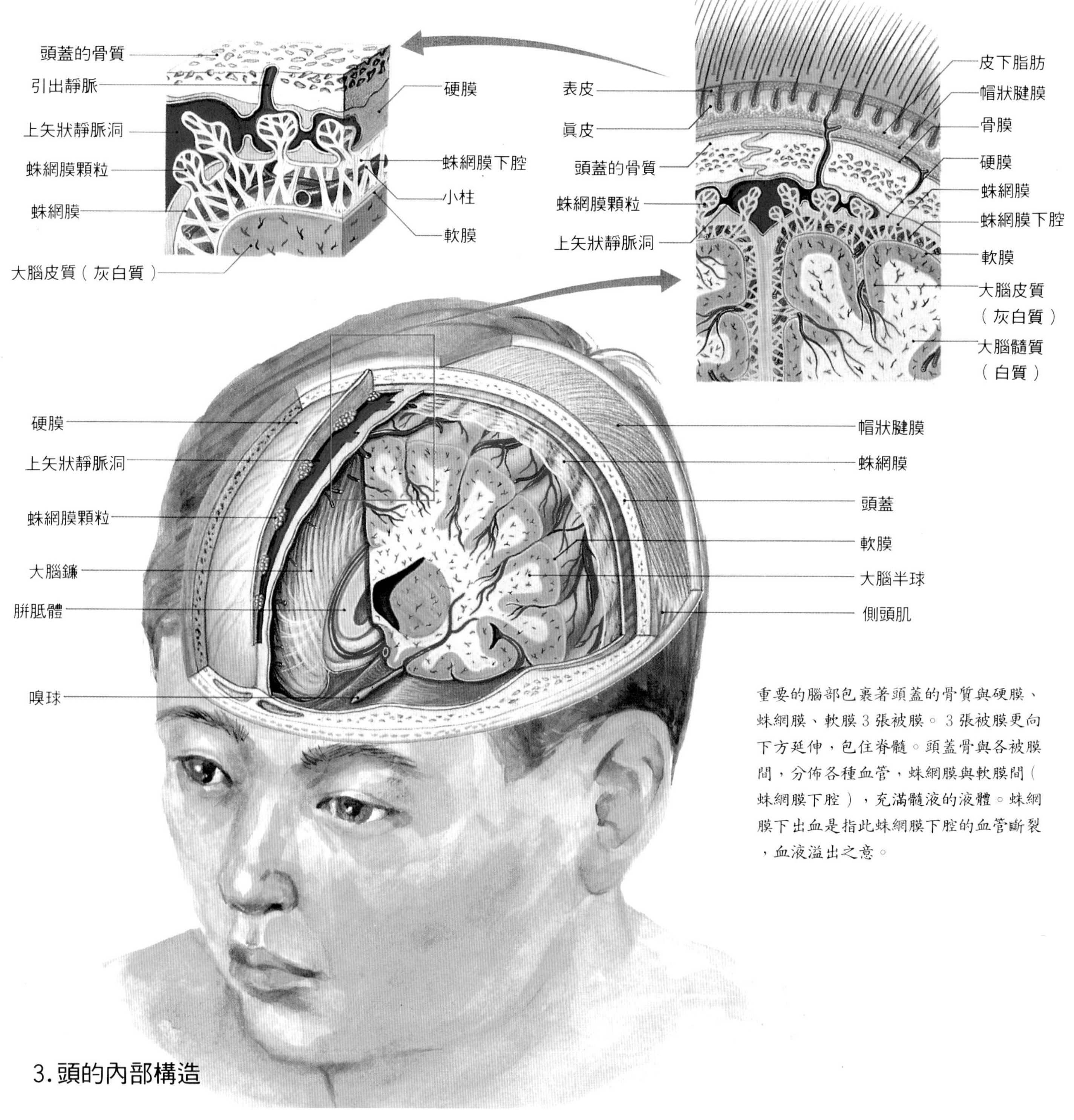

重要的腦部包裹著頭蓋的骨質與硬膜、蛛網膜、軟膜 3 張被膜。3 張被膜更向下方延伸，包住脊髓。頭蓋骨與各被膜間，分佈各種血管，蛛網膜與軟膜間（蛛網膜下腔），充滿髓液的液體。蛛網膜下出血是指此蛛網膜下腔的血管斷裂，血液溢出之意。

3. 頭的內部構造

連接頭部與身體的頸部，藉著頸椎與肌肉的功能，支撐沈重的頭部，並使頭部能自由轉變方向。頸部裏有以脊髓爲首的神經，傳送由中樞神經（大腦、小腦、腦幹）發出的指令，以及由四肢、身體向中樞傳送情報。其次，對中樞補給氧氣、能量的大動脈，與廢物回收路（靜脈及淋巴腺）也通過這兒。

將食物送入食道的咽頭也在此部位。另外還有防守氣管的會厭，製造聲音的聲帶所在的喉頭。再者，前頸部裏還有體內最大賀爾蒙器官甲狀腺。

頭蓋與頭部的血管

●頭蓋

頭蓋主要功能是保護大小腦等中樞神經系統及眼、鼻、耳等主要感覺器官，避免受到外來的傷害。頭蓋分爲腦頭蓋與顏面頭蓋。

腦頭蓋是由額骨、枕骨、蝶骨、篩骨各1個，顳骨、頂骨左右各2個構成，這些骨骼的結合線，就宛如拼圖玩具的組合線般，以波形線結合。此一縫合線的花紋，女性比男性緻密。胎兒因縫合線部份爲軟骨，富彈性，因此，通過產道時，頭蓋因受到壓縮暫時變小。

額骨、上頜角、蝶骨等，骨骼變厚的部份，內部形成空洞，有助於頭蓋的輕量化。顳骨比較薄，容易骨折。

●頭、頸部的動、靜脈

從頸部根部往前頸部移動指尖，會觸及頸總動脈。通過頸部兩側的2條頸總動脈，延伸到下頸骨附近時，便分成頸外動脈與頸內動脈，頸外動脈主要是運送血液給頭蓋外側組織。左右的頸內動脈，與椎骨動脈一起在腦底連成一個圈，由此所分出的3對動脈向蛛網膜、大腦、小腦等頭蓋內的中樞神經組織輸送血液。

腦組織中的血管裏中有經動脈。通常，在身體其它部位裏，與附近動脈之間彼此都有連絡路線，但是經動脈只靠著1條動脈，負責血液分配的全部責任。因此，經動脈一旦破裂或阻塞，它所負責的血液分配區域，立刻導致壞死，而腦血管梗塞發生致命性傷害的，正是這個經動脈的部位。顏面雖有許多血管，但皮膚與骨骼之間，卻很少有彈性組織，因此，在打、撲時，很容易造成血管斷裂而出血。

●主要的疾病　頭部外傷、腦梗塞、腦出血、蛛網膜下出血、瞬間性腦虛血發作等等。

1 頭蓋

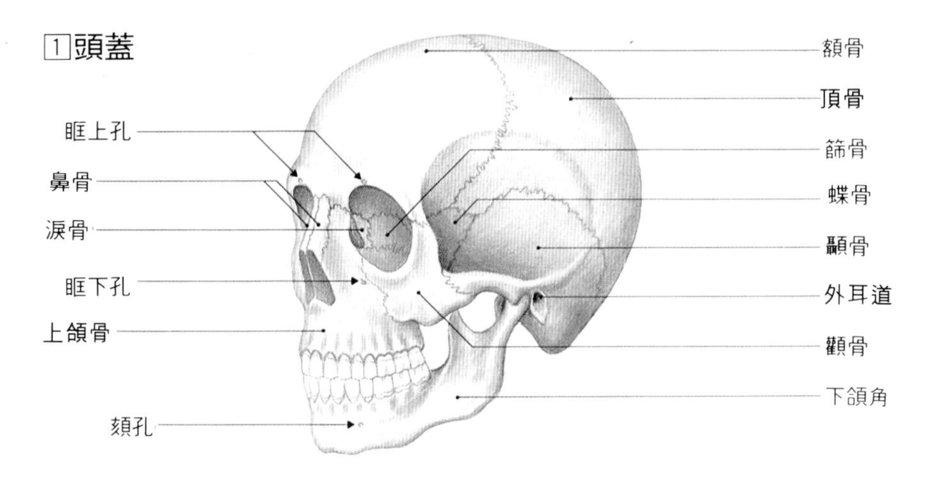

1. 從斜前方所見到的頭蓋

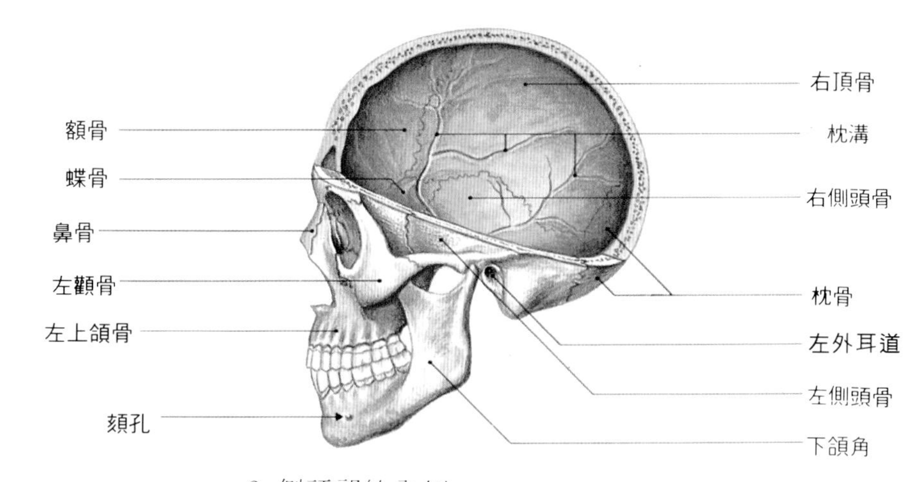

2. 側頭部的內側

側頭部的骨骼裏面，重要血管穿梭其間，因此，側頭部一旦受外傷，便容易造成血管斷裂
本圖僅顯示血管通過的溝（動脈溝）

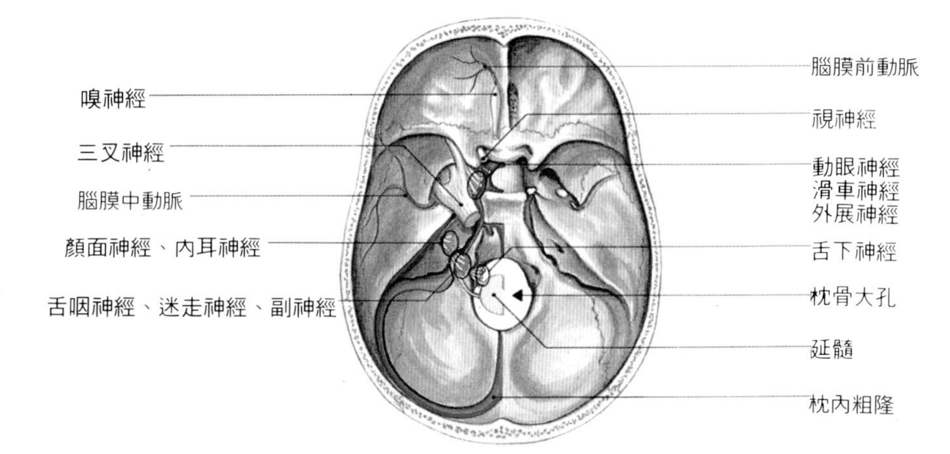

3. 頭蓋底的內側

從額頭的中央水平狀切開，左半部份是出入頭蓋內的神經與血管，右半部份是容納這些神經、血管的孔洞。

②頭、頸部的主要動、靜脈

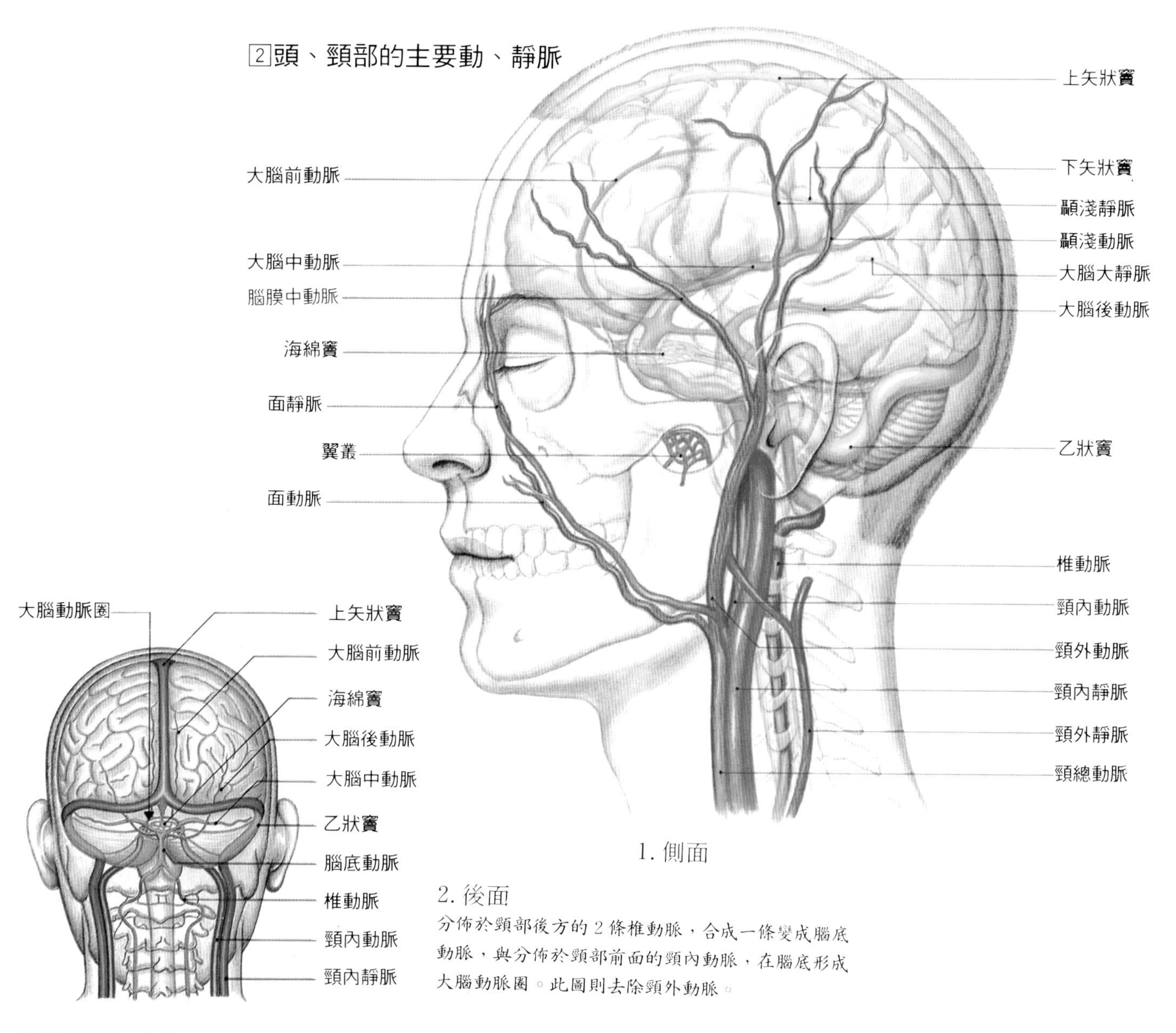

1. 側面

2. 後面

分佈於頸部後方的 2 條椎動脈，合成一條變成腦底動脈，與分佈於頸部前面的頸內動脈，在腦底形成大腦動脈圈。此圖則去除頸外動脈。

③腦部的重大疾病

1. 腦動脈瘤（箭頭）

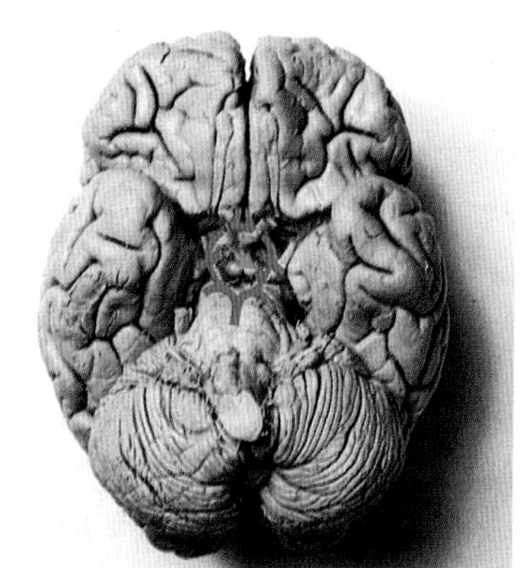

易形成於腦底的大腦動脈圈上。破裂後成為蛛網膜下出血。

2. 腦血栓症

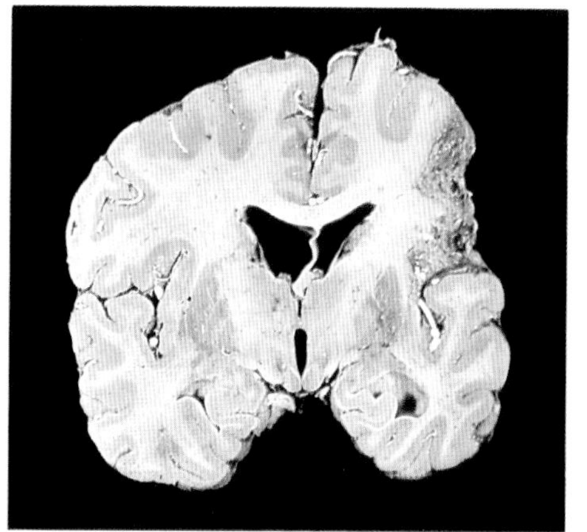

因腦血栓症導致腦血管阻塞，部份造成腦軟化的腦。

3. 硬膜外血腫

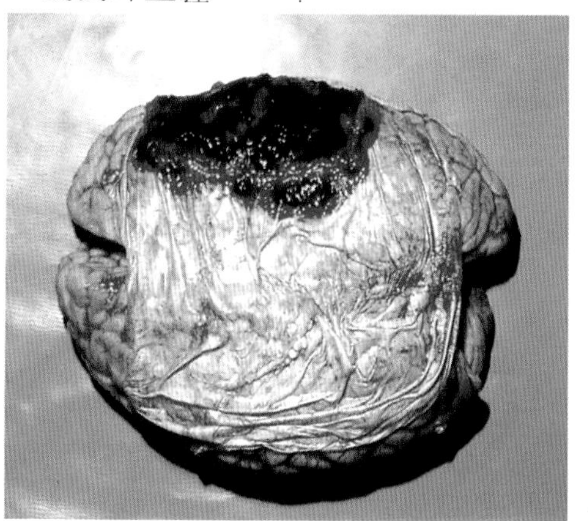

因頸部外傷，腦蓋與硬膜之間的血管斷裂所形成的血腫。

腦與脊髓

- 大腦　長徑約16～18cm，短徑約12～14cm，重量男性約 1350g ，女性約爲 1250g。
- 小腦　重量男性平均約135 g ，女性約122 g 。
- 脊髓　長度約44cm，直徑約 1 ～1.5cm，重量約25 g 。

●腦

位在頭蓋骨裏，由大腦、小腦及腦幹所構成。

【大腦】 成人男性的大腦重約 1350 公克，女性約 1250 公克。大腦縱剖分成左右 2 個半球，厚度約 2～5 釐米的皮質（灰白質），覆蓋著內部的髓質（白質）。皮質的外側包裹著硬膜、蛛網膜、軟膜等 3 層薄膜。皮質是種神經細胞聚集物，帶粉紅的灰白色，呈彎曲的凹凸狀。髓質是出自神經細胞的神經纖維聚集物，此一髓質中，包裹著神經細胞聚集塊的大腦核。

其次，大腦皮質分爲有系統的新的新皮質、老的老皮質、舊皮質。在人類或靈長類的腦部，老皮質與舊皮質因被發達的新皮質所包裹，表面看不到。新皮質主司高度的智能活動。老、舊皮質與大腦核形成大腦邊緣系統的機能單位，成爲本能的活動、情動、記憶等中樞。

【腦幹】 結合大腦半球與脊髓，呈孔雀魚形狀的部份，便叫腦幹。腦幹由頭側向尾側，並列著間腦、中腦、腦橋、延髓，由間腦伸出的莖端，垂於腦下垂體。

間腦是許多核（神經細胞塊）的聚集物，分成丘腦與丘腦下部。中腦裏存在與運動有關的紅核與黑質。從中腦到延髓的中央部份，有神經細胞與神經纖維結合成網狀的網狀體，操縱肌肉的協調運動、意識及覺醒等。腦幹在整體上是呼吸、心臟活動、調節體溫等基本生命現象的中樞。

【小腦】 在腦橋與延髓的背部，幾乎完全被大腦半球的顳葉所覆蓋。成人男性平均的小腦重約 135 公克，女性約 122 公克，中央是細小的長半球體，表面有橫佈的溝。是保持身體平衡的中樞，由肌肉、皮膚等感覺器官接收信號，進行肌肉羣共同運動的調節工作。

1 腦部構成

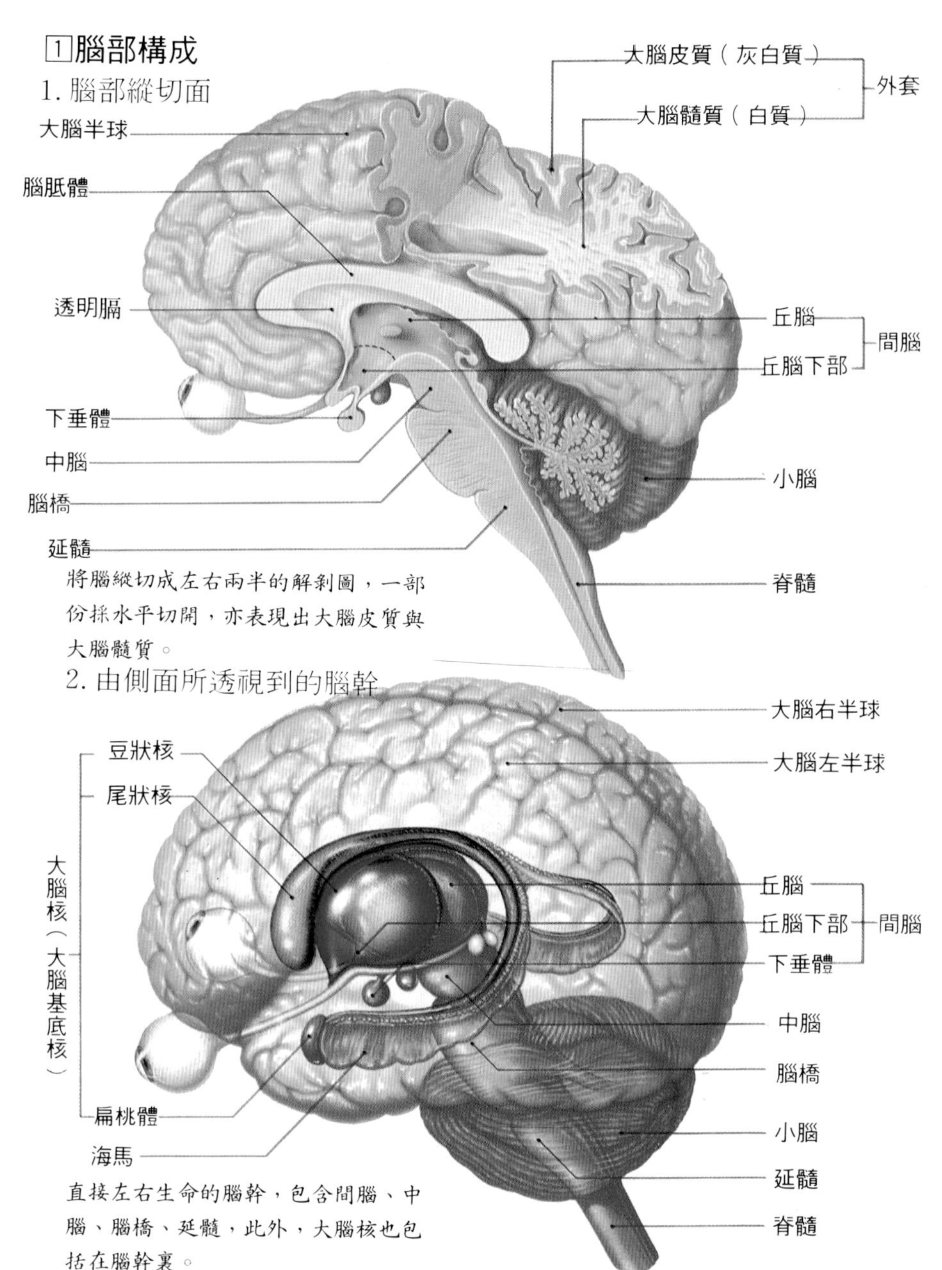

將腦縱切成左右兩半的解剖圖，一部份採水平切開，亦表現出大腦皮質與大腦髓質。

直接左右生命的腦幹，包含間腦、中腦、腦橋、延髓，此外，大腦核也包括在腦幹裏。

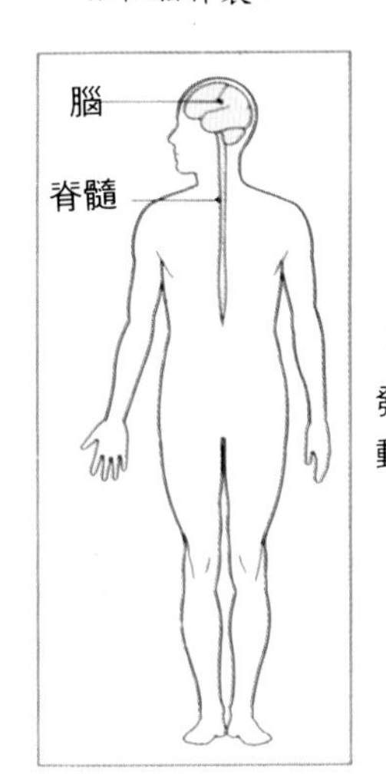

2 大腦的機能地圖

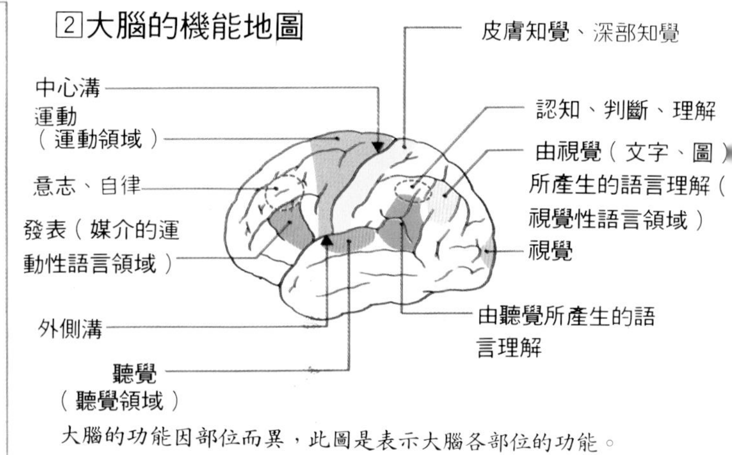

大腦的功能因部位而異，此圖是表示大腦各部位的功能。

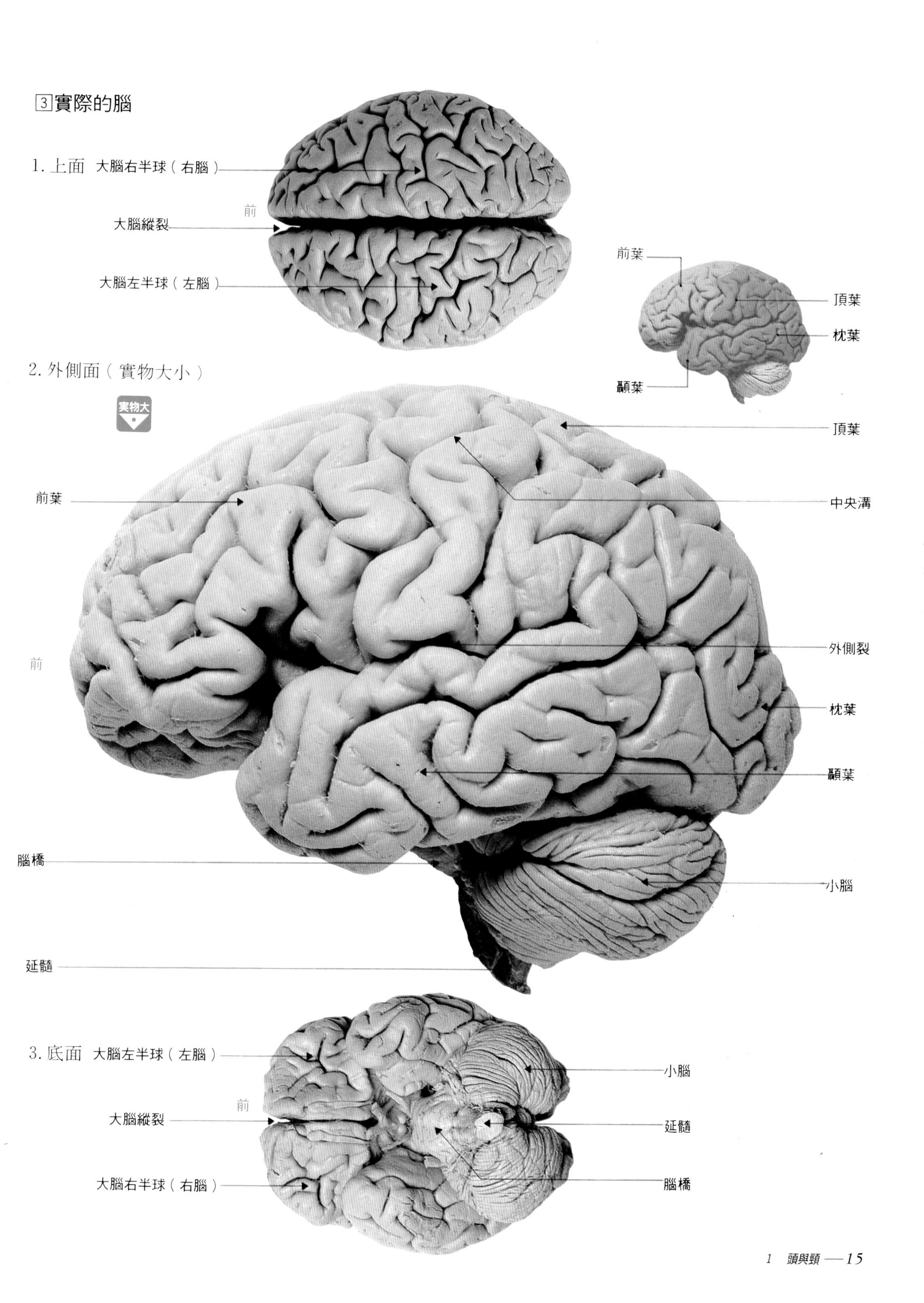

3 實際的腦
1. 上面 大腦右半球（右腦）
前
大腦縱裂
大腦左半球（左腦）
前葉
頂葉
枕葉
顳葉
2. 外側面（實物大小）
實物大
頂葉
前葉
中央溝
前
外側裂
枕葉
顳葉
腦橋
小腦
延髓
3. 底面 大腦左半球（左腦）
小腦
前
大腦縱裂
延髓
大腦右半球（右腦）
腦橋

●脊髓

是連續腦部的神經纖維組織，呈長條狀。擔任神經的連絡路線與中樞的功能。

【位置】 從頭部的延髓下端，延伸到脊柱頭側約 3 分之 2 長度的位置。全長成人約 44 公分，重約 25 公克，生長在連接脊椎骨體的背面與椎弓所圍繞的孔穴的骨骼髓道裏，受到嚴密的保護；結束於尾側末端的脊髓圓椎所生出的細條狀的末端。此一末端上存在少許由上部脊髓所生出的脊髓神經，因狀如馬尾故稱馬尾。

【構造】 脊髓與腦一樣，包在硬膜、蛛網膜、軟膜（合稱髓膜）內。若橫切脊髓觀察，會發現與大腦、小腦相反，外側是白質，其內部則包著H形的灰質。白質是由神經細胞的軸索構成，灰質是由神經元所構成。H形灰白質的腹側叫前角，背側叫後角。前角的神經元主要為運動性，連接運動神經，後角的神經元主要為感覺性，連接感覺神經（知覺神經）。其次，H字形的橫縱的交叉部份稱為側角，此部份的神經元連接交感神經。

【功能】 脊髓連接包含腦幹的腦部與身體各部位，是傳播信號的神經連絡路線。之所以能夠配合外界採取適當行動，是由於外來的信號透過這條連絡線，傳到腦部，然後再將腦部所下達的指令，傳達到四肢等身體的末梢。其次，當身體面臨危險，需要緊急避難時，便省略對腦的連絡，直接引起反射運動，此時，脊髓便發揮中樞的功能。再者，脊髓也是內臟送來信號的自律反射中樞，控制內臟與血管的功能。

●主要的疾病 脊髓損傷、脊髓空洞症、脊髓腫瘤等等。

4 脊髓的全體像

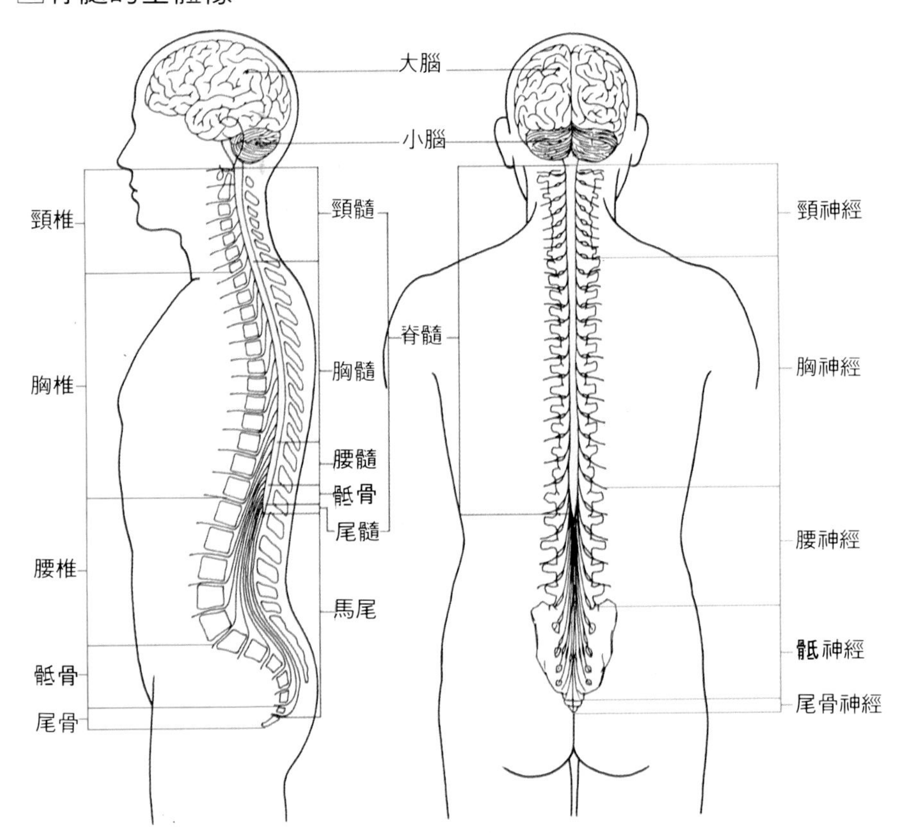

表脊髓的區分與脊柱跟脊髓神經之關係。

5 脊髓的功能

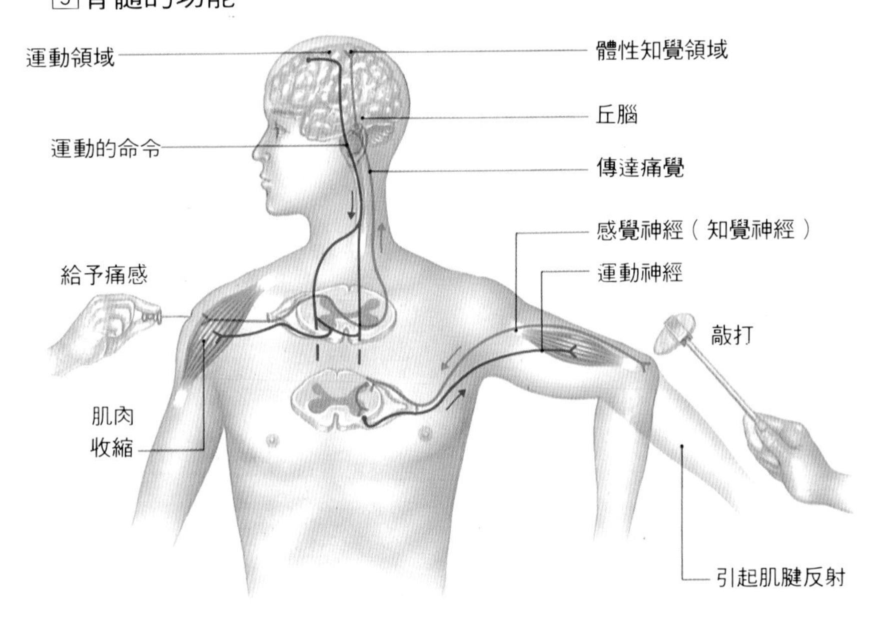

脊髓擔負連結身體各部位與腦部的神經連絡的任務，以及神經的傳達，及來自腦部的回應（肌肉收縮等命令），均透過脊髓本身來進行。表側表脊髓本身即是中樞，發出反射運動命令的情形。

6 脊髓的構造

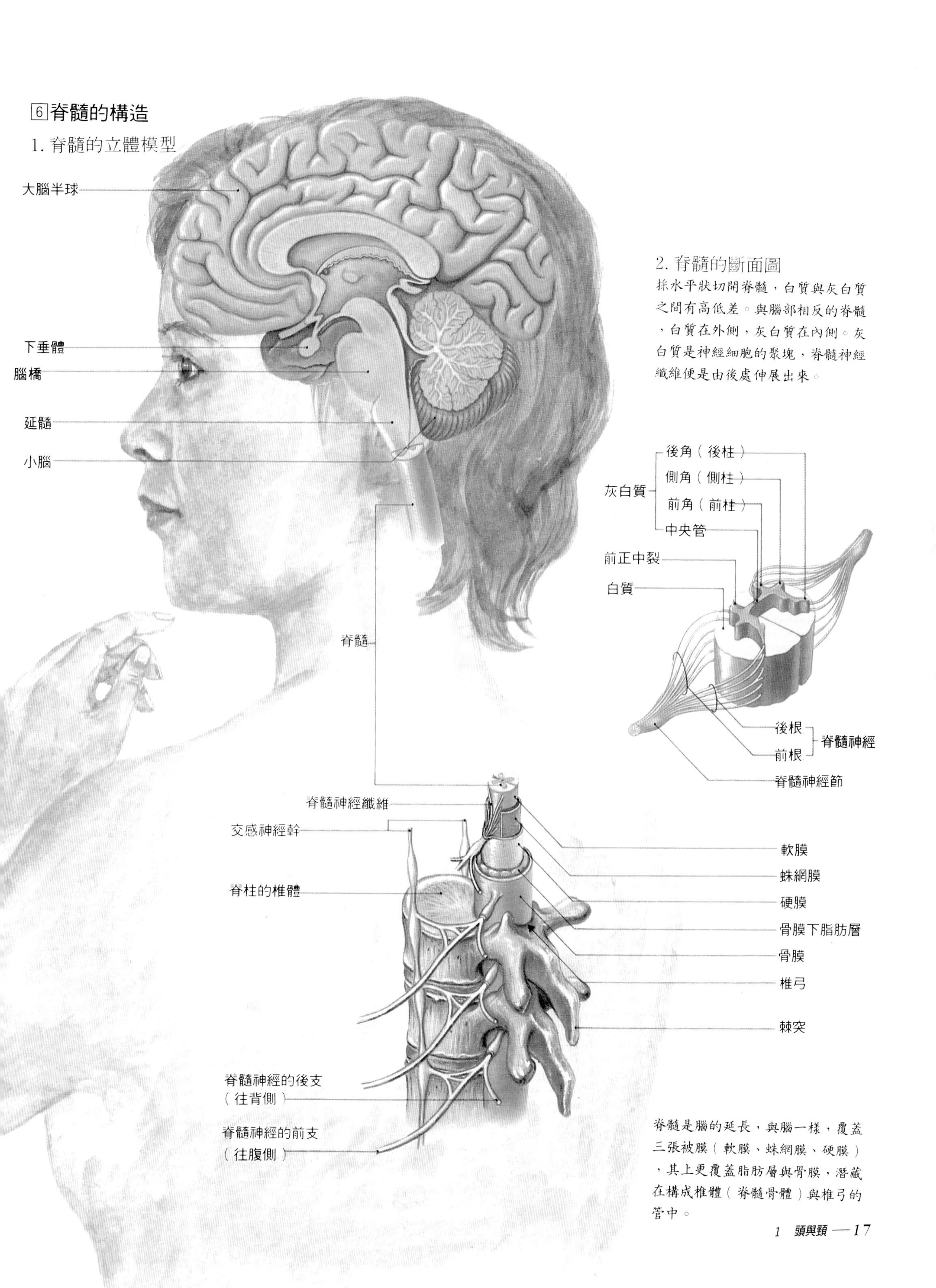

採水平狀切開脊髓，白質與灰白質之間有高低差。與腦部相反的脊髓，白質在外側，灰白質在內側。灰白質是神經細胞的聚塊，脊髓神經纖維便是由後處伸展出來。

脊髓是腦的延長，與腦一樣，覆蓋三張被膜（軟膜、蛛網膜、硬膜），其上更覆蓋脂肪層與骨膜，潛藏在構成椎體（脊髓骨體）與椎弓的管中。

眼

直徑平均約24mm，前後徑約23～25mm

1 眼睛名稱與眼睛周圍的器官

從眼腺所形成的分泌管流入眼睛的眼淚，如箭頭所示，滋潤眼球表面後，經過淚點、淚囊流入下鼻道。哭泣所流的鼻水實際上也是淚水。

2 活動眼球的肌肉（左眼）

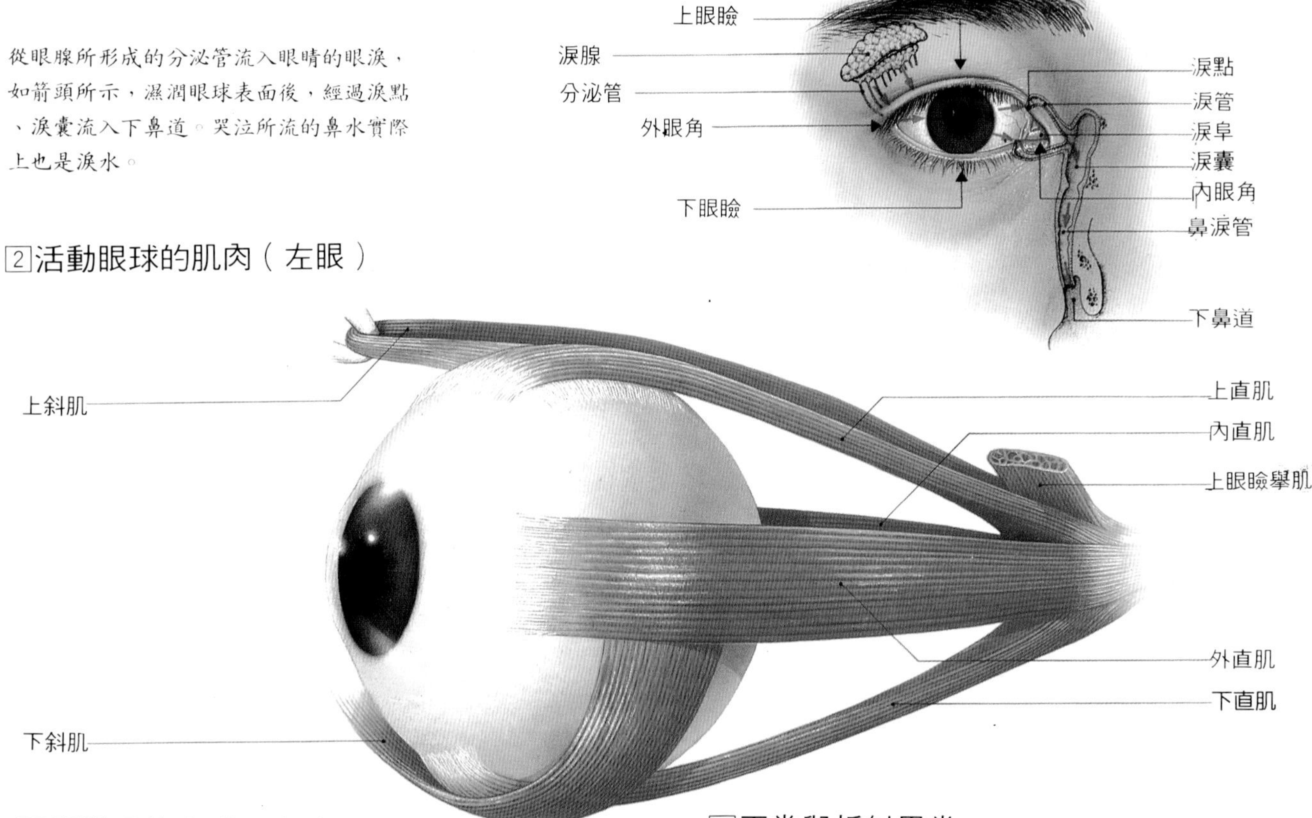

3 視覺通往大腦的路線

來自外界的視覺情報，由網膜轉變成電訊，藉視神經傳送到丘腦的外側膝狀體。此時，雙眼的視神經內側傳送到丘腦的外側膝狀體。此時，雙眼的視神經內側一半，彼此在中途交叉。電訊由外側膝狀體進而經視放線達到大腦皮質的視覺，而產生「看」的感覺。

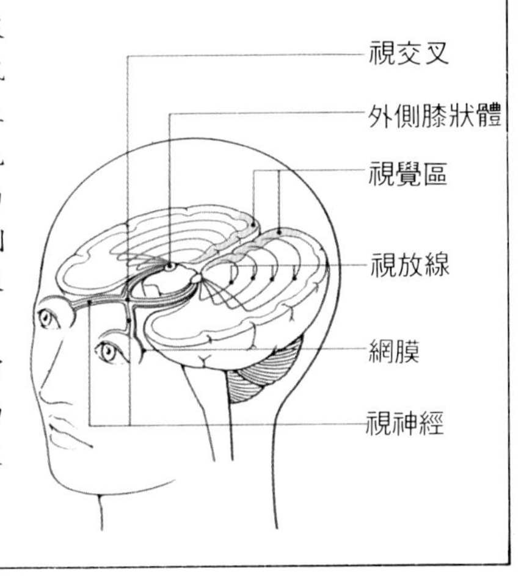

4 正常與折射異常

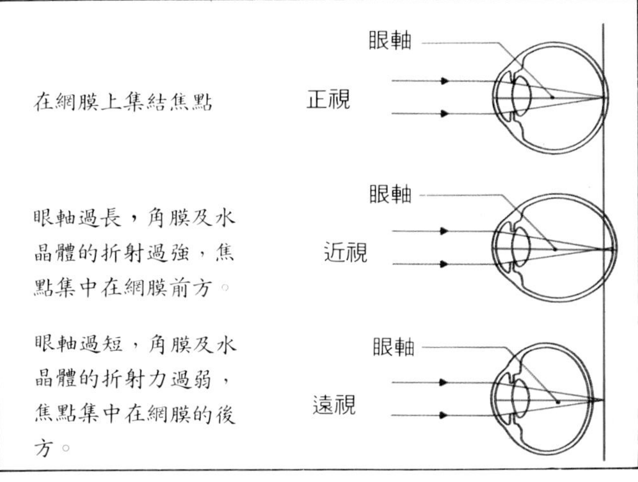

眼睛是接受自外來的感光器官，尤其人體，約有80%的感光來自眼睛（視覺）。

【位置、大小】 眼球位在頭蓋骨與顏面之間的凹洞（眼窩）中，外面包裹著脂肪緩衝體。眼球不是單一的球體，而是由不同大小的2個球體所形成，角膜的部份是小球，被後方鞏膜包裹的球稍大。成人的正常眼球，直徑平均約24mm，前後徑約23～25mm。

【構造、功能】 與相機近似。角膜是保護鏡片與折射光線的濾光器，晶狀體是鏡片。此鏡片富彈性，配合圍繞晶狀體的睫狀體肌肉的伸縮來改變厚度。晶狀體變薄，遠景的焦點便對準在相當於相機底片位置的網膜上；肌肉收縮，藉著包裹晶狀體的被膜彈力，晶狀體變厚之後，焦點便對準在近物上。不過，對準焦點主力是利用角膜的光折射，而晶狀體擔任微調整的功能。虹膜相當於相機的光圈，調節進入眼球的光度。玻璃體是膠狀物質，功能是保持眼形，眼房水供給晶狀體與角膜營養。

5 眼睛的構造

1. 眼窩的縱切面

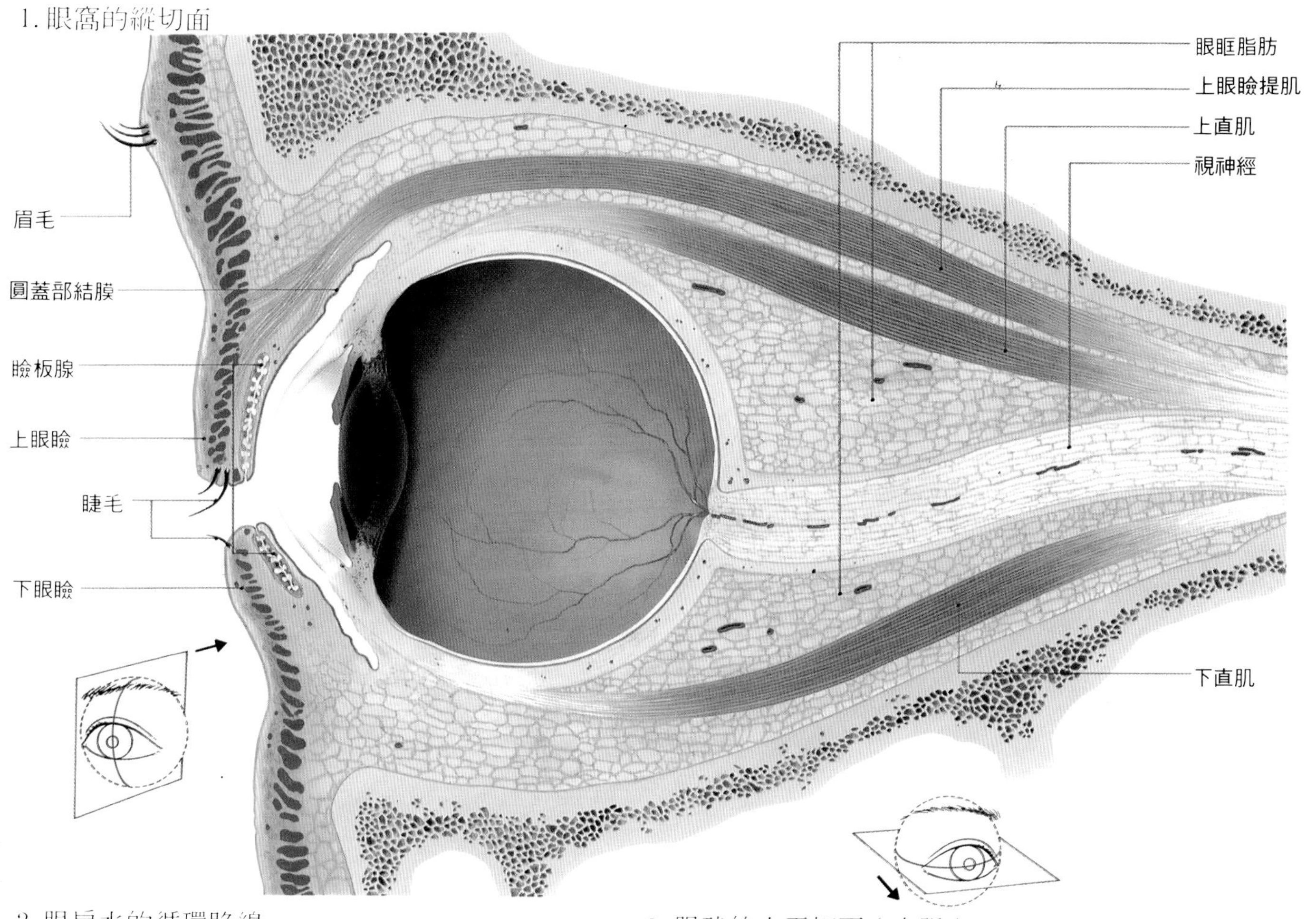

2. 眼房水的循環路線

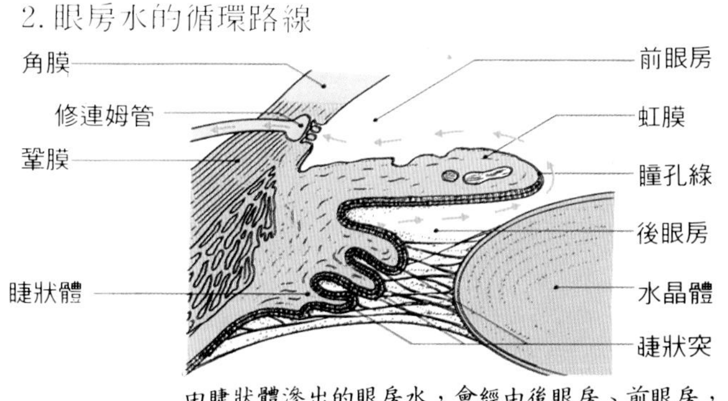

由睫狀體滲出的眼房水，會經由後眼房、前眼房，被修連姆管吸收。一旦受到阻礙，致使眼房水停滯的話，眼壓會提高變成青光眼。箭頭是眼房水的流向。

3. 眼球的水平切面（右眼）

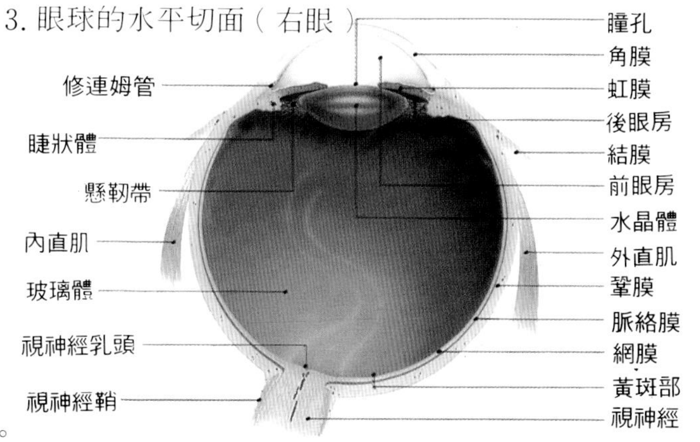

網膜相當於底片，能將映在上面的信號變成影像。網膜上的視細胞，分爲在陰暗處起作用但不能感色的桿狀細胞，與在明亮處能分辨顏色的錐狀細胞。光小的時候，只有桿狀細胞起作用，故見不到顏色及小東西。視細胞與各個神經纖維連接，大約由 100 萬根集結成視神經，將信號傳送到腦部的視覺中樞，然後產生視覺。

【活動眼球的肌肉】 1 個眼球上有 3 對 6 個肌肉，眼球能進行快速運動與慢速運動。兩個眼球除了經常協調活動外，注視眼前事物時，也會同時朝向中央位置。

【淚腺、淚】 位在眼球稍上方，眼窩內側，靠近眼尾處，有杏仁狀大小，會流眼淚的淚腺。眼淚含有抗菌物質，負擔眼瞼與角膜間的潤滑任務，可流出眼中異物，及表達悲喜與痛苦。

●主要的疾病・異常 屈折異常（遠視、近視、亂視、老花眼）、色盲、發炎（結膜炎）、眼壓異常（青光眼）、白內障、網膜剝離等等。

耳

1 耳的構造與區分

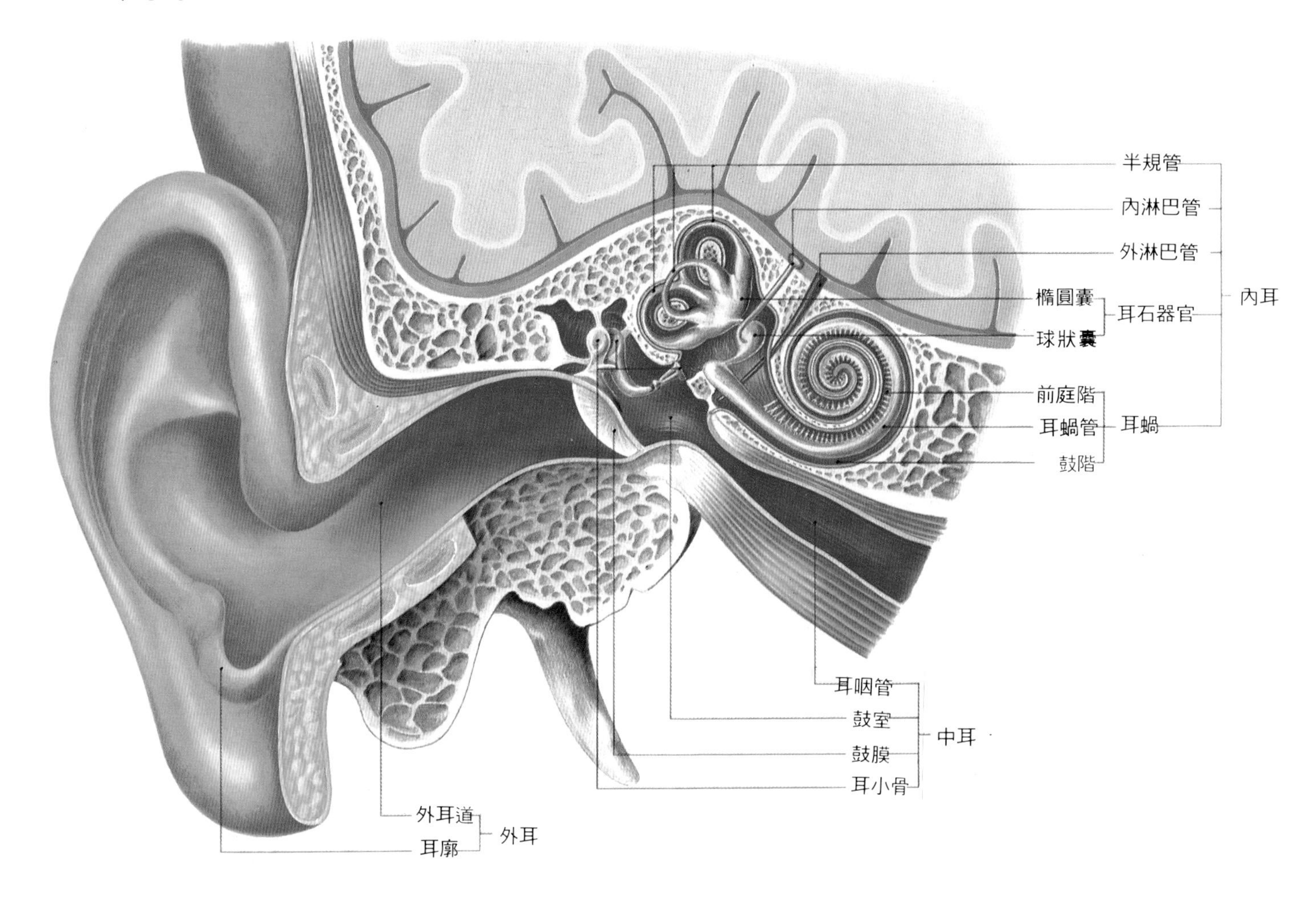

主司聽覺與平衡感覺的感覺器官。所謂耳只是耳廓的意思，而聽覺器的耳蝸，平衡器的半規管、耳石器官，全隱藏在顳骨內側，從外表只能看到耳廓與外耳道。

【聽覺器官的耳朵】 由外耳道傳來的空氣振動，振動外耳與中耳之間的鼓膜。鼓膜是凹面朝外耳道出口，呈圓錐狀張開的薄膜。耳膜中心附著鎚骨柄。鎚骨、砧骨、鐙骨等3個耳小骨的前二者，能擴大鼓膜的振動並傳到鐙骨。

【平衡器官的耳朵】 緊鄰內耳耳蝸的是半規管與耳石器官。半規管是由各成直角交叉的3支半圓形管所構成。旋轉頭部時，半規管中的淋巴液就會流動，促動半規管腹部份毛細胞的感覺毛，將有關旋轉加速度的信號傳到前庭神經。平衡斑分佈在耳石器官的球狀囊與橢圓囊中。被含耳石的膠質膜所覆蓋，其內部即隱藏著有毛細胞的感覺毛。頭保持下垂時，橢圓囊斑呈水平，感覺毛向上，球狀囊斑偏向前後的垂直面，毛朝外側。此感覺毛從所承受力量的變化，感覺出朝向頭部的重力與直線加速度。藉著這些半規管、耳石器官傳來的信號，使活動眼球的外直肌與全身骨骼肌，產生反射性的緊張變化。

【中耳內的氣壓調節】 中耳藉耳道連接咽部。當飛機起飛之際，突然引起巨大壓力變化，通過耳道的鼓膜內外壓差來不及消除時，鼓膜受到強壓，便無法跟得上空氣的振動。此時，只要張大嘴巴，吞入唾液，通往耳道咽部的出口一擴張，鼓膜內外的壓差便消除，立刻又能恢復聽覺。

②聽覺器官的耳朵

1. 構造與聲音的傳送方式

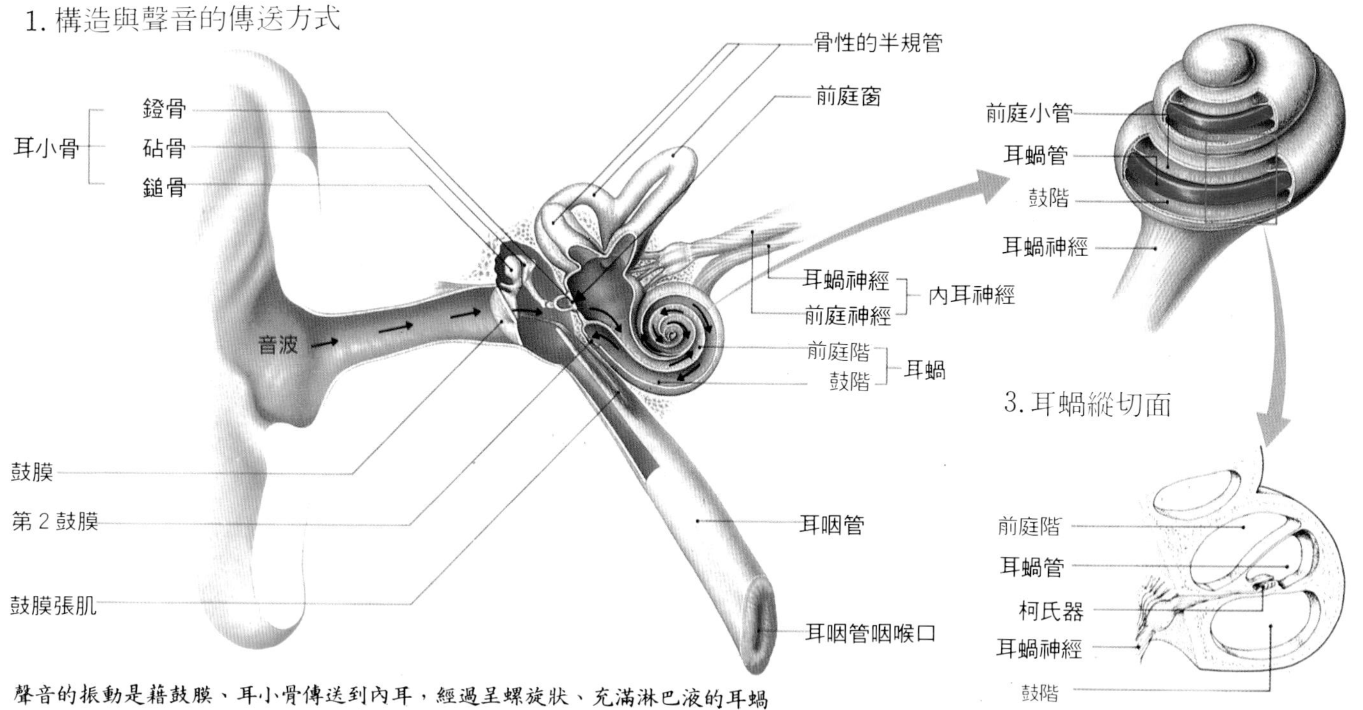

聲音的振動是藉鼓膜、耳小骨傳送到內耳，經過呈螺旋狀、充滿淋巴液的耳蝸前庭階、鼓階，最後被第2鼓膜吸收。此間，耳蝸管（圖②-2）中的柯氏器掌握此振動並改變成電訊，經由耳蝸神經（聽覺神經）傳送到大腦。此圖為了顯示聲音的振動傳送方式，故排除耳蝸管。

③平衡器官的耳朵

1. 構造

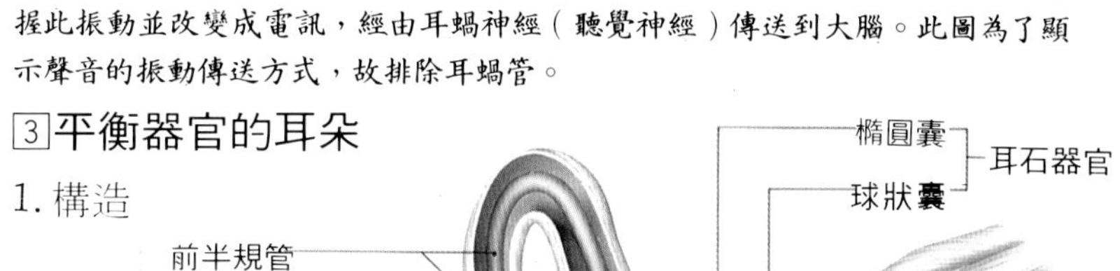

2. 半規管壺腹的擴大圖

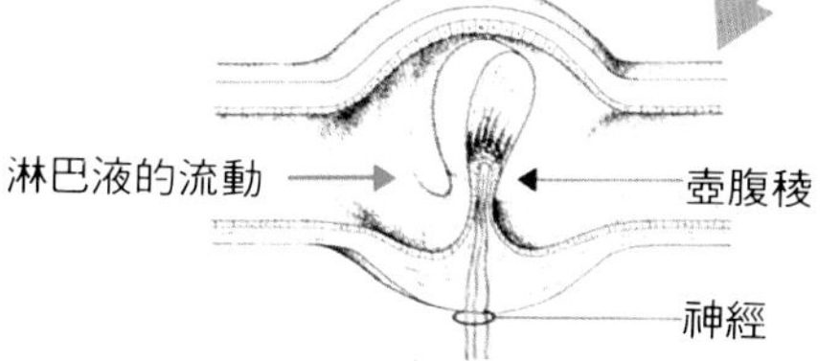

壺腹稜的感覺毛，可從淋巴液的流向變化，感覺出回轉等活動。

3. 平衡斑的擴大圖

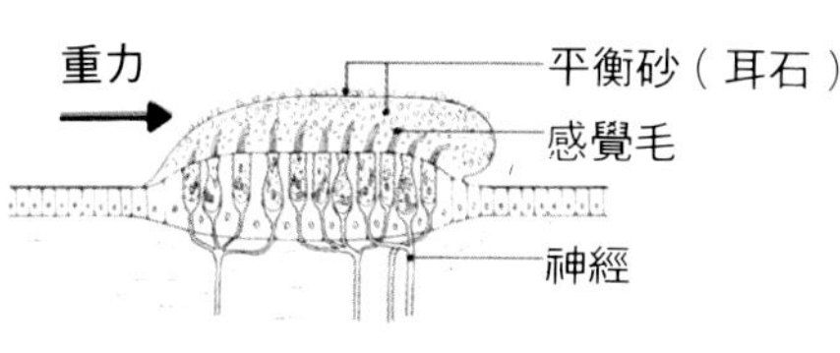

感覺毛可感受出身體的傾斜與直線的活動。

④聽覺通往大腦的途徑

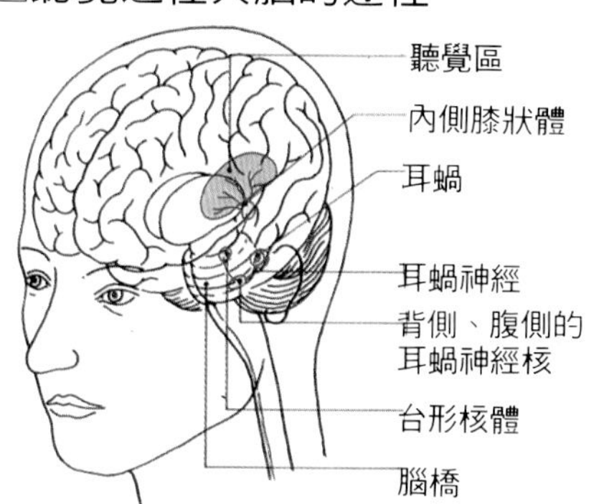

表藉耳蝸的柯氏器來收受聲音的聽覺到大腦聽覺區之間的複雜路線。

⑤平衡覺通往大腦的途徑

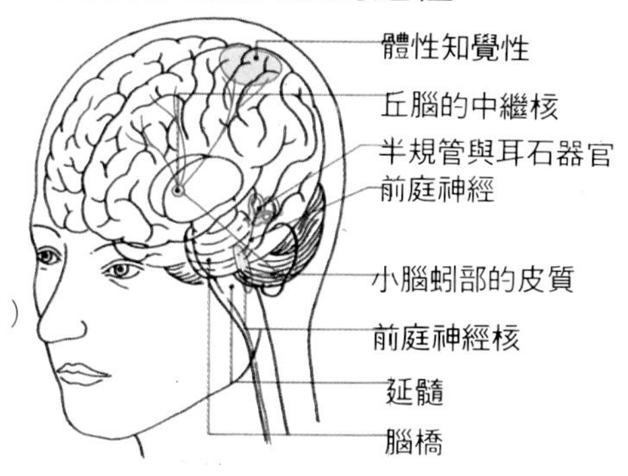

藉半規管與耳石器官收受感覺的平衡覺，其中一部份如圖般，路線擴及大腦的體性知覺區。

鼻

1 鼻子各部位名稱與支持鼻子的骨骼

2 鼻腔的構造

1. 側壁部　鼻子側壁上有3片腭褶（上、中、下鼻甲），腭褶的陰暗處，為通過副鼻腔的孔及鼻淚管開口處。

2. 鼻中隔部　此區域密集動脈血管，容易引起鼻出血。

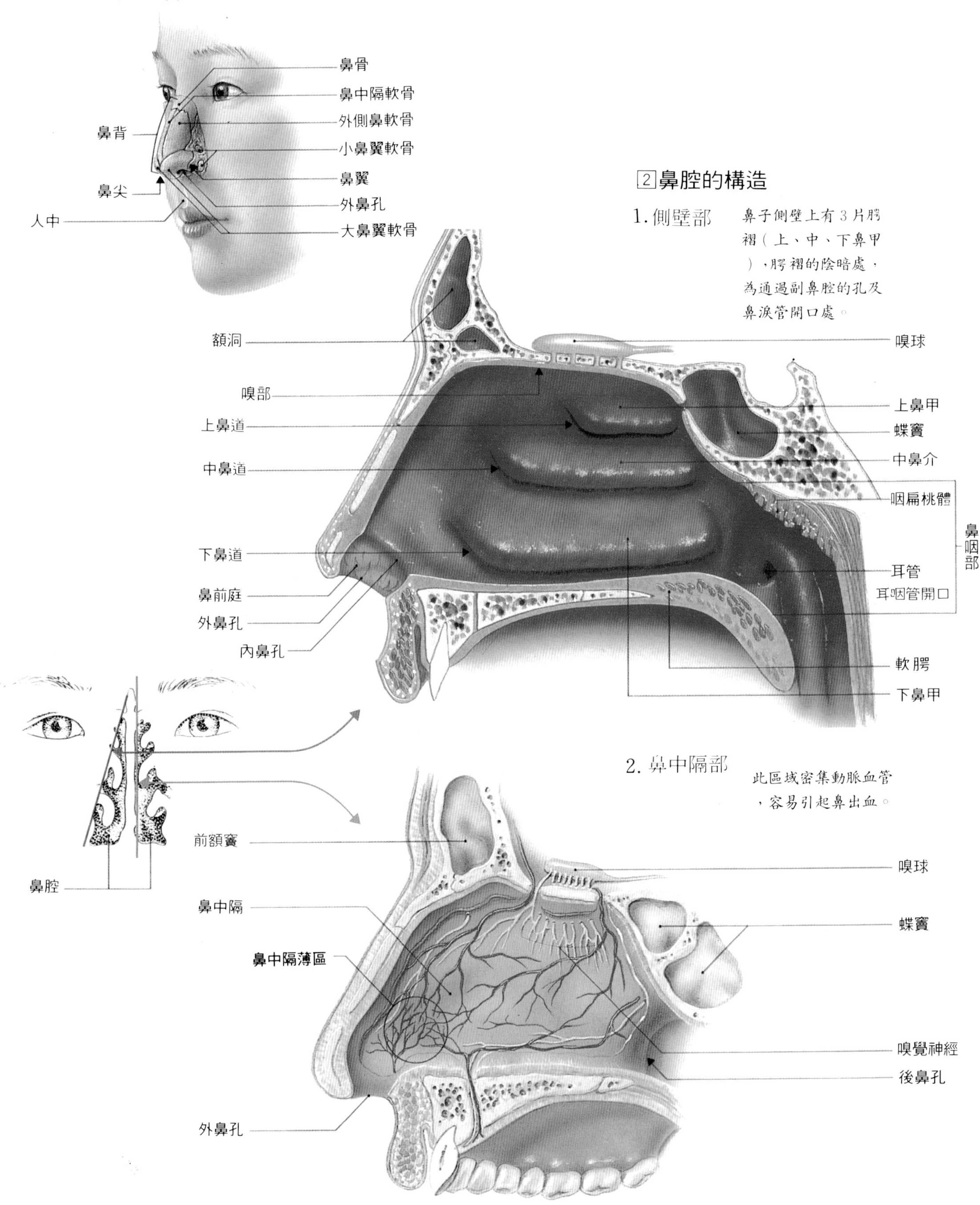

3 副鼻腔的種類與位置

1. 由前方所見到的副鼻腔

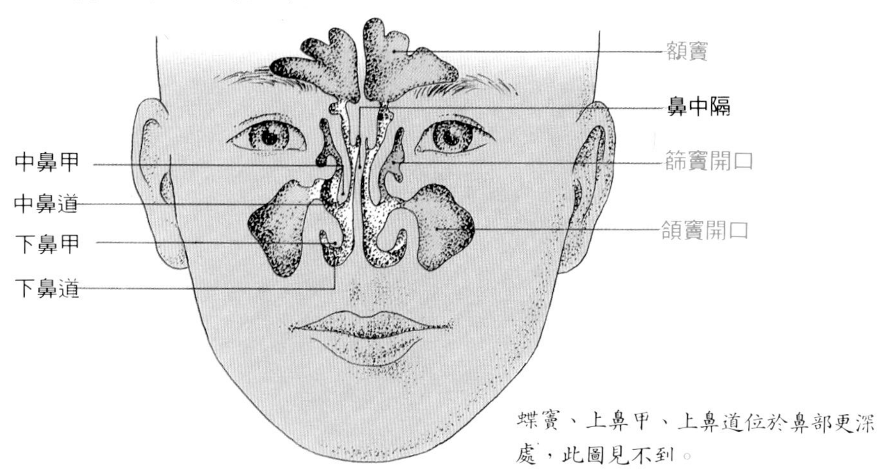

蝶竇、上鼻甲、上鼻道位於鼻部更深處，此圖見不到。

2. 由側方所見到的副鼻腔　　3. 由上方所見到的副鼻腔

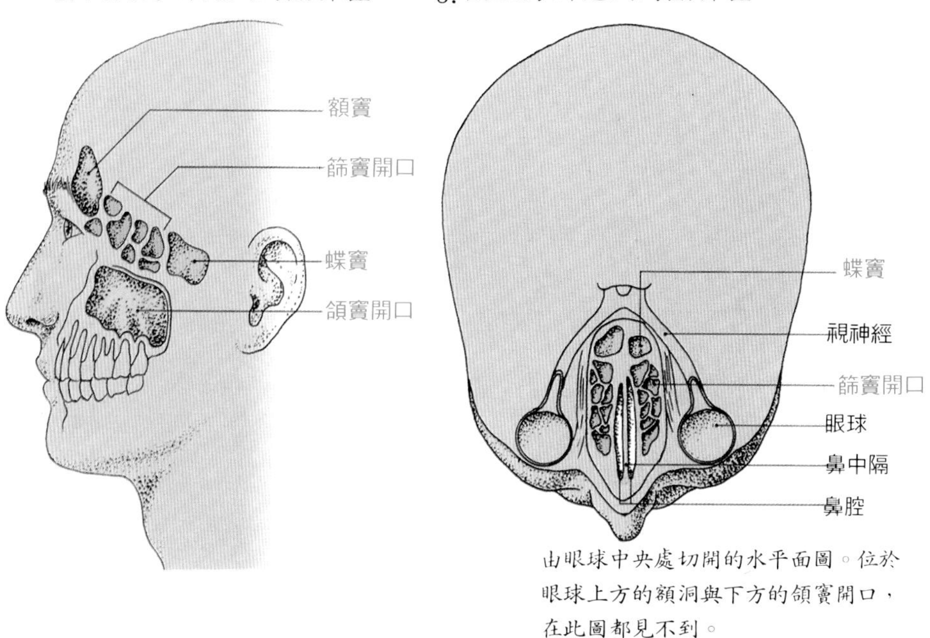

由眼球中央處切開的水平面圖。位於眼球上方的額洞與下方的頜竇開口，在此圖都見不到。

4 嗅覺通往大腦的途徑

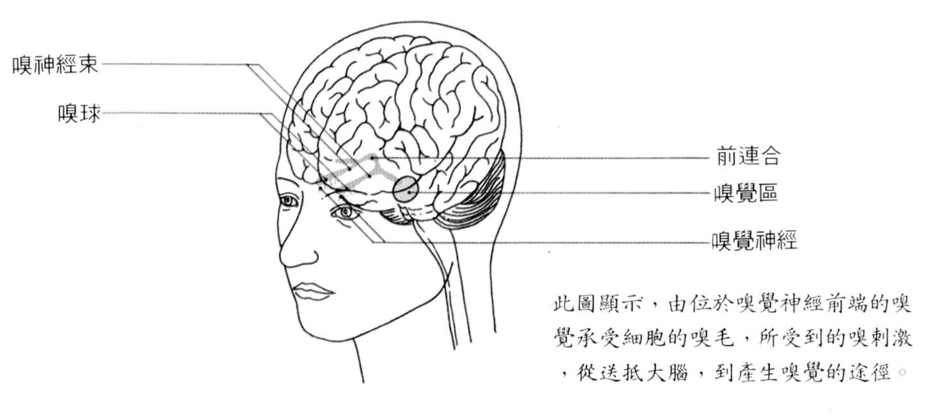

此圖顯示，由位於嗅覺神經前端的嗅覺承受細胞的嗅毛，所受到的嗅刺激，從送抵大腦，到產生嗅覺的途徑。

鼻子是呼吸時空氣的出入口，也是感覺味道的嗅覺器官，與聽覺的性質相似。

【構造】 在鼻（外鼻）的上半部有骨柱，下半部則大部份是軟骨，而鼻翼幾乎是由軟骨所構成的。鼻腔內中央有鼻中隔，而側有側壁，側壁周圍的 4 個副鼻腔（上合鼻竇開口，篩竇開口，額竇、蝶竇）上有連絡通路。

鼻腔的入口處長鼻毛的地方有上鼻軟骨，再進去之後則有寬廣的固有鼻腔，接著是稍窄的總鼻腔，而其內部是再度寬廣的鼻咽頭（上咽部）。鼻咽頭位在開口時可看到的中咽部的位置上，並且有關閉這些通路的軟顎。

鼻腔的側壁上，有一如棚架般的物體（鼻甲），其中最下方的下鼻甲裏，有可流出黏液的黏膜腺，其表面上細胞的線毛會不斷的拍打，將沾在上面的黏液往外鼻孔的方向輸送。由鼻腔往上前進會逐漸變成狹窄，最上面部份便是嗅覺器官的嗅裂。

【功能】 鼻腔的第一個功能就是將吸入空氣中的灰塵去除，將空氣淨化及調節溫度。吸氣時主要是通過中鼻道（下鼻甲的上面），在通過時 60%—70% 的灰塵會被去除，空氣的溫度會變成 25℃—37℃，濕度爲 35%—80%。

感覺味道的嗅黏膜寬度約 $2.4m^2$，此處有嗅覺承受細胞，而分泌在黏膜面上的黏液裏會產生許多嗅毛，而味道的基本微細粒子會溶在此黏液中，並藉著刺激嗅毛而發出信號，然後經嗅球傳到大腦新皮質的嗅覺中樞，於是就會感覺到味道。

副鼻腔在構造上並不具有特別的功能。

聲音性質中的音色，是藉由咽頭、口腔、鼻腔的共鳴來創造出較特殊的音色，所以鼻腔與 m,n,g 音的發聲的關係特別深。

口腔與牙齒

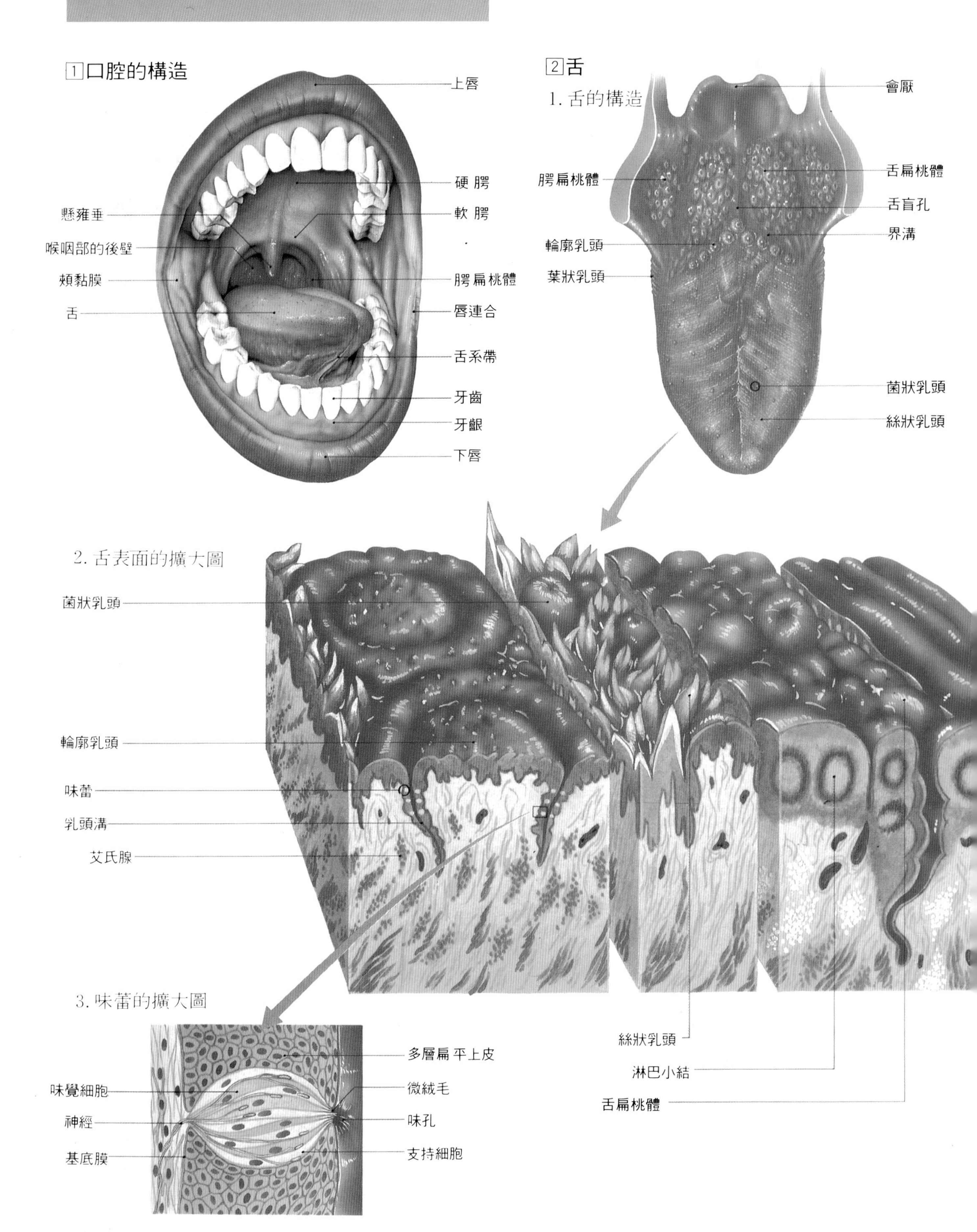

1 口腔的構造
上唇
硬 腭
懸雍垂
軟 腭
喉咽部的後壁
頰黏膜
腭扁桃體
舌
唇連合
舌系帶
牙齒
牙齦
下唇
2 舌
1. 舌的構造
會厭
腭扁桃體
舌扁桃體
舌盲孔
界溝
輪廓乳頭
葉狀乳頭
菌狀乳頭
絲狀乳頭
2. 舌表面的擴大圖
菌狀乳頭
輪廓乳頭
味蕾
乳頭溝
艾氏腺
絲狀乳頭
淋巴小結
舌扁桃體
3. 味蕾的擴大圖
多層扁平上皮
味覺細胞
微絨毛
神經
味孔
基底膜
支持細胞

3 牙齒的種類與構造

1. 牙齒的種類

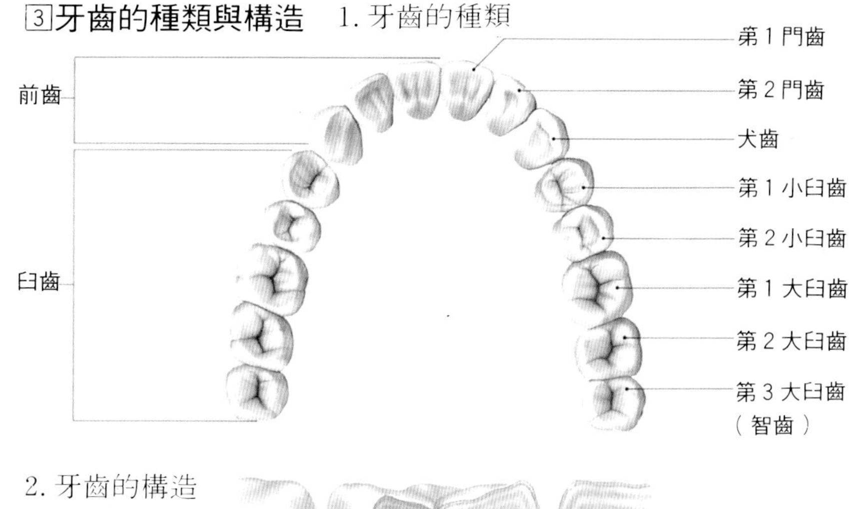

2. 牙齒的構造

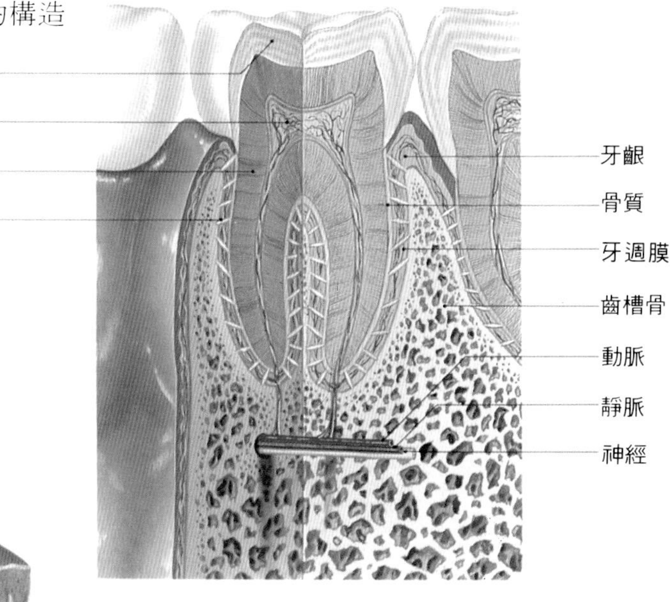

味蕾
黏液腺
葉狀乳頭

4 味覺通往大腦的途徑

表從味蕾所收到的味刺激，送抵大腦的途徑。味刺激是藉著鼓索（顏面神經）與第 IX 腦神經來傳達。鼓索位於舌頭前 3 分之 2 的味蕾上，第 IX 腦神經分佈於舌後方 3 分之 1 的味蕾上。

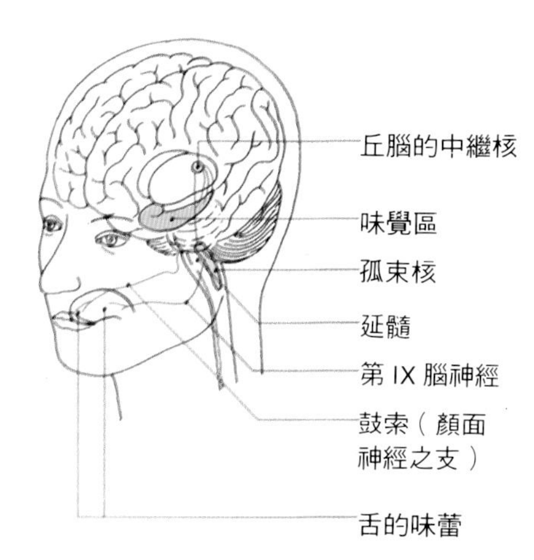

由嘴唇、臉頰、顎與口底所圍繞的部份是口腔，口腔內有味覺器官的舌，咀嚼食物的牙齒。

【構造】 張口時所能看到的內部，上面的壁是顎，這是分隔口腔與鼻腔的地方。前方的三分之二是包裹著骨頭的硬顎，後方的三分之一則是由肌肉與腱膜所形成的軟顎。兩側臉頰的黏膜，在觸及上顎的內齒處，有從耳下腺一直伸展至此的唾液分泌口。口腔的底面上方有舌頭，口底有顎下腺及舌下腺的出口。

【舌頭】 舌頭是由在鬆弛組織中成束呈縱橫方向的橫紋肌所形成的內舌肌，以及和周圍骨頭連接的外舌肌所構成的。舌頭的表面覆蓋著粘膜，而粘膜上散布著接受味道的味細胞味蕾。味蕾集中在舌前三分之二的茸狀乳頭，以及舌頭後側部的葉狀乳頭和舌後部的輪廓乳頭上，其中以輪廓乳頭較大。

【扁桃腺】 這是製造淋巴球，而組織特別發達的部位。在口腔內，舌根左右接近懸雍的地方有懸雍扁桃，舌根表面上有扁桃體，此外還有咽頭扁桃體，耳管扁桃體等部位。

【牙齒】 人出生後，從 6-8 個月開始長出新牙，2-3 歲會長齊，6-11 歲時會換成恆齒，恆齒的數目上下爲 28-32 顆。

【功能】 **口腔、舌、牙齒是做爲消化管道的入口，可用其共同咀嚼食物並與唾液混合，而後將食物送到咽部。口腔也是氣管的入口之一，與鼻腔同時具有藉聲帶來發出聲音的共鳴功能。當吃下食物及發出聲音時，軟顎會往後上方運動而接觸到咽部後壁，因而可防止食物進入鼻腔。在舌頭上所感受到的味道，在舌前端是甜味與鹹味，舌周邊緣是酸味，舌根是苦味。**

●主要的疾病 口腔炎、口角炎、舌炎、味覺障礙、蛀牙、牙周病等等。

咽部與喉部

●咽部　長約 12～15 公分
●喉部　長約 3～4 公分

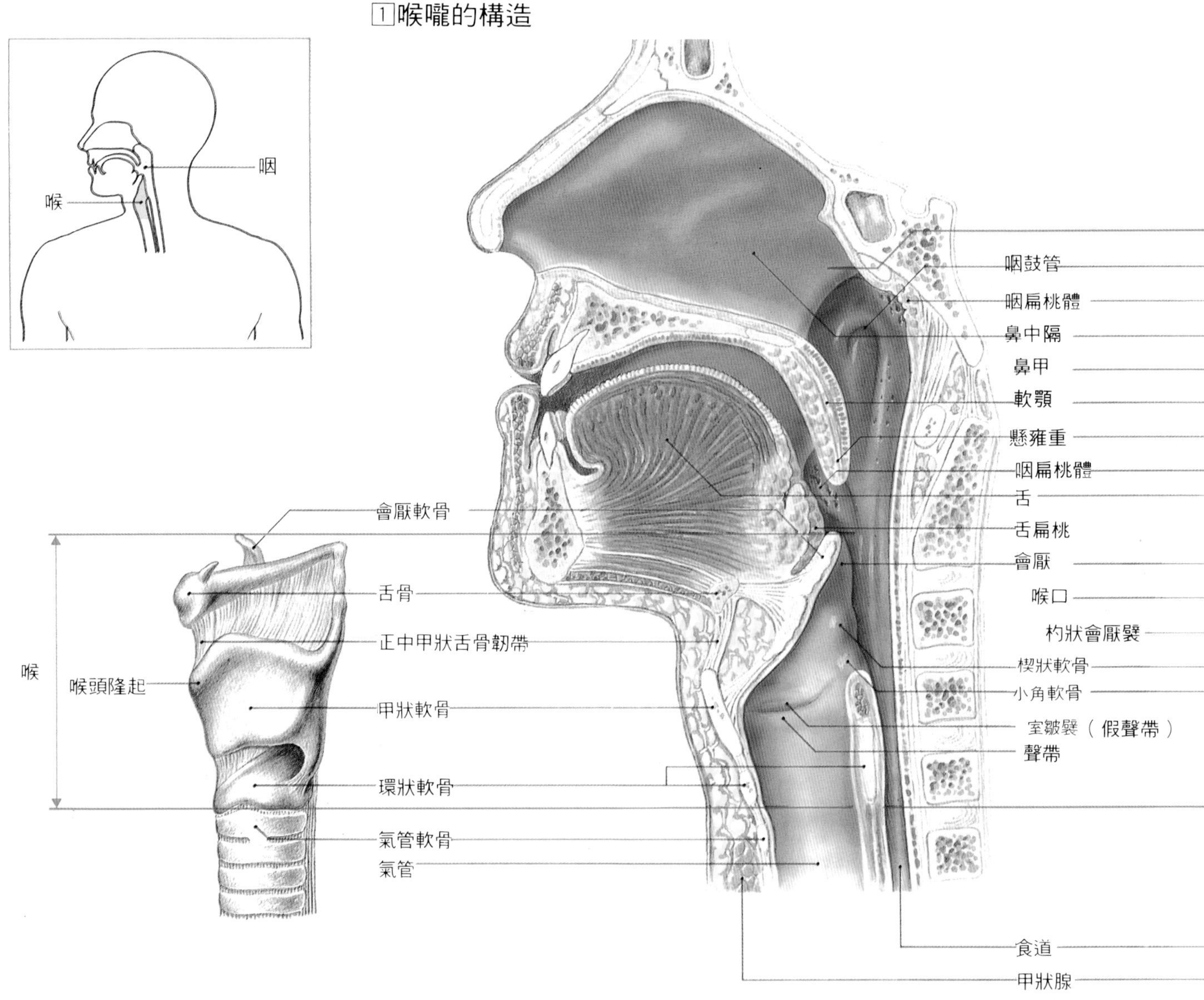

1. 由側面所看到的喉頭
只顯示骨骼

2. 喉嚨的切面

咽部是連接鼻腔、口腔的管狀部份，喉部是由咽部分出來的氣管入口，男性成年人在頸部的腹側會呈突出狀，這便是俗稱的亞當的蘋果。

●咽部

【構造】 張口時可看到內部突出的部份是咽口部的後壁，沿著脊柱（頸椎）的前面是長約 12-15cm 向前後擠壓的圓形管子，其上端是連接頭蓋底的圓蓋（咽部圓蓋），下端則連接著食道。咽頭的前面連接著鼻腔，在軟顎與舌根之間，是介著喉蓋而與喉部連接。咽部壁是由橫紋肌的肌肉層所構成。

【功能】 咽部是鼻腔—咽部—喉頭—氣管的空氣通道，與口腔—咽頭—食道的食物運送通道的交叉點，而咽部便擔任著防止通道混亂，使道路適當轉換的功能。

●喉部

【構造】 由三大軟骨（甲狀、環狀、會厭軟骨）所形成的框架，其中有成對的 2-3 對軟骨（杓狀軟骨），而許多的肌肉與韌帶是在其間互相連絡。喉部的內壁是由覆蓋著軟骨與肌肉的粘膜所構成的，而喉部大約在中央處也會由左右側壁產生粘膜，而製造成上下兩對的襞狀的突出物，上側是假聲帶，下側是聲帶。

【功能】 口—鼻—咽部—喉部的上氣道與氣管以下的下氣道

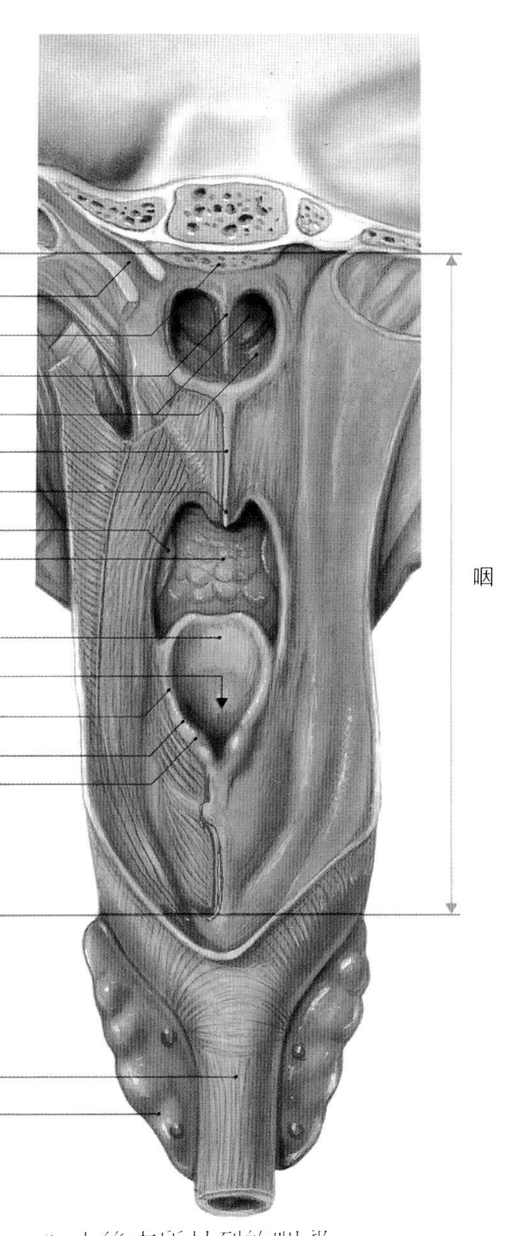

3. 由後方所見到的咽部
左半邊表去除黏膜的肌肉

，是以喉部爲界線。喉部可調節空氣通道的寬窄，並用聲帶製造聲音。吸氣時聲門稍微擴大，呼氣時則稍微變窄。吞下食物與嘔吐時，以會厭、假聲帶與聲帶三種不同的高度部位來關閉喉腔，藉以防止食物等異物從咽喉進入喉部。

●主要的疾病　有顎扁桃腺炎、咽部炎、扁桃腺增殖肥大症、上顎癌、喉癌、聲帶息肉。

2 聲帶的構造

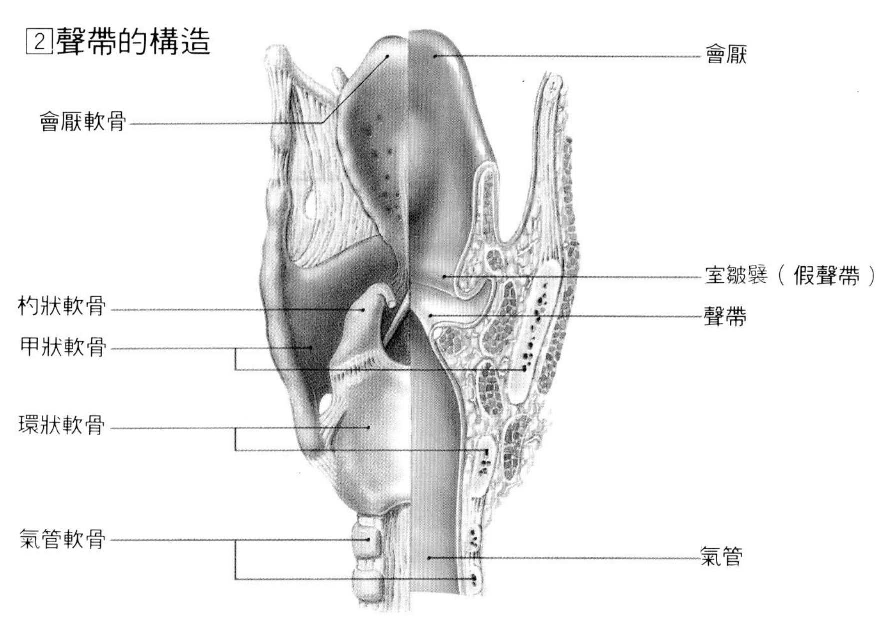

由後方所見到的情形。左半邊表骨骼，右半邊表切面。

3 用喉鏡由上方所見到的聲帶

1. 藉喉鏡進行觀察

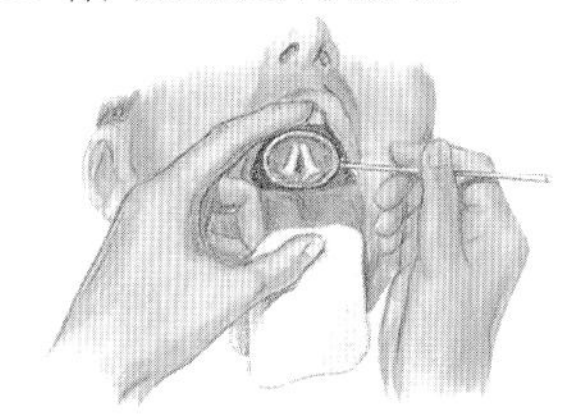

3. 深呼吸時的聲帶

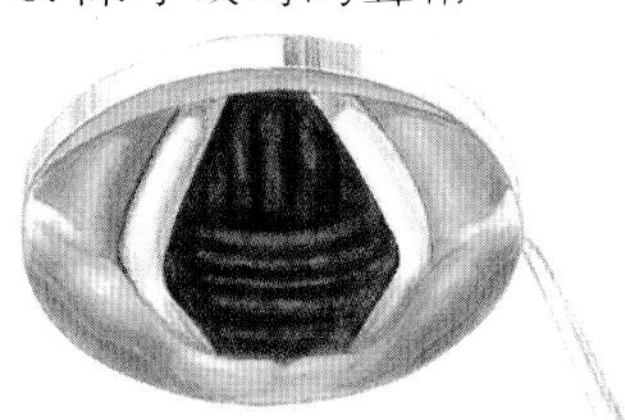

2. 安靜呼吸時的聲帶

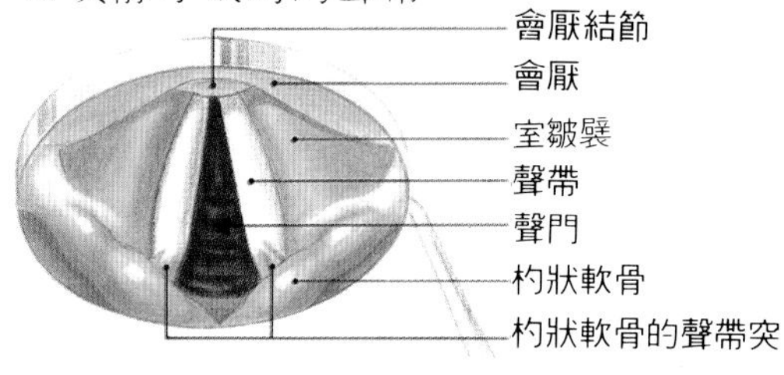

4. 發聲時的聲帶

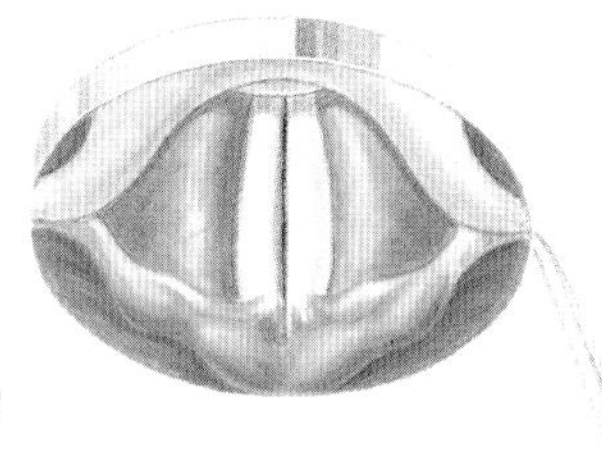

4 預防誤飲的構造

1. 呼吸時

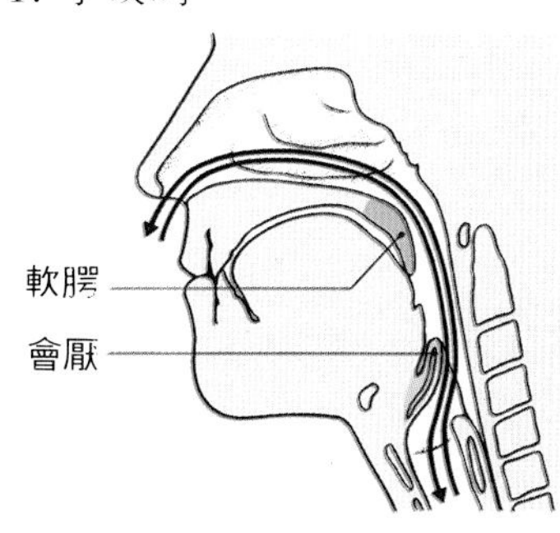

2. 喝下食物時

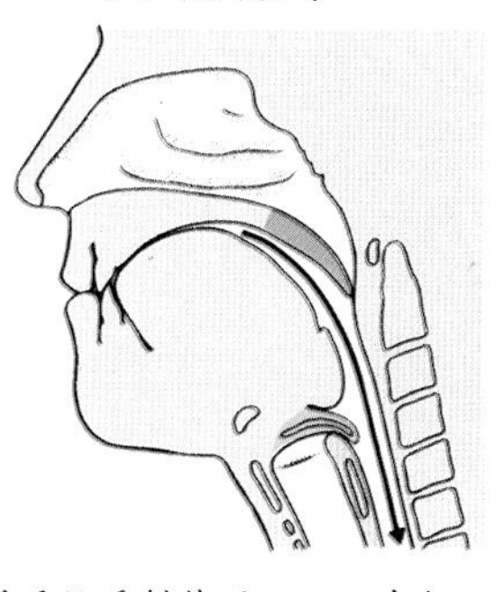

呼吸時，軟腭、會厭會做出確保氣管暢通的反射作用。飲下食物時，軟腭會向背側活動，確保食道入口，阻止食物逆流入鼻、耳管。同時，會厭會堵住氣管，聲門也關閉，以防止食物誤入氣管。

頭與頸部的主要疾病

【腦、脊髓】

蛛網膜下出血 ——大部份是因腦動脈破裂所引起的，有一些是因外傷所引起的。其特徵是突然劇烈頭痛，與暫時性意識模糊。

髓膜炎 ——是由造成感冒的濾過性病毒及眞菌所引起的，主要症狀是嘔吐、頭痛、發燒等全身性症狀。

脊髓空洞症 ——分爲原因不明而造成脊髓空洞，以及伴隨著脊髓腫瘍、外傷、發炎等二次性症狀，此病常發生在頸髓，會有特殊的知覺障礙以及肌肉力量減退等症狀。

脊髓腫瘍 ——因發生部位不同，其症狀也有異。硬膜外腫瘍會突然產生四肢痲痺。硬膜內髓外腫瘍在發生腫瘍的部位會疼痛，感覺障礙會擴及兩側。

頭部外傷 ——①頭蓋骨折：因車禍等因素對頭蓋骨造成强烈衝撞，導致骨骼龜裂凹陷。由於頭蓋底部有許多的血管與神經通過，對外力的抵抗力很弱，容易骨折，特別是頭蓋底骨折，會造成粗血管斷裂，而引起大量出血由耳、鼻流出。

②腦挫傷：除了腦組織受損喪失意識之外，大多會產生各個損傷部位的神經症狀。

③頭蓋內出血：在容量有限的頭蓋內出血，血量會壓迫腦部而產生意識障礙，甚至會直接威脅生命。因出血處不同，可分爲硬膜外出血，硬膜下出血，蛛網膜下出血等種類。

日本腦炎 ——這是一種由急性濾過性病毒所引起的疾病，常發生於老人身上，有意識障礙、持續性發燒、肌肉收縮等症狀。

腦梗塞（腦軟化） ——腦部動脈硬化情況嚴重後，血液會堵塞住變狹窄的血管而形成腦血栓，或是在心臟及大動脈所形成的血塊，會隨著血液的輸送堵塞腦動脈，造成腦栓塞，這就是腦梗塞。由於血液無法順暢流到頭腦各部位，所以腦組織會壞死（腦軟化），而其症狀的出現方式與演變不如腦出血激烈。

腦腫瘍 ——腫瘍的種類很多，而因其種類不同其症狀發生的過程與特徵皆不同，其中以神經膠腫佔大多數，約爲$\frac{1}{3}$，也會同時伴隨著嘔吐、頭痛等神經症狀。

腦動脈瘤 ——腦動脈的一部份，直徑約 4−10mm，其形狀有如果實樹的樹仔鼓起，那便是腦動脈瘤。此病大部份是屬於先天性的。腦動脈瘤也會造成腦動脈硬化症，動脈瘤破裂便會造成蛛網膜下出血。

【眼】

眼底出血 ——由眼睛底部的網膜、脈絡膜，視神經乳頭上所分布的微血管的出血症狀，便稱爲眼底出血。主要發生的原因是外傷造成器官病變，血管炎、高血壓及糖尿病性的網膜症，以及貝切特氏病等。

折射異常 ——近視（看遠方時焦點在網膜前面），遠視（焦點在網膜後面），亂視（角膜直交交叉兩軸的折射率有差異），以及因年齡增加，水晶體彈性降低，導致看近物有障礙的老花眼等全屬於折射異常。

結膜炎 ——除了由細菌、濾過性病毒、藥品、灰塵、光線等外因性原因所造成的之外，也有內因性症狀。眼結膜紅腫充血，分泌物會增加，而因濾過性病毒所感染的，主要是來自於游泳池。

中心性網膜炎 ——網膜的中心部份產生發炎症狀，網膜有部份會呈紅腫狀態，其中以 40−50 歲的精神勞動男性，罹患此病的機率較高。

砂眼 ——主要原因是受到病毒感染，類似結膜炎的症狀，必須長期治療。

白內障 ——水晶體變成白濁狀、視力減退，便稱爲白內障。除了老人之外，也會因糖尿病及眼內發炎而產生，屬於先天性者，則在年輕時就產生白內障。如果影響到日常生活，可藉由手術把白濁的水晶體切除，使眼睛恢復視力。

貝切特氏病 ——同時在粘膜、皮膚、眼睛上出現症狀的疾病。在眼睛方面，網膜中心反覆出血，甚至會因有青光眼而造成失明，此病男性較常罹患。

網膜剝離 ——眼底的網膜表層剝落，並在其間聚集血液的狀態。引起此病的主要原因是嚴重近視及頭部遭到撞擊而產生，患有此病時還會發生飛蚊症及光視症。同時還會伴隨著視力減退、視野狹窄症，以 50−60 歲的中老年人罹患率較高。

青光眼 ——這是因眼壓上升造成視機能障礙的疾病。提供眼營養的眼房水向眼球外流出的循環系統受阻，便會使眼壓增加。患此病之後視力減退、視野變窄，若錯失治療期會導致失明。

【耳】

外耳炎 ——從耳朶入口的鼓膜之間的外耳道上的分泌腺遭堵塞時，會引起感染而產生發炎，稱爲外耳炎。

中耳炎 ——鼻子或咽喉感染細菌，通過耳管進入中耳引起發炎的情形，稱爲急性中耳炎。中耳炎容易因感冒而發生，症狀有發燒、頭痛、耳痛、耳鳴、耳朶閉塞感。若治療不完全，便會演變成慢性中耳炎，甚至威脅到內耳。

米尼爾氏病 ——症狀有耳鳴、重聽、有不斷旋轉、身體有如下沈般的暈眩，而在暈眩時也會噁心、嘔吐，時間從數分持續到數小時，發病原因至今不明。

【鼻】

鼻炎 ——因濾過性病毒、細菌感染或物理、化學的刺激所引起的鼻腔粘膜發炎症狀。在急性鼻炎的症狀中會出現打噴嚏，水樣、膿樣的鼻涕，慢性化則會發生鼻塞、頭痛、嗅覺異常症狀。

副鼻腔炎（鼻蓄膿） ——急性症狀是因濾過性病毒侵入所致，不斷發生急性發炎後，除了會演變成慢性，也會變成過敏性症狀。主要症狀是頭痛、頭重、發炎部份疼痛、鼻漏，而慢性症狀就是記憶力減退、注意力散漫、暈眩等。

【口腔】

扁桃腺增殖肥大症 ——位在上咽部粘膜性淋巴組織的扁桃體肥大的結果，會出現重聽及難以治療的鼻炎、鼻蓄膿等症狀。嚴重時會引響氣管順暢，此時則須藉由手術切除。

口瘡性口腔炎 ——在口腔粘膜上產生粉粒至豆粒大小，產生疼痛的潰瘍症狀周圍組織潰爛，發生原因不明。

咽部炎 ——發生的原因是感冒、突然受寒，乾燥空氣、吸入刺激氣體等。症狀是咽部痛，下嚥時疼痛及粘液性分泌物增加，另外也會出現發燒、全身無力等感冒症狀，演變成慢性之後，疼痛會減低，但異物感、乾燥感會增加，同時耳朶也會發炎。

顎扁桃炎 ——這是顎扁桃體的發炎症狀，急性產生的原因是感染濾過性病毒或細菌，吃東西時會感到疼痛（下嚥痛），同時會發高燒。急性症未適當治療，會演變成慢性或習慣性，而顎扁桃炎也會引起腎炎、風濕性關節炎等難以治療的疾病。

喉炎 ——急性症狀是由濾過性病毒及細菌，或是抽煙過量所造成的。症狀有疼痛、聲音沙啞，下嚥痛等症狀。

牙周病 ——齒肉發炎症狀過大，齒根及齒槽骨鬆弛，最後化膿，導致齒槽骨鬆脫。牙齒不潔是造成牙周病的主因，而缺乏維他命及內分泌異常，會使症狀更嚴重。

上顎癌 ——單側的鼻塞、鼻出血、臉頰紅腫、眼睛障礙、嘴難開等症狀，是上顎癌的特徵，若想正確診斷，則要做ＣＴ檢查與組織檢查。

聲帶息肉 ——這是屬於喉部的慢性發炎症狀，雖仍能正常出聲但卻難以發出高音，有必要早期就醫診斷是否爲癌症。

蛀牙 ——因口中食物發酵而產生酸，溶解琺瑯質的症狀，而在患部細菌會持續增加，使象牙質及牙髓受傷。徹底刷牙是預防及早期治療的第一要件。

2 胸部

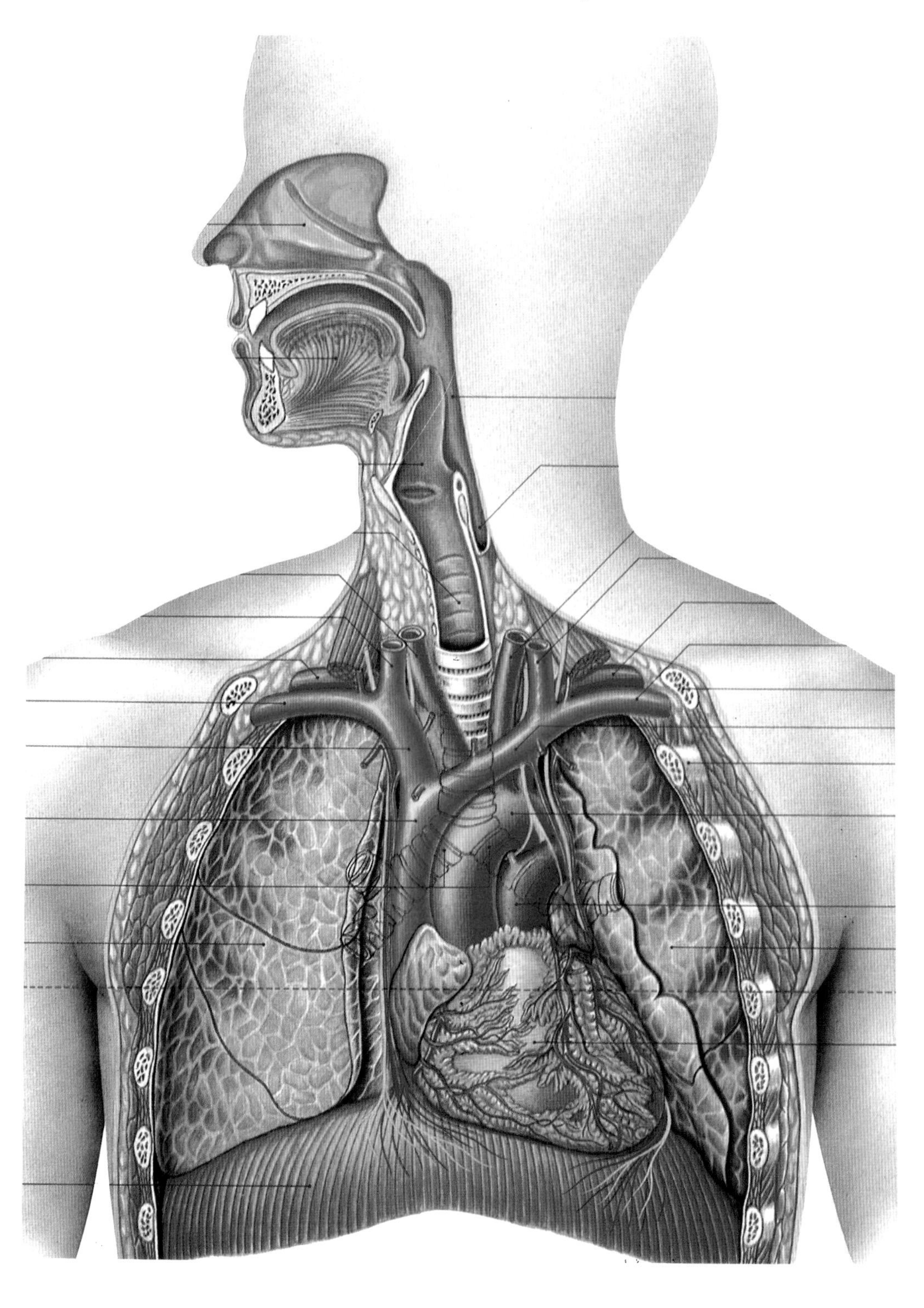

胸部擁有什麼器官

1 胸部的整體形態

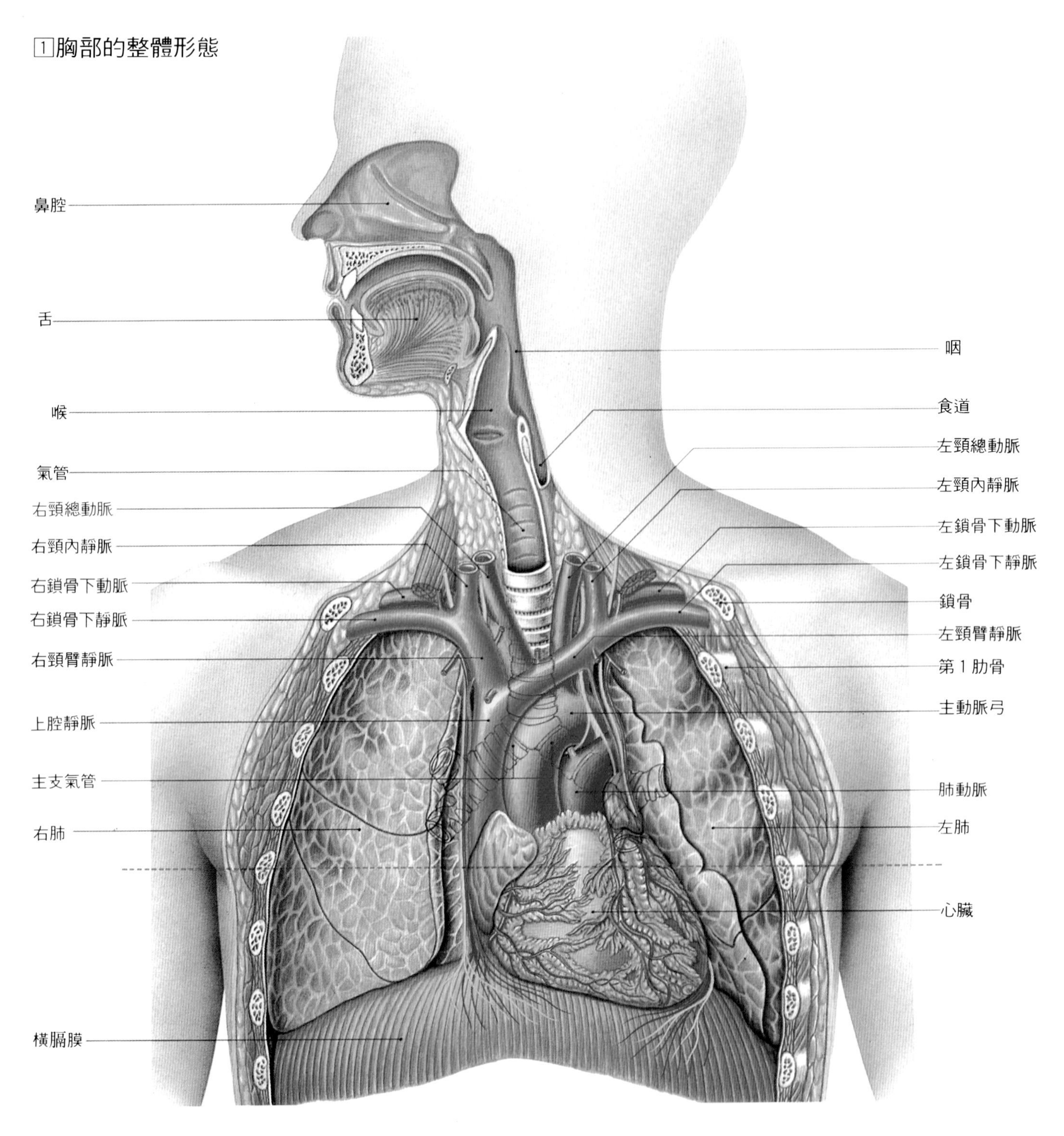

胸部位在頸部的下方，是從肩膀擴展的地方開始一直到背部第 12 胸椎的範圍。至於腹側則是指壓肚臍時也可壓到的硬胸骨下端與柔軟的肚臍之間，也可當做是胸部與腹部的分界處。

胸部的特徵是位在皮膚下的骨骼與肌肉所形成堅固的籠狀構造，在此籠中保護著心臟、肺等重要的循環呼吸器官。

胸部的前端中央處分爲胸骨柄、胸骨體、劍突三部份，其中有細長如名片狀呈縱形癒合的骨骼，而這三部份與 12 個胸椎形成脊椎，並構成前後縱形支柱，而其間連接著肋軟骨，就構成了籠狀。

若由前方來看籠狀，可發現其稍偏向左方處，有心臟的部份突出於左右的肺臟之間。若由側面來看，寬廣的肺臟正好覆蓋著心臟與脊柱（圖 2）。

2 保護胸部器官的骨骼

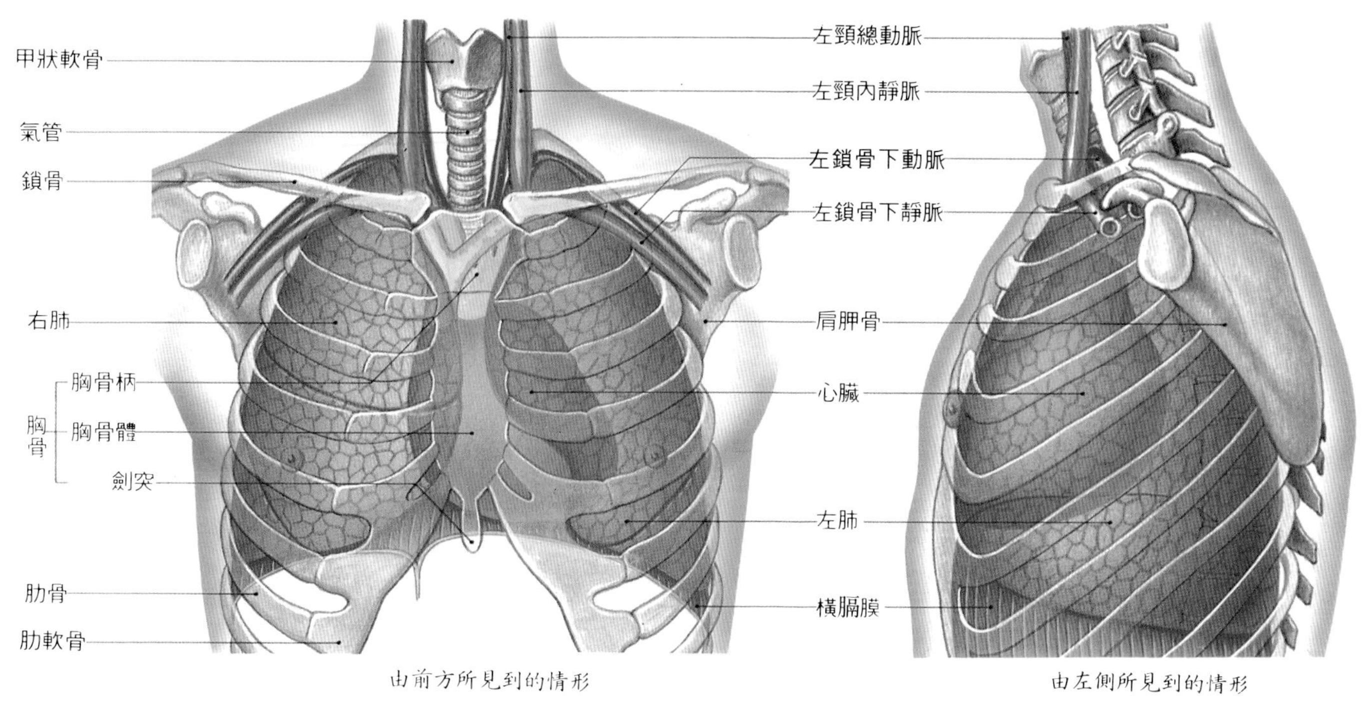

由前方所見到的情形

由左側所見到的情形

3 胸部橫切面

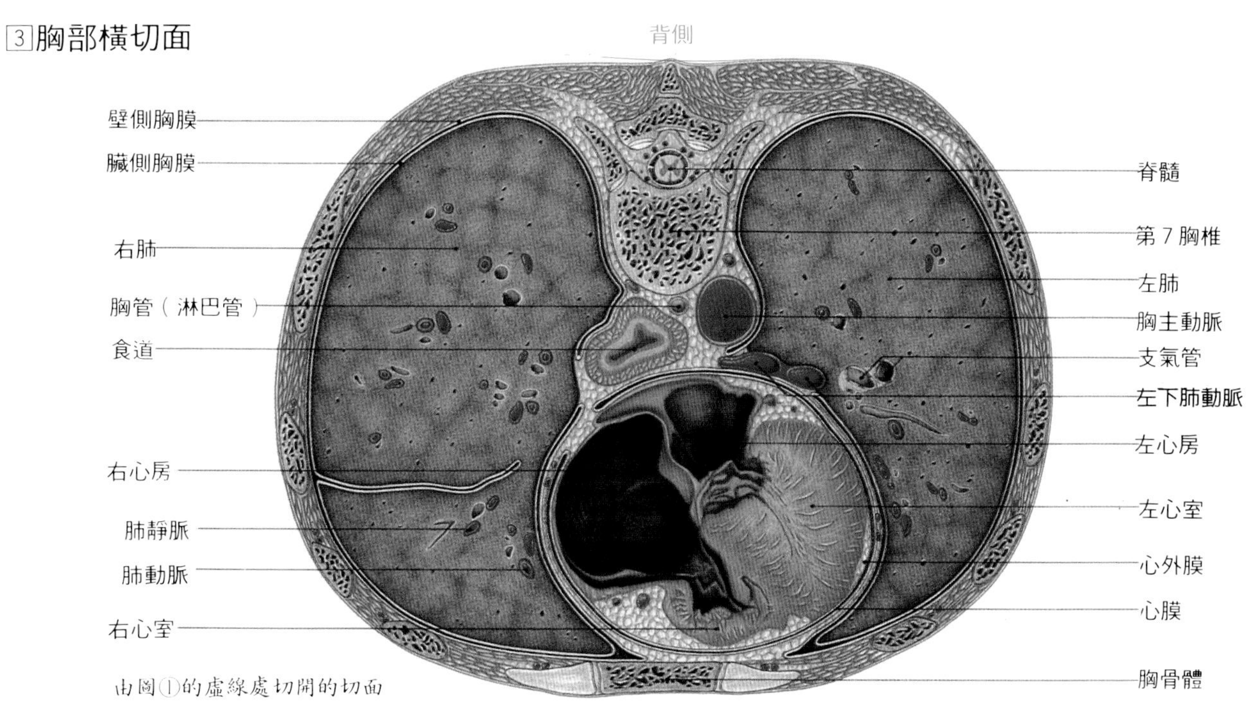

由圖①的虛線處切開的切面

由左右乳頭的連接水平面採圈狀橫切胸部，可發現其中包括有胸椎（脊柱）、心臟、肺臟等重要器官，而圓形切口是胸大動脈，星形的切口則是食道（圖3）。

由前後來分可分爲胸骨與胸椎，由左右分則分爲左肺與右肺，而夾雜在這四部中間的是一稱爲縱隔洞的空間，裏面有出入心臟與肺部的粗動脈、粗靜脈，以及連接頸部的氣管、食道、淋巴腺及神經等。其次，在胸骨的正後方，有一個爲胸腺的賀爾蒙器官。

與頸部連接的胸部入口，是由第1肋骨、第1胸椎及胸骨柄所形成的橢圓形，氣管、食道以及神經血管等，全由此入口出入胸部。其次，在此胸部入口的前側方到背部，有張開於鎖骨、肩胛骨與肱骨之間的肌肉岬，而張開於這些肌肉與肱骨、肋骨之間，會彼此互相帶動上肢運動。

肺、氣管、支氣管

- 肺　重量：男性平均約 1060g，女性平均約 930g
- 氣管　長度約10～11cm，左右直徑約1.5cm
- 支氣管　長度：左主支氣管約 4 ～ 6 cm，在主支氣管約 3 cm

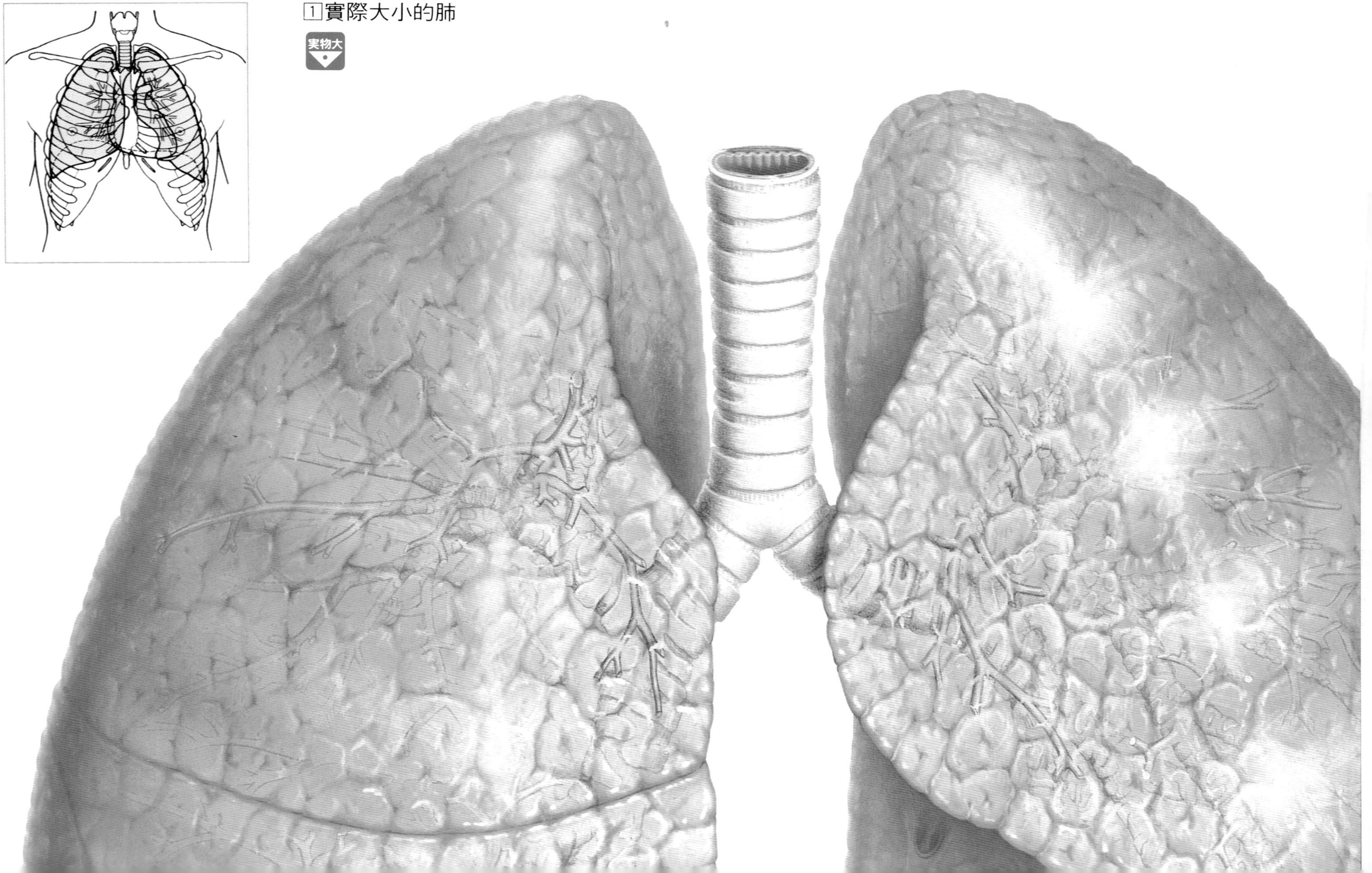

1 實際大小的肺

実物大

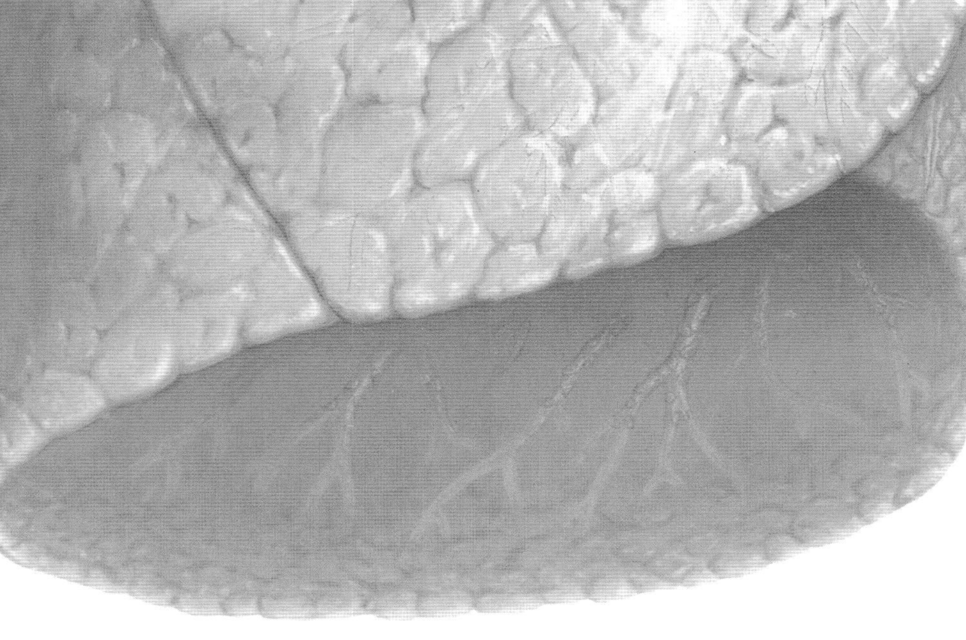

2 氣管的分支與名稱

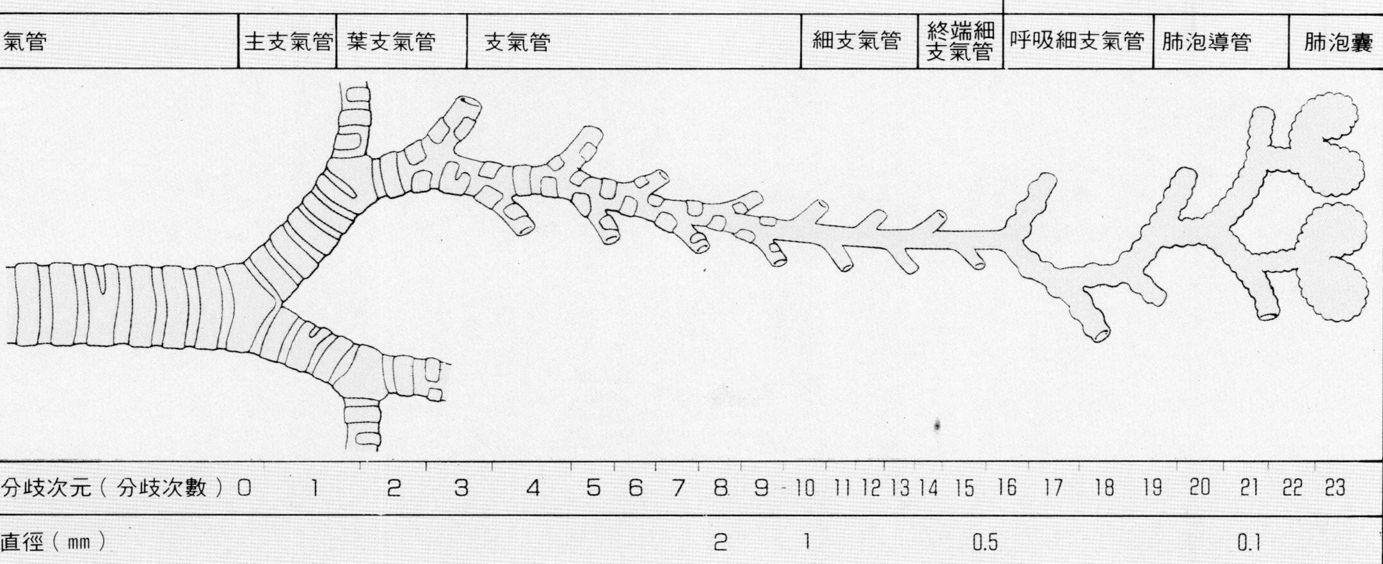

氣管在第 4 ～第 5 胸椎的高度，分歧成左右的主支氣管並進入肺部。從此，支氣管便重覆不規則的 2 分歧，逐漸變細，最後到達「氣體交換」現場的肺泡。從細支氣管起前端沒有軟骨。肺泡出現在呼吸細支氣管以下。到達終端細支氣管間的分歧次數，即使在同一肺部也有各種不同，求圖僅以平均值（16次）來表示之。

③肺的內部構造

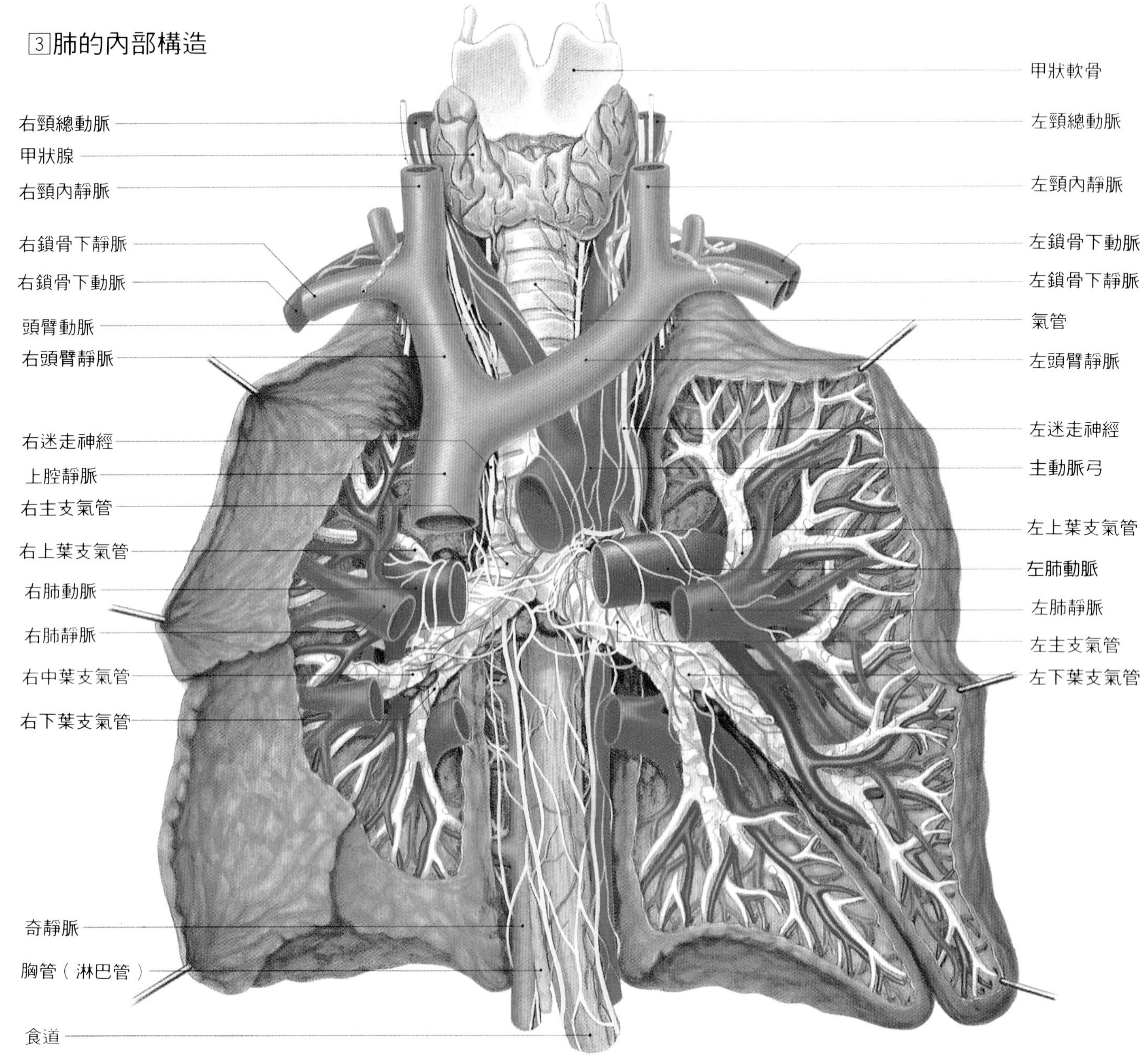

切掉心臟，將肺翻過來所見到的內部情形。

給予由心臟輸送出的血液（靜脈血）新鮮氧氣的便是肺，它同時可以從血液中吸取二氧化碳，成爲氣體的交換所，而氣管與支氣管就是進行此項工作（吸氣及呼氣）的氣體通道。

●肺

【位置、大小】 是在胸腔中心臟與縱隔洞之間的龐大內臟器官，男性平均爲 1060g（右約 570g，左約 490g），女性平均爲 930g（右約 500g，左約 430g）。

【功能】 胸部可去除由靜脈血液中紅血球所放出的二氧化碳，並給血液氧氣，在動脈血中進行「氧氣交換」。

【構造】 在「氣體交換」場所中送入血液的是來自右心室的肺動脈，而送入空氣的是支氣管與其分支。佔胸部內的主要部份便是此二種類的分支管（圖 3）。

肺動脈（流著靜脈血）沿著支氣管的分枝同行，接著再分岐爲許多微血管進入肺泡壁，然後又變成靜脈（流著動脈血），再由肺靜脈將血管送回心臟的左心房。

胸部內有所謂的斜裂區分域，而每一區皆由不同的支氣管分枝負責供給氣體，因此右肺可分爲上葉、中葉、下葉，左肺則分爲上葉與下葉，而肺葉又可進一步分爲更細的肺區域。

●氣管

從頸部與會厭連接部份到支氣管分支點，長度約爲 10 至

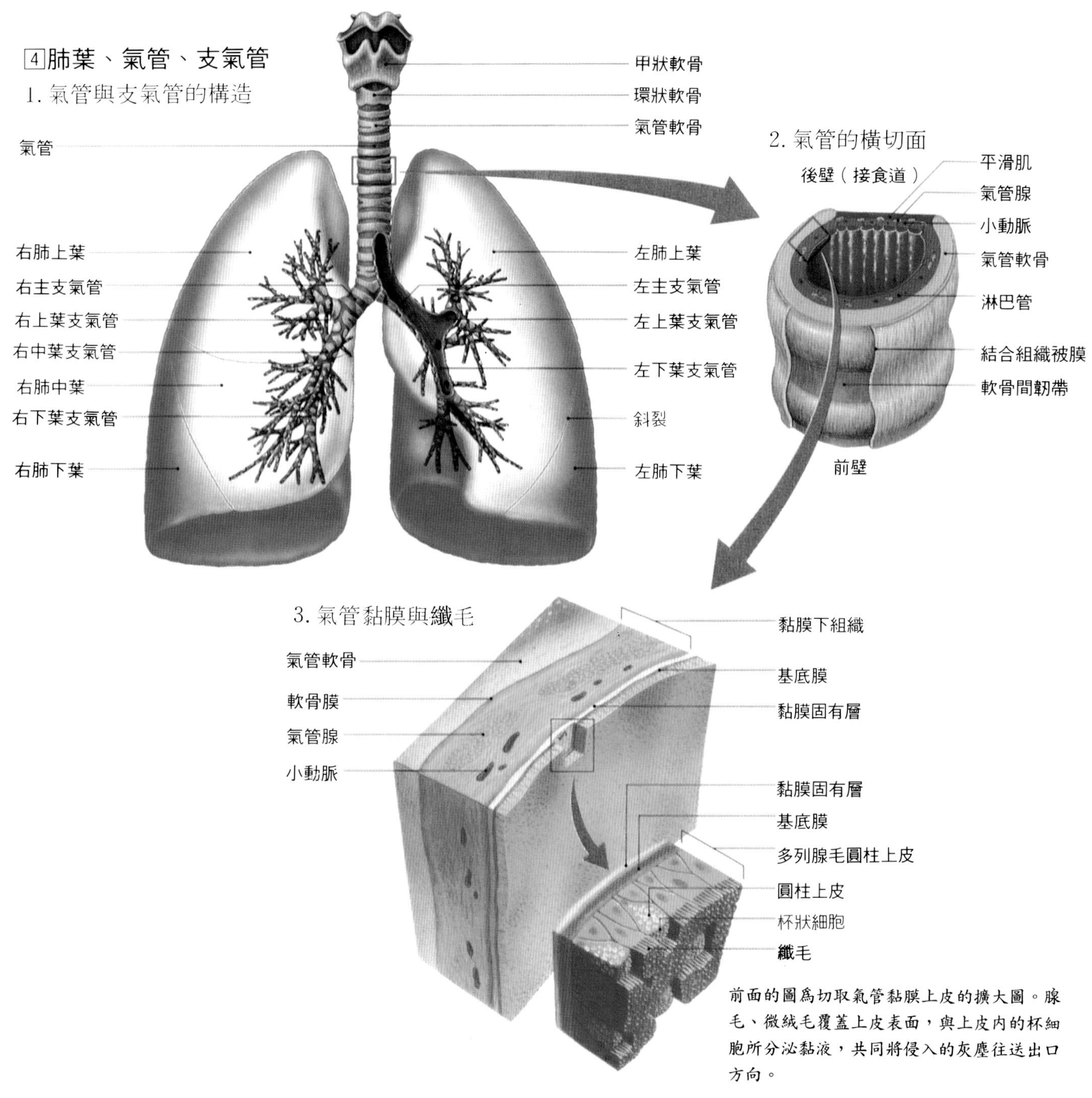

前面的圖爲切取氣管黏膜上皮的擴大圖。腺毛、微絨毛覆蓋上皮表面，與上皮內的杯細胞所分泌黏液，共同將侵入的灰塵往送出口方向。

11cm 的管子便是氣管。氣管的直徑約爲 1.5cm。從氣管的前面到側面，有一種爲了增强氣管强度的馬蹄形氣管軟骨，數目約爲 16 個至 20 個。

馬蹄形的背側（氣管後壁）無軟骨的部份，則舖著膜狀組織，而整個內側均有黏膜，黏膜的表面覆蓋著纖毛上皮，其內部的黏膜固有層富有彈力，而黏膜下組織裏則分布有可分泌黏液的氣管腺（圖 4−3）。纖毛會朝著開口的方向不斷的拍打，藉以抑制侵入的灰塵等，同時還可排出黏液。

●支氣管

氣管分成兩個較細的管子，稱爲主支氣管，此二主支氣管由肺門進入左右的肺部，左主支氣管比右主支氣管長約爲 4−6cm，右主支氣管則長約 3cm。主支氣管又分爲 2，如此一直分支下去共 16 次，越分越細最後成爲終端細支氣管（直徑約 0.5mm）。

在第 17−19 次分支的呼吸細支氣管的前端，有肺泡的突起物。若用樹枝來比喻「氣體交換」場所，那麼支氣管相當於樹枝，肺泡導管相當於葉柄，而肺泡就是葉子。

●主要的疾病　有肺癌、肺炎、肺氣腫、肺水腫、肺囊泡症、肺結核、支氣管哮喘、支氣管炎、支氣管閉塞症、支氣管擴張症等。

肺泡與氣體的交換

●肺泡

由支氣管所分支而成的呼吸細支氣管，及肺泡導管上所形成球形肺泡。成人肺部的肺泡導管數目約 1400 萬個，一個肺泡導管內平均有 20 個肺泡，因此肺泡總共多達 6 億個，一個肺泡的直徑約爲 0.14mm。進行氣體交換的肺泡面積廣達 $60m^2$，此一肺泡壁的 75% 的表面積，覆蓋著網狀般的微血管。

●【氣體交換】

平常呼吸時，在吐氣之後肺（肺泡）中還會殘留約 2500ml 的空氣（機能的殘氣量），也就是支氣管與終端細支氣管中，留下由肺泡所產生的最後氣體，因此雖然吸入新鮮空氣，但並不是以毫不混雜的新鮮空氣的形態來進行氣體交換。當吸入新鮮空氣時，進入肺泡中的空氣氧濃度，會被殘留的氣體稀釋，因此濃度會比外面的氣體低，肺泡中的氧氣與紅血球中的二氧化碳，會由肺泡及微血管雙方所合成的平均約 0.001mm 薄壁之間，從壓力大的地方往壓力小的地方快速移動，而這就是進行「氣體交換」的情形。

●呼吸與循環

平常我們很少注意到這兩者之間的關係，其實呼吸與循環的關係很密切。例如呼吸與心臟跳動停止而瀕臨死亡的人，如果只採人工呼吸或是只採心臟按摩是無法使他甦醒的。人工呼吸可使新空氣進入肺部，但其有幫浦功能的心臟，若不進行血液循環來交換空氣，那就無法將氧氣送入體內，所以即使血液中有了氧氣，而心臟不將其送到體內的所有器官，那患者一樣無法甦醒。當心臟哮喘時，會如同支氣管哮喘般痛苦，那是由於循環機能降低導致肺的血液循環不良，而發生氧氣不足的緣故。

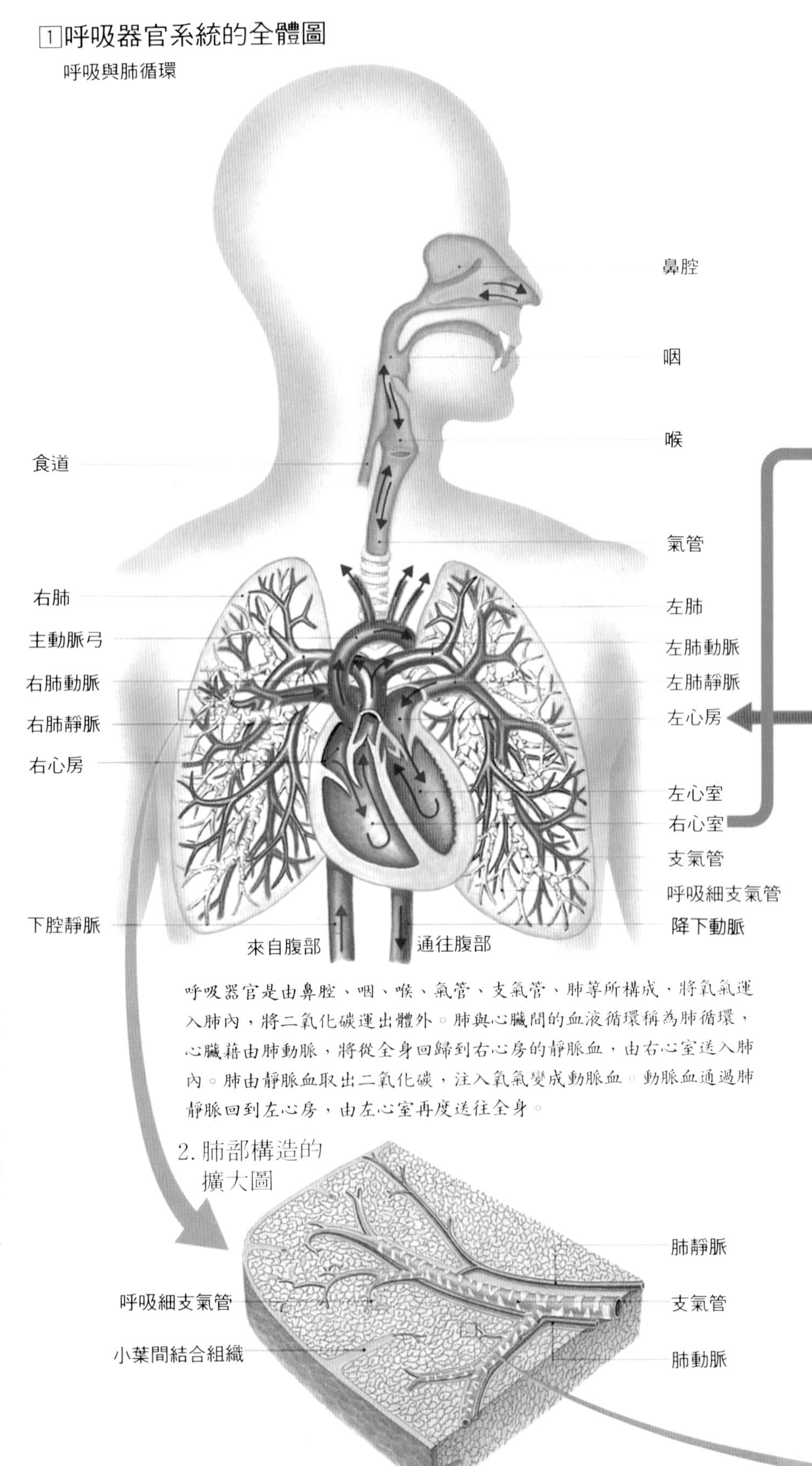

呼吸器官是由鼻腔、咽、喉、氣管、支氣管、肺等所構成，將氧氣運入肺內，將二氧化碳運出體外。肺與心臟間的血液循環稱為肺循環，心臟藉由肺動脈，將從全身回歸到右心房的靜脈血，由右心室送入肺內。肺由靜脈血取出二氧化碳，注入氧氣變成動脈血。動脈血通過肺靜脈回到左心房，由左心室再度送往全身。

2肺泡與氣體交換的構造

肺泡是直徑約 0.14 ㎜的袋狀組織，其表面覆蓋著呈網狀的微血管。「氣體交換」是透過肺泡壁，微血管壁之間的組織空隙來進行。由右心室經過肺動脈而流入的靜脈血，藉「氣體交換」變成動脈血，經肺靜脈回到左心房。

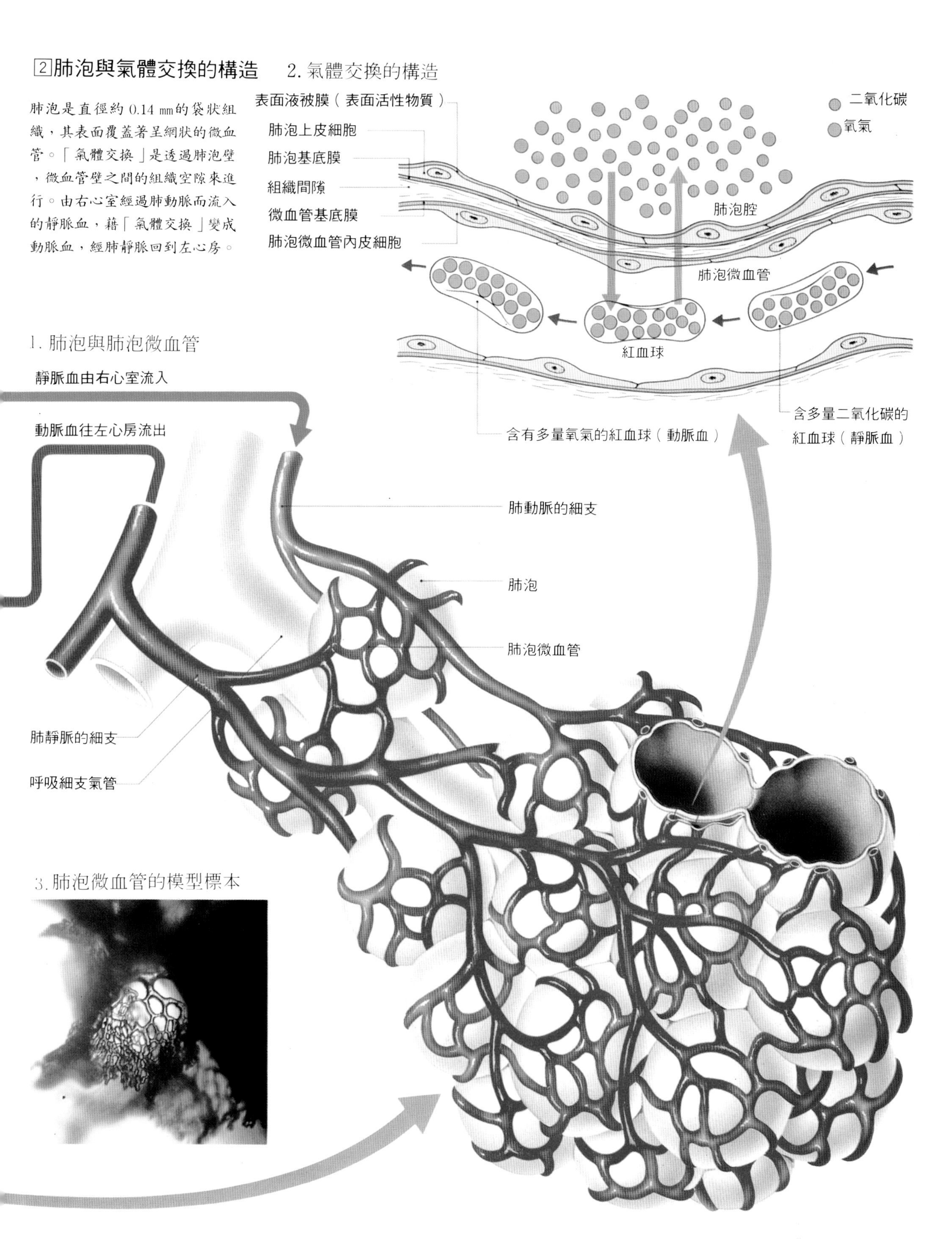

關係呼吸的肌肉

1 呼吸肌肉的種類

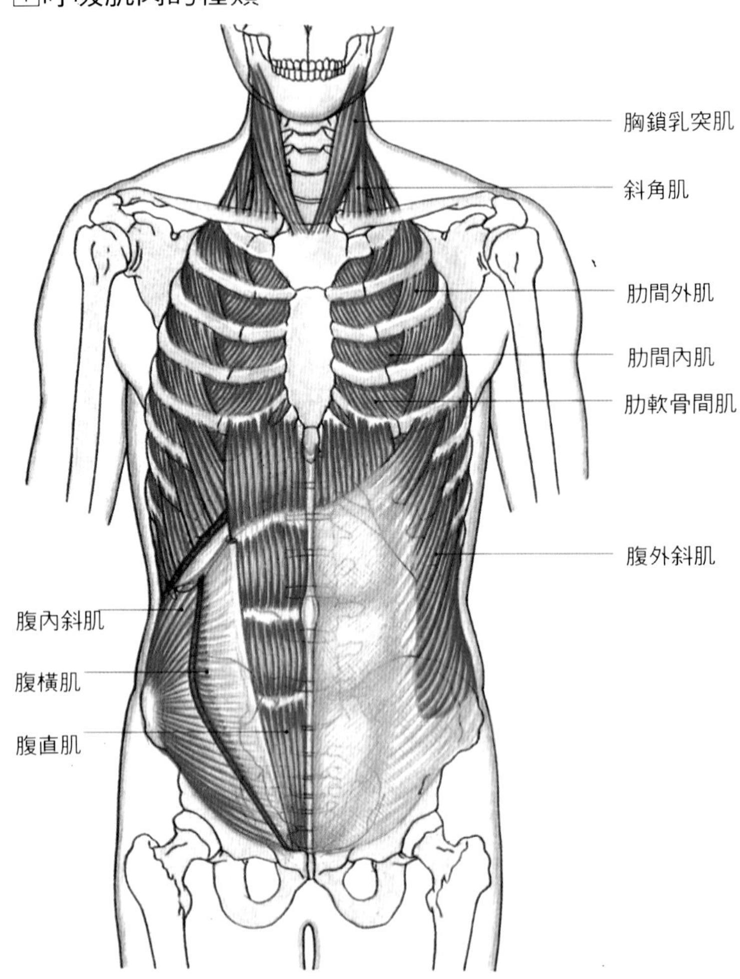

2 胸廓的擴張、收縮與呼吸

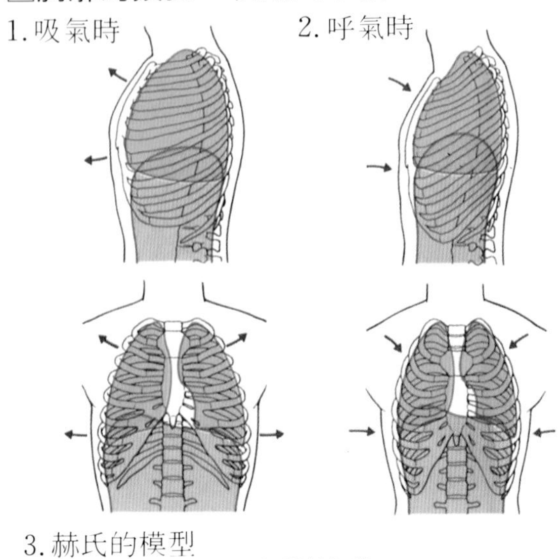

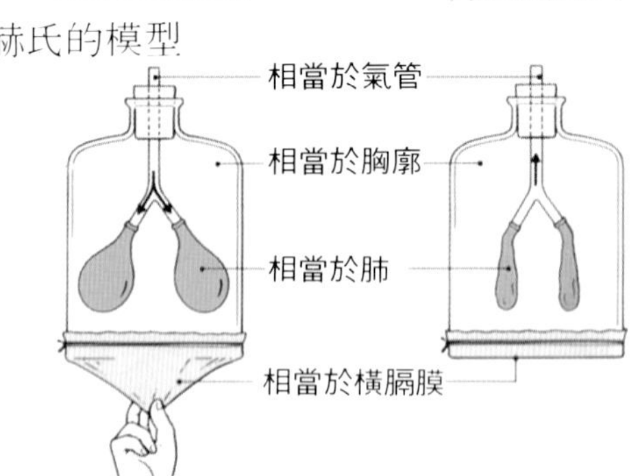

呼吸大體分為腹式呼吸與胸式呼吸，實際上是藉著兩者的複合進行。利用橫膈膜及呼吸肌的功能，隨著胸廓的擴張及收縮，肺也會擴張、收縮，於是產生吸氣與呼氣現象。在赫氏模型中，張開在下方的橡皮膜相當於橫隔膜，將橡皮膜往下拉，相當於胸廓的瓶子，其內壓便低於外壓，於是空氣流入，相當於肺的氣球便鼓脹（吸氣）；橡皮膜恢復原狀後，瓶內壓力上昇，氣球便收縮，空氣便流出外部（呼氣）。

呼吸時並非藉由肺部膨脹收縮的力量來進行，而是藉胸廓內的橫膈膜與肋骨肌等功能所進行的擴張收縮來進行呼吸，完全是被動性的。

●橫膈膜

在說明呼吸的構造時，經常會使用赫氏模型（圖2-3）。此模型的瓶子相當於由肌肉與骨骼所構成的胸廓，而掛在瓶底的膠膜則相當於橫膈膜。肺的構造就與模型一樣，進入肺部的支氣管也是利用胸膜來擴張，完全不會有遺漏的空氣。氣管便相當於突出於瓶外的管子，將模型的膠膜向下拉，瓶內的壓力便會比瓶外的壓力小，如此氣球就自然會有空氣進入而膨脹，因爲橫膈膜與肋間肌的作用，胸廓便會擴展，於是胸廓內壓力就會下降，而彈性大的肺部就會擴張，把空氣向外排出。

平常的形狀像鍋子倒過來的橫膈膜，當橫膈膜肌肉收縮後，底部會變平坦，而尾側（下方）會下降。其上下變化最大約7-10cm。肌肉鬆弛後，胸廓容積就會恢復原狀，於是就將肺中的空氣吐出。像這種利用橫膈膜所進行的是腹式呼吸，此種呼吸的承擔是平常安靜時呼吸的70%。

●肋間肌及其他

在胸廓的擴張與收縮裏，也關係到橫膜以外的肌肉功能。連接肋骨之間的肋間外肌收縮之後，肋骨就會向上揚，而如同平放的鉛筒柄直立一般，胸部會擴展開來，然後吸氣。肋骨間的肋間內肌收縮之後，肋骨會下垂，胸廓就會縮小，然後吐氣，如此反覆進行著胸式呼吸。其次，胸壁的肌肉群、頸部的斜角肌、胸鎖乳突肌等，也會關係到胸式呼吸。如果在胸廓及肺部開洞，則不論如何努力呼吸，胸廓內的壓力都等於胸廓外的壓力，如此一來肺部便無法呼吸。

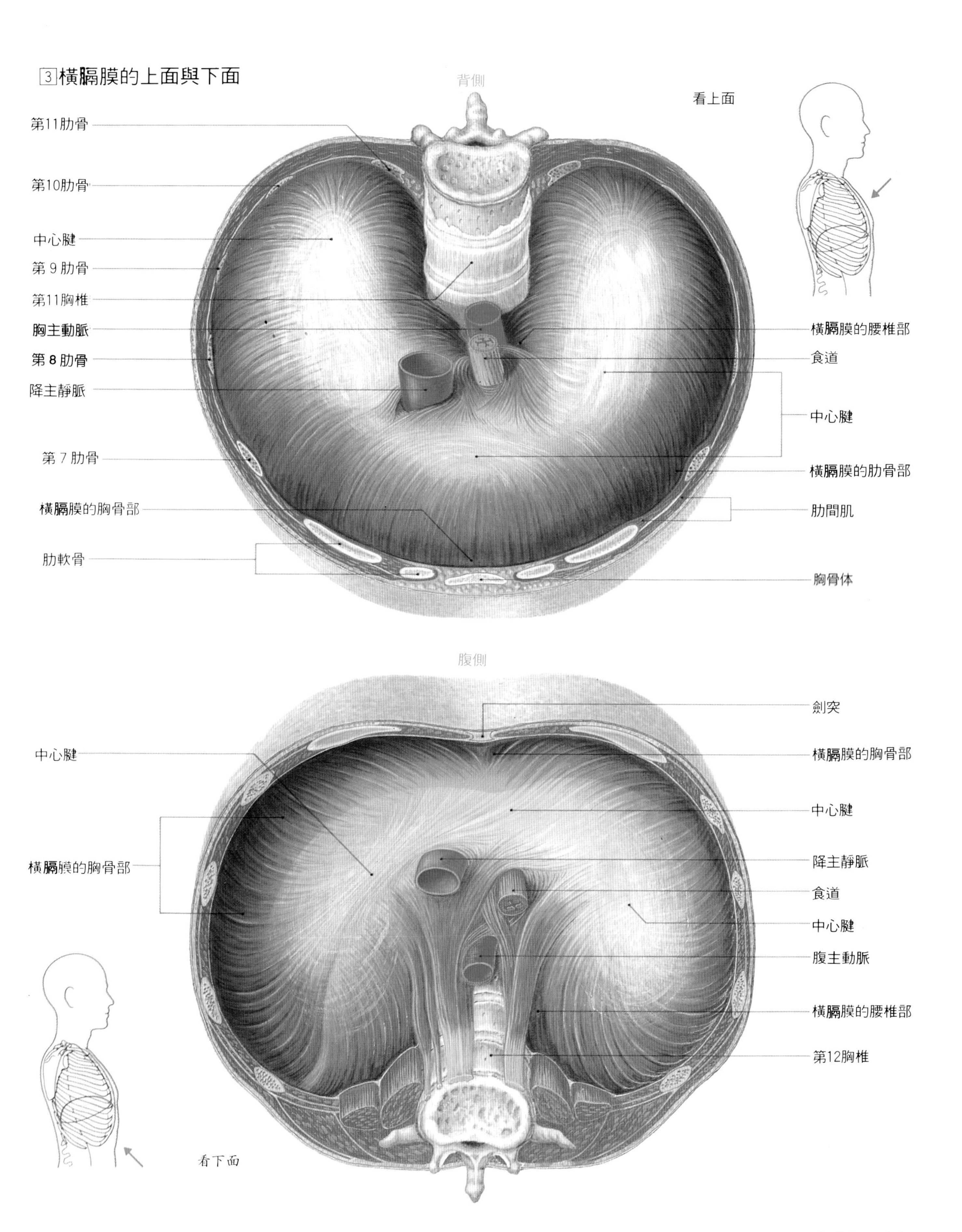

3 橫膈膜的上面與下面
背側
看上面
第11肋骨
第10肋骨
中心腱
第 9 肋骨
第11胸椎
胸主動脈
第 8 肋骨
降主靜脈
第 7 肋骨
橫膈膜的胸骨部
肋軟骨
橫膈膜的腰椎部
食道
中心腱
橫膈膜的肋骨部
肋間肌
胸骨体
腹側
劍突
中心腱
橫膈膜的胸骨部
中心腱
降主靜脈
食道
中心腱
腹主動脈
橫膈膜的腰椎部
第12胸椎
看下面

心臟

• 長徑約14cm，短徑約10cm，厚約 8 cm，重約250～350 g

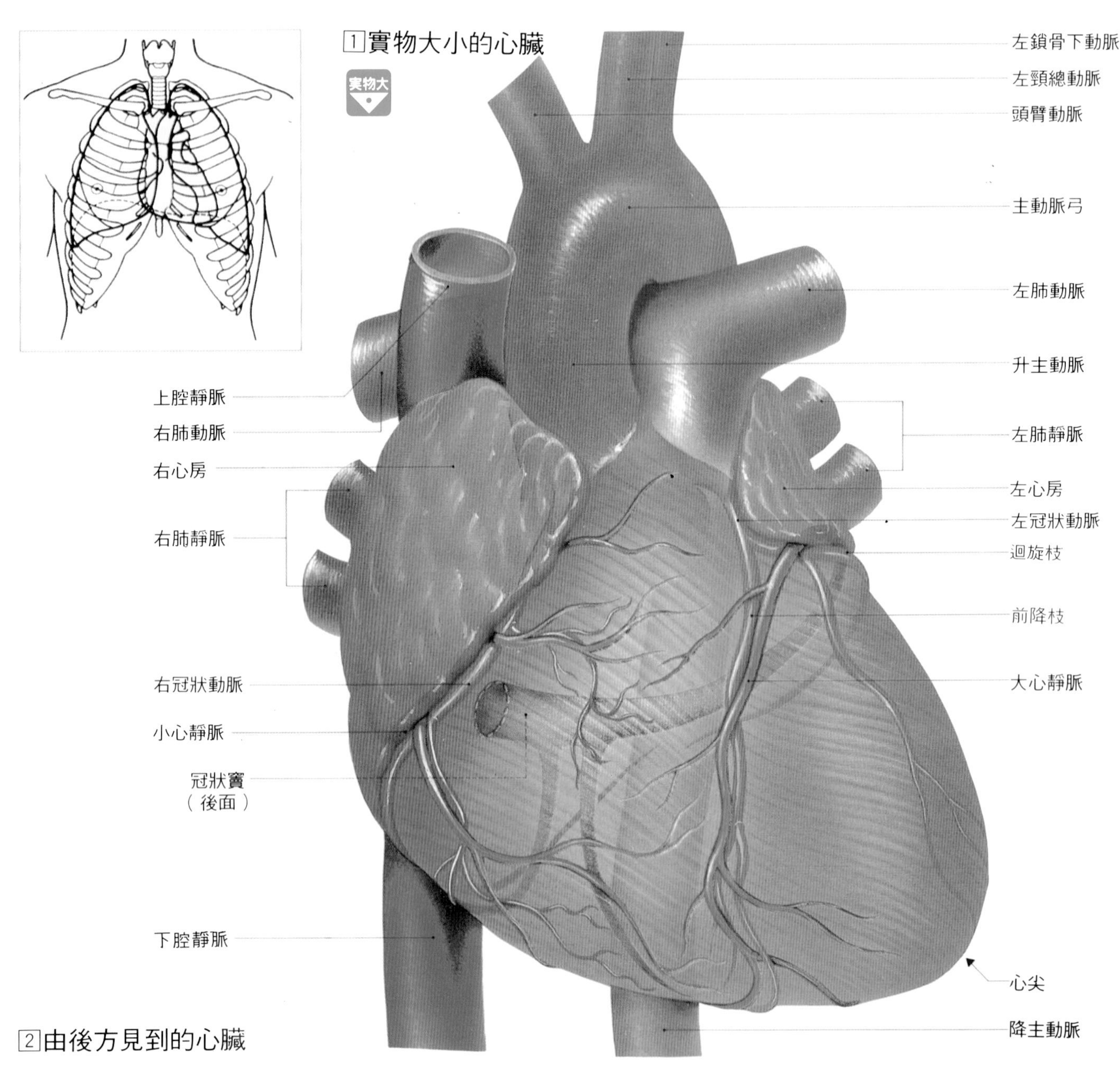

2 由後方見到的心臟

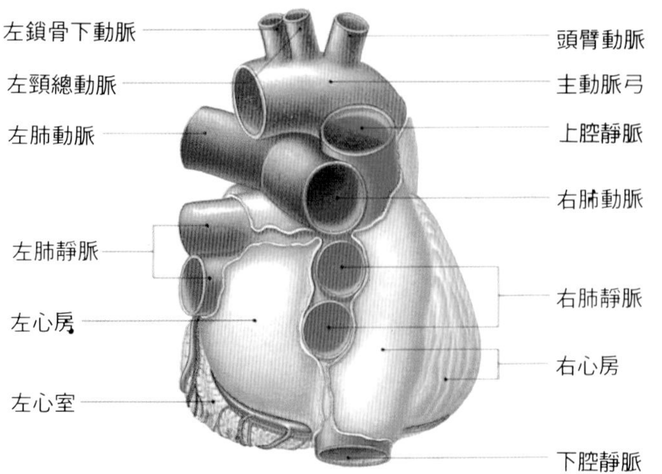

心臟是將維持生命的必要血液送達全身的重要內臟器官，「死亡」的判定也是以心臟停止工作為主要基準。但隨著各種維持生命設備的發達，現在判斷死亡已不是根據心臟的跳動，而是以腦死來判斷。

【位置】 心臟位在胸廓內近中央之處，稍微偏左，左右接著肺部。由第 7 胸椎高度的橫切面來看，幾乎是位在脊柱與胸骨之間。心臟的長軸約傾斜 50°，其下方尖端（心尖）則朝向斜的方向，每當心臟收縮時，便會震動胸壁的內面。

【大小、形狀】 一般比握拳的大小稍大，成人約 250～350 公克。若只看心房與心室則為紅桃形，但另外也有人認為有如大桃形。

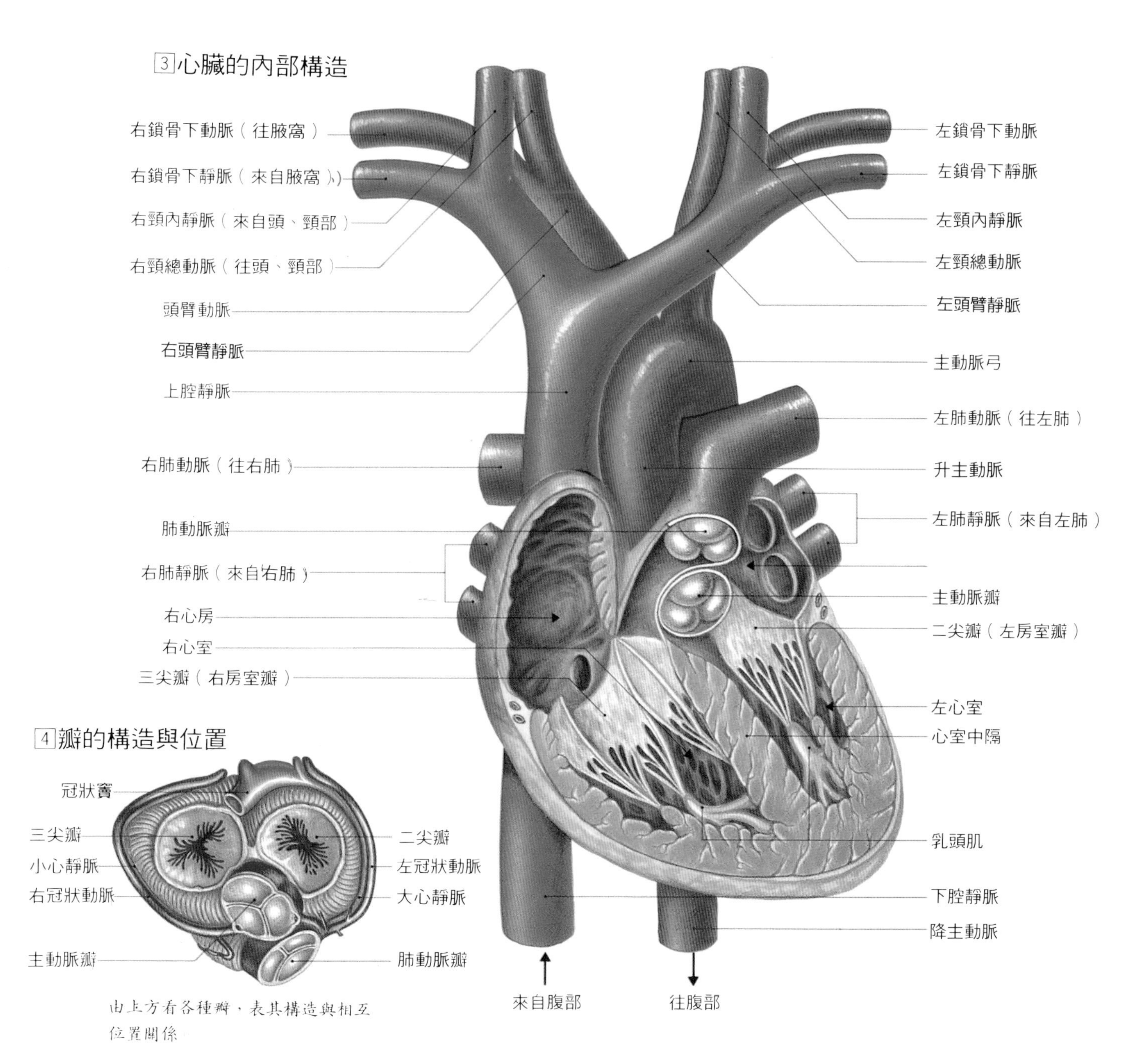

由上方看各種瓣，表其構造與相互位置關係

【構造】 心臟是由有規則反覆收縮鬆弛推擠血液的肌肉（心肌）所構成的。裏面舖著有心內膜，外側包裹著心外膜。內部分爲左右心房與左右心室四個部份。

心臟具有幫浦的功能，爲了不使有靜脈流出的血液混到動脈中，所以有4瓣。左心房與左心室之間的瓣稱爲僧帽瓣，右心房與右心室之間是三尖瓣，由心室內乳頭肌所伸出的腱，如同降落傘的繩子般連接瓣緣，以防止瓣尖的向後彎曲。

位於肺動脈上的肺動脈瓣與大動脈入口的大動脈瓣，是由三片口袋狀的半月瓣所構成。心臟內除了供給不斷活動的心肌氧氣與能量的冠狀動、靜脈之外，還有具備幫浦功能，使心臟成爲輸入血液並輸出血液的大血管（大動脈、大靜脈、肺動脈、肺靜脈）。

【功能】 心臟是含有豐富氧氣的動脈血輸送到全身的幫浦。被輸送的血液在回心臟的路上，由各組織接收二氧化碳及廢物，變成靜脈血，進而接受由門靜脈所送入的能量源、賀爾蒙與神經傳達物質，送回心臟（右心房），接著送到肺，在此會將多餘的二氧化碳排出，吸取新的氧氣成爲新血，再由大動脈送出。

心臟一次收縮所送出的血液量，因身體的大小而不同，一個高160公分重50kg的人約爲70ml，而1分鐘約送出5ℓ的血液。

滋養心臟的血管

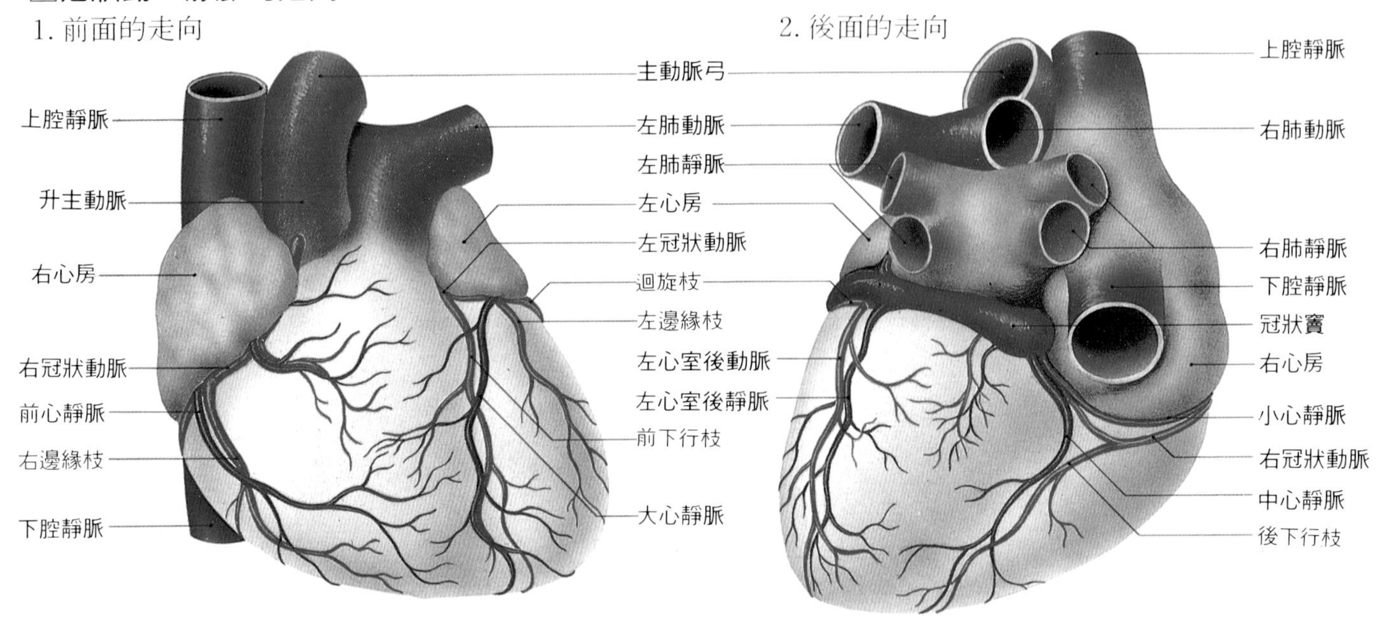

2 如冠般纏繞心臟的動脈走向

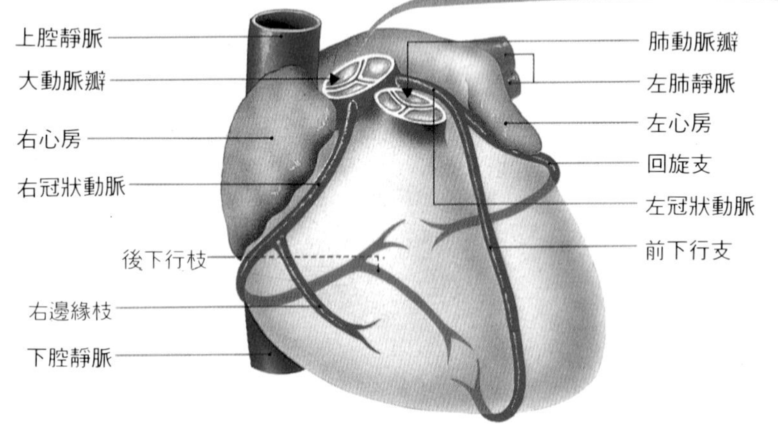

省略細分枝，表左右的冠狀動脈及其主要分枝的走向。動脈如冠般纏繞心臟故取名「冠狀動脈」。

3 冠狀動脈口的位置

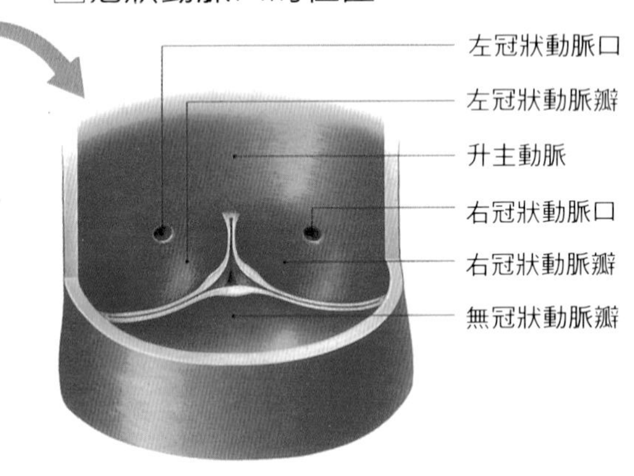

左右的冠狀動脈口（冠狀動脈的開始口）在大動脈瓣的附近。本圖是由圖②的左斜上方所見的口袋狀大動脈瓣。

【冠狀動脈】 心臟是輸送血液的幫浦，不過要進行血液幫浦的功能還是需要血液。

心臟似乎無法從自己所處理的動脈血或靜脈血中自由的取出所需的物質，這就是有如每天在手上進出很多鈔票的銀行人員，自己所得的也只有一點點薪水而已。而生命泉源心臟，自己所需的氧氣與營養，則是由一名爲冠狀動脈的專用細小血管來供給。

【營養心臟所必要的血液量】 安靜時，左心室與心肌每 100 公克一分鐘約流過 80cc 的血液，右心室約爲左心室的 70% – 80%，而左右心室則儲需約身體所要的一半的血液量，因此爲了維持心臟本身的活動，每分鐘需要 250cc 的血液，而心臟每分鐘約送出 5 公升的血液，所以心臟所需的血液約是輸送血液的 5%。

不斷活動的心臟會消耗掉由冠狀動脈送來的動脈血液含約 70% 的氧氣（腹部的內臟器官約 15%～20%），因此，流經心肌組織內部而回到冠狀動脈的靜脈血，其氧氣的濃度很低，比其他器官送出的靜脈血氧氣濃度都還要低很多。

心臟就如同一位勞動者，平常就需消耗很多的氧氣，所以無法忍受缺氧的情況。如果冠狀動脈分枝受到阻塞，導致血液循環不良，該血管組織就會壞死，這就是成人病中主要死因中的心臟梗塞。

【冠狀循環的路線】 沿自左心室的大動脈，以及大動脈瓣附近有一稱爲脈衝洞的地方，有左右的冠狀動脈口，冠狀動脈

4 動脈硬化的形成與冠狀動脈的病變

1. 動脈硬化的形成

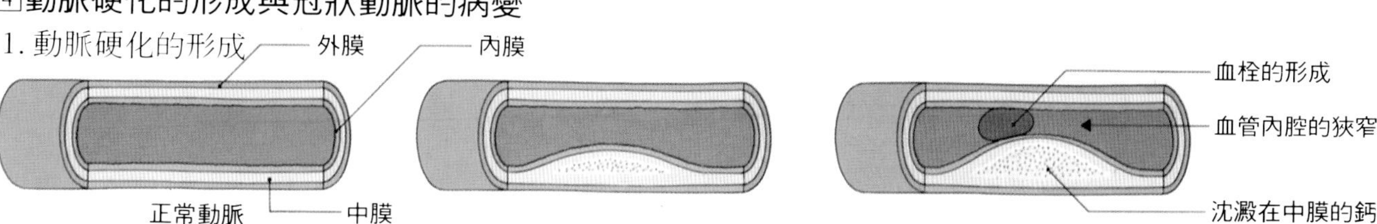

形成動脈管的外膜、中膜、內膜中，內膜或中膜裏會逐漸堆積膽固醇或鈣而變厚，此狀態為粥狀硬化。發生粥狀硬化後，其表面就會粗糙，血液便在該處凝固，導致內腔變窄甚或堵住，最後妨礙血流。

2. 冠狀動脈的病變

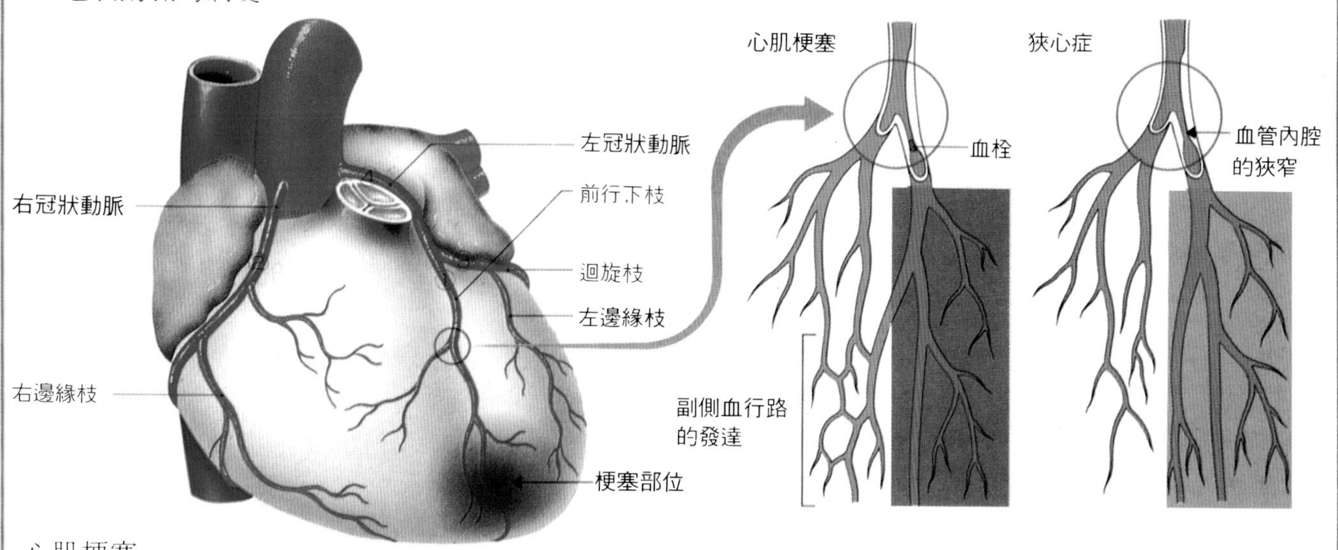

心肌梗塞

冠狀動脈中發生粥狀硬化，血液的凝塊在該處發生阻塞（血栓），突然堵住冠狀動脈，妨礙血流，導致心肌組織壞死的狀態。圖中有號碼的動脈容易發生此病變，號碼表容易發生的順位。本圖表左冠狀動脈的前下行枝形成血栓，該流區發生梗塞（虛血性病變）的狀態。病變只在心內膜下，或由心臟壁的內部貫通到外部全壞死。壞死的範圍擴大時，則可能於短時間內死亡，如果未死而經過一段時間，則與附近動脈枝的連絡路線，便會再度開啟血流路線，使症狀逐漸恢復。

狹心症由於動脈硬化，冠狀動脈的內腔變狹窄，導致血流量減少，一旦做劇烈運動，氧氣的需要增加，但血液卻無法適時補給，一時之間陷入氧氣不足狀態。雖會引起強烈胸痛感，但與心肌梗塞不同，只要立即保持安靜，不久即可恢復。

便由此開始如其名稱一般環繞著心室與心房之間的心臟表面（心外膜下方）。

左冠狀動脈由大動脈分開之後，立刻分成轉支與前下行支（前室間支）等兩支。回轉支循環背面靠近右冠狀動脈，前下行支則朝心尖伸展。這三條主要動脈在大量灌溉心肌之後，便經由靜脈系回到右心房。

【冠狀循環特徵】 心臟肌肉收縮，心臟內部壓力增加時，流經心肌內側（心內膜下層）的冠狀動脈，會有部份因受到壓力而變細，致使血液難以流通。心臟擴張內部壓力下降時，則血液流通順暢，因此心跳數會較平常多，此時收縮的時間會比擴張的時間長，而由於收縮，所以心臟的工作量會增加，同樣的，氧氣與能量的需要量也會增加，但是對於心肌的血液供應量卻減少，於是心臟便發生毛病。

冠狀循環與四肢的動脈一樣，基本上是由自主神經（交感神經，副交感神經）來操縱血管的收縮與擴張，但是冠狀循環對此操縱的能力卻比四肢弱，因此當因外傷出血時，四肢與其他內臟動脈，會立刻增强收縮以減少出血量。

但此情況若發生在冠狀循環時，動脈卻不會加强收縮，因此由此所流經的血液量就會與往常的速度相同，所以此部位就會有耐失血力，此一情況在腦部循環上也常見，而這就是在緊急時，生物爲了保護心臟與腦部，所具備的巧妙構造。

心跳韻律與心周期

1 刺激傳導系統與心臟的活動

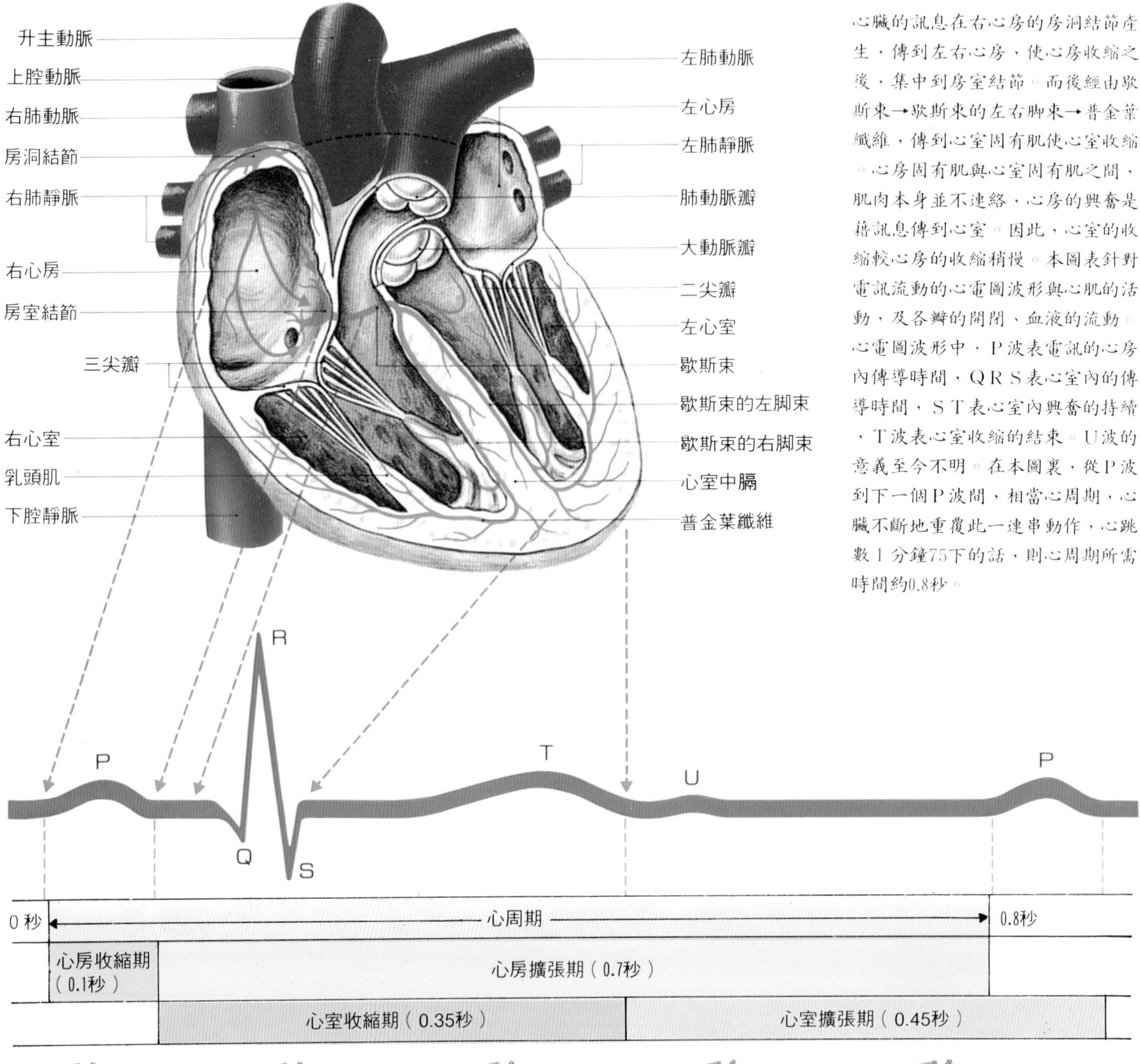

心臟的訊息在右心房的房洞結節產生，傳到左右心房，使心房收縮之後，集中到房室結節。而後經由歇斯束→歇斯束的左右脚束→普金葉纖維，傳到心室固有肌使心室收縮。心房固有肌與心室固有肌之間，肌肉本身並不連絡，心房的興奮是藉訊息傳到心室。因此，心室的收縮較心房的收縮稍慢。本圖表針對電訊流動的心電圖波形與心肌的活動，及各瓣的開閉、血液的流動。心電圖波形中，P波表電訊的心房內傳導時間，QRS表心室內的傳導時間，ST表心室內興奮的持續，T波表心室收縮的結束。U波的意義至今不明。在本圖裏，從P波到下一個P波間，相當心周期，心臟不斷地重覆此一連串動作，心跳數1分鐘75下的話，則心周期所需時間約0.8秒。

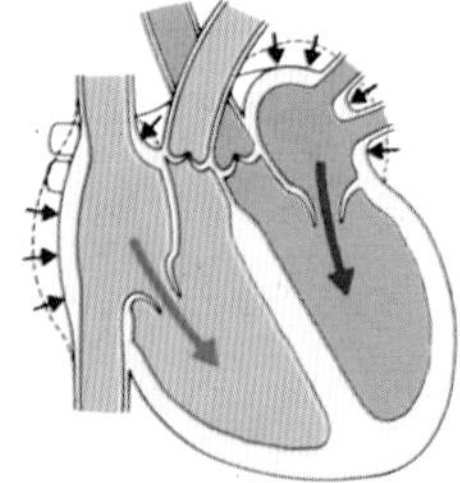

藉心房的收縮，來自全身、肺的血液，被送入心室，相反地，心室因由心房流入的血液而達到最滿。

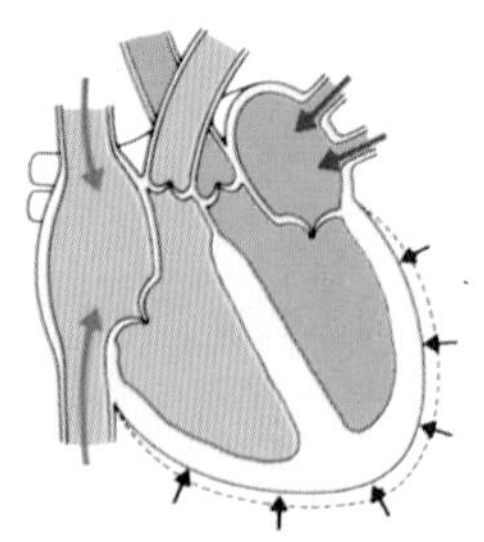

心房開始弛緩，心室開始收縮，三尖瓣、二尖瓣關閉，血液不會逆流入心房，心室的內壓上昇。

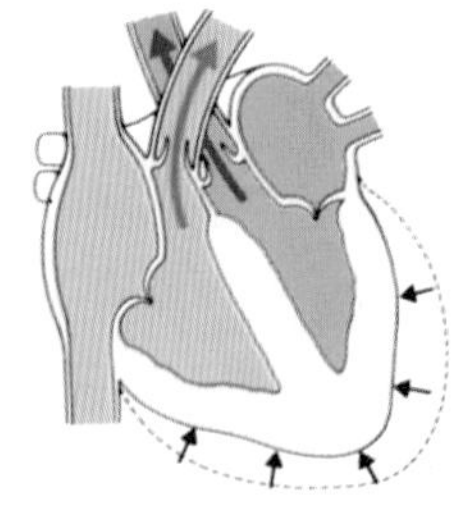

心室收縮達到最高。心室的內壓超過大動脈瓣、肺動脈瓣的壓力後，兩瓣便被推開，血液就被送到全身各處及肺。

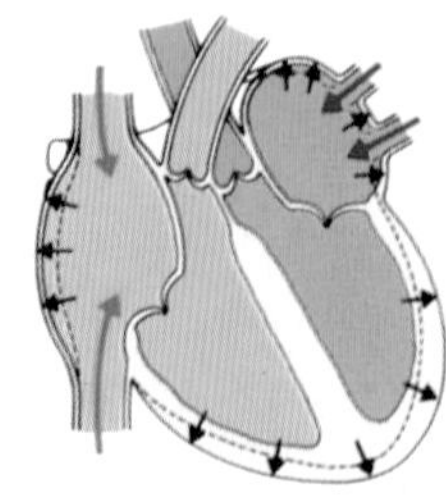

心室開始鬆弛，心室的內壓下降，大動脈瓣、肺動脈瓣關閉，血液不會逆流到心室，血液便流入心房。

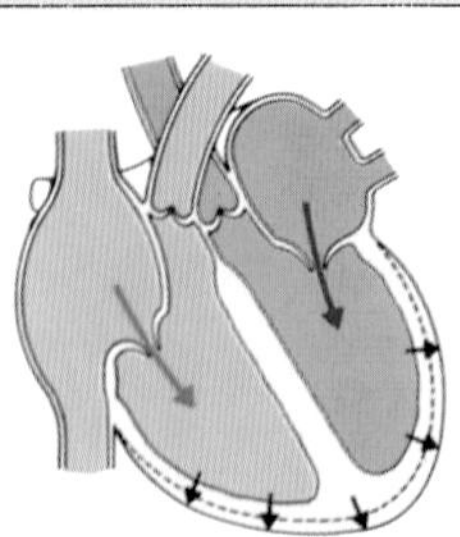

心房因全身、肺的血液而充滿，心房的內壓上昇，推開三尖瓣、二尖瓣，血液開始流入心室。

2 心室擴張期與心室收縮期

1. 心室擴張期

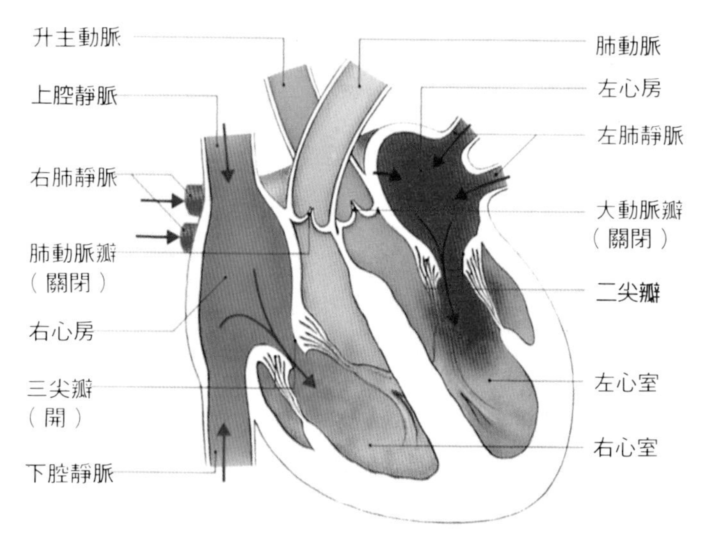

心房的內壓比心室的內壓高之後，便推開三尖瓣、二尖瓣，流入心房的全身及肺的血液進而流入心室。其次，因大動脈、肺動脈的壓力較心室的內壓高，所以大動脈瓣、肺動脈瓣便關閉，心室送出血液的壓力也降為最低。此心室擴張期的血壓便是最低血壓（擴張期血壓）

2. 心室收縮期

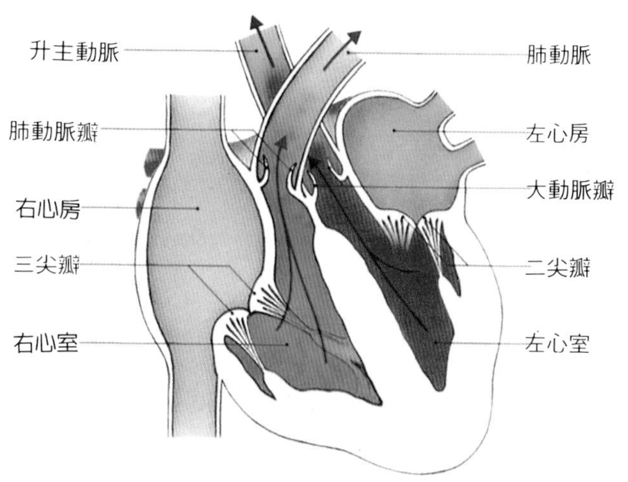

心室的內壓上昇，三尖瓣、二尖瓣關閉，防止流入心室的血液流入心房。其次，心室的內壓比大動脈、肺動脈壓力大之後，大動脈瓣、肺動脈瓣便被推開，心室進而強烈收縮，以最大壓力將血液送到全身及肺。此心室收縮期的血壓便是最高血壓（收縮期血壓）。

【刺激傳導系】 心臟即使切斷了與腦部、脊髓、中樞神經的連絡線，或是拿出體外時仍能有規律的跳動。這是因在左右心房的心房結節處，有本身能快速做有韻律活動的肌細胞。

由此肌細胞所產生的訊息，經過特殊的肌肉路線（刺激傳導系）傳達到整個心肌，而此訊息也能當幫浦的功能，來控制心臟的收縮與鬆弛，這就是爲何心臟離開中樞神經時仍能跳動之因。

心房結節細胞所有的「自動性」作用，在刺激傳導系中的任何一部的特殊肌細胞中皆具備，而該韻律以心房結節最爲快速，它之所以最快是由於心房結節優先領導了整個韻律活動。

心房結節所形成的訊息在心房內呈放射狀，最後集結在房室結節。信號由此傳到歇斯束→歇斯束的左右腳束→普金葉纖維→心室固有肌（內膜面→外膜面）。

【心電圖】 心臟收縮時，心肌所產生的活動電位，會擴及至整個身體表面，來得知電位變動的代數和，這就是心電圖。

從身體表面所記錄的心電圖波形，一心跳內有P波、QRS、T波、U波等不同的波數，而由此波數來反應各心肌的活動。

【心電圖的變化】 當對心肌的血液供應量減到需要量以下，或血流遭阻斷（梗塞）時，刺激傳導的方法及心肌收縮過程便會改變，心電圖也會因此發生變化。

其次，心電圖除了發生上述心肌障礙及興奮傳導障礙時會改變之外，也會因心肌興奮發生異常（脈搏不整、粗脈、細脈）肥大，血液中電解質的變化而發生變化，所以心電圖可用在這些病變的診斷上。

【心週期】 左右心房與左右心室各以相同的週期反覆收縮與擴張，心房與心室的收縮之間，時間上多少會有些差距，大體上可分爲收縮期與擴張期，此一週期就稱爲心週期。

位在左右心房與心室之間的房室瓣，在心室開始收縮前會自動關閉，動脈瓣（肺動脈瓣、大動脈瓣）則在心室收縮的末端關閉。

【心臟的畸形】 心臟有胎生期（胎兒在子宮內發育的時期），在胎生期是由一條管狀物開始，而後經過分割與扭轉，逐漸形成心形。其發生過程很複雜。一旦成形的過程中發生問題便會成爲畸形。

瓣的發達不完全，左右心房與左右心室的間隔就沒有完全封閉，（心房中隔缺損症、心室中隔缺損症），最後會導致原本應關閉的動脈不關閉（動脈管開存症）等，總之，有各種不同的畸形。

●主要疾病 狹心症、心肌梗塞、心膜炎、心臟瓣膜症、房室塊、先天性異常等。

乳房

1孕婦的乳房（剖面）

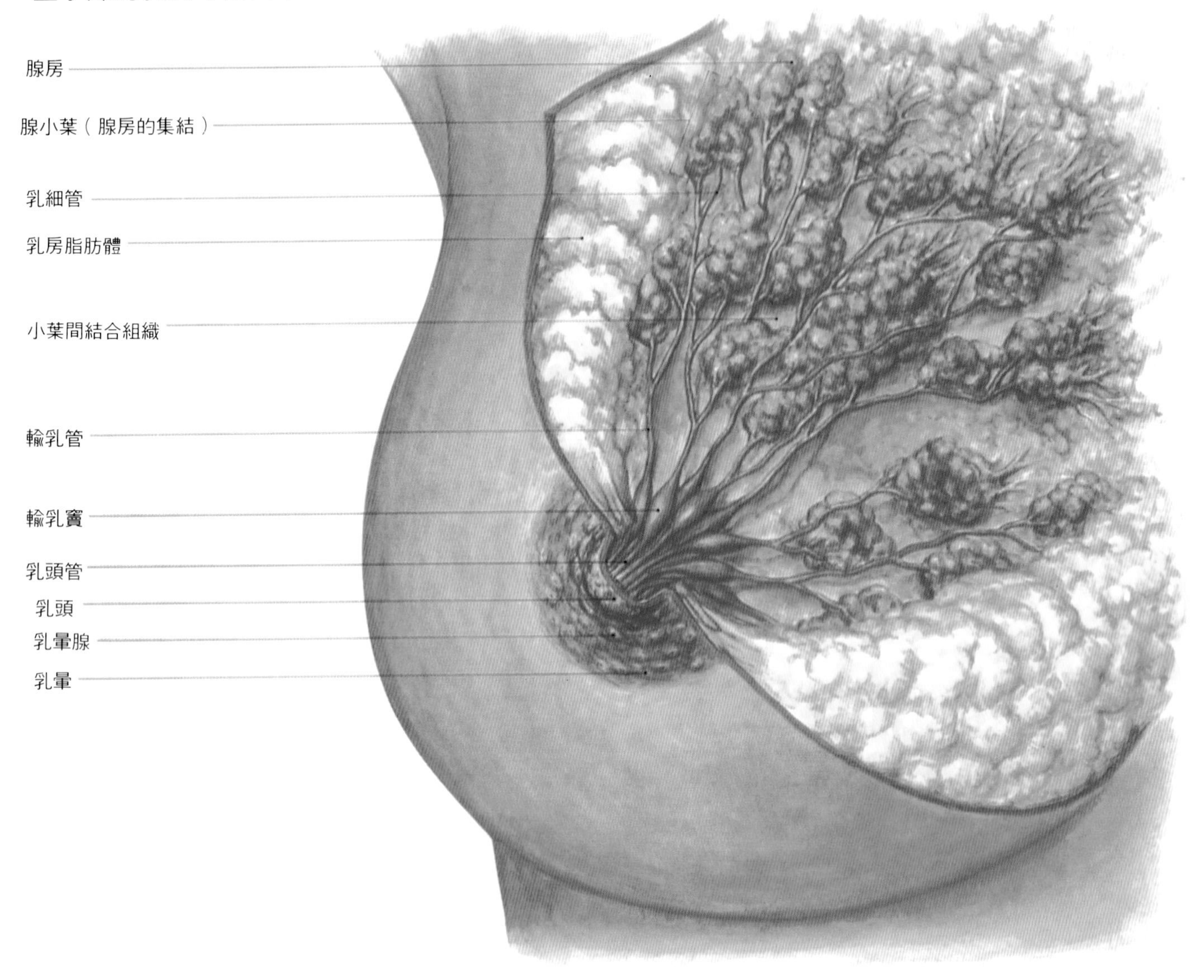

乳房是皮膚的附屬器官，男性與未成熟的女性乳房只有小小的乳頭。青春期以後女性的乳房會發達，而隨著女性賀爾蒙的分泌，生產之後也會分泌乳汁，在育兒上擔任重要任務。

【位置】 位在前胸部，發達時在第 2 至第 6 肋骨之間，與從胸管邊緣到中腋下腺之間，會快速發育。一般的哺乳動物在腋窩與連接腹股溝部的乳腺堤上，會發育出多數的乳房，而人則只第 4 號乳房會發達。

【大小、形狀】 大小與形狀會因男女性別、年齡、懷孕，授乳的機能狀態而不同，其個人差別也很大。女性在青春期，卵細胞賀爾蒙增加時，乳腺會發達，皮下脂肪會增加，使乳房發育成半球形。

【構造】 分泌乳汁的乳腺細胞會聚集形成腺房，而在其底部有肌上皮細胞。多數的腺房集結就形成腺小葉。乳汁由腺小葉分泌，集中到乳管後再積聚到乳管洞裏。

乳頭位在乳房中央，周圍有乳暈。乳暈在懷孕之後會沉澱黑色素，粉紅色減少，黑褐色增加。乳頭大約有 20 條乳頭管開口，乳暈上有乳暈腺與少數汗腺，乳暈腺會隨懷孕的進度而發達突出。

【乳汁的分泌】 因懷孕中雌激素賀爾蒙的作用，乳腺葉很發達，生產之後原被抑制的乳汁分泌賀爾蒙（催乳激素）便會對乳腺起作用而分泌出乳汁。嬰兒吸吮乳頭之後，會刺激乳腺周圍的乳肌組織收縮，而流出乳汁。

2 乳線堤與副乳房的位置

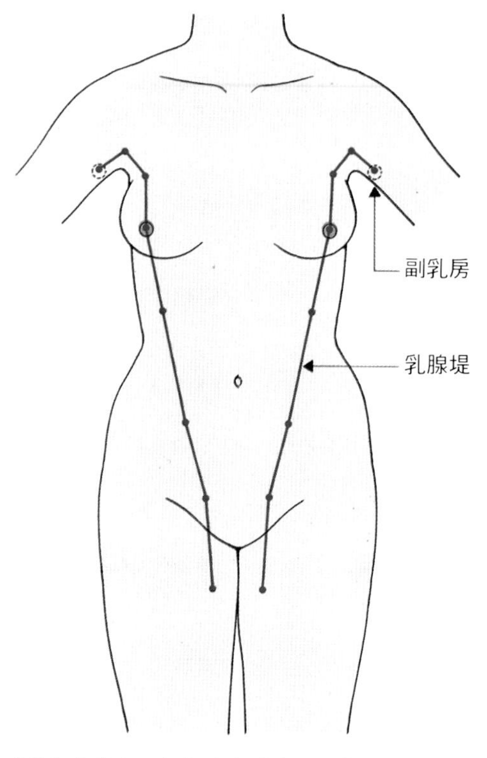

哺乳動物身上，縱行於身體前方的左右 2 條乳腺堤上，有多數乳房，大部份人只剩下由上往下數的第 4 個乳房，其他都已退化，但偶爾卻可看出乳腺堤上的小乳房樣子。這即稱也副乳房或多乳房。

3 乳汁分泌的構造

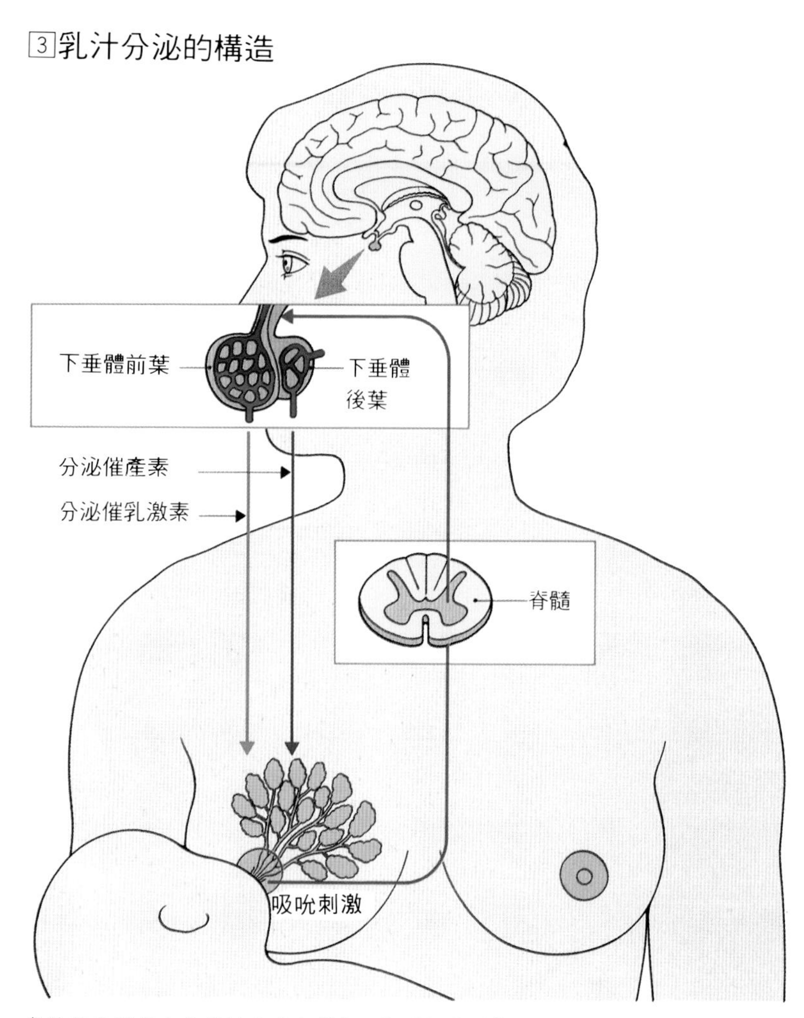

乳汁的分泌是由乳汁的生產與射乳二個過程所形成。嬰兒對母親乳頭的吸吮刺激，會刺激乳頭的感覺神經，該刺激經過脊髓達到腦的丘腦下部。結果，由下垂體前葉分泌催乳激素，由後葉分泌催產素。催乳激素對乳腺起作用，促進乳汁的生產，催產素被輸送到乳房，促使乳腺周圍的肌肉組織收縮，藉此，將所生產的乳汁，經輸乳管往乳頭擠出，進而射乳。

4 乳腺炎的病態

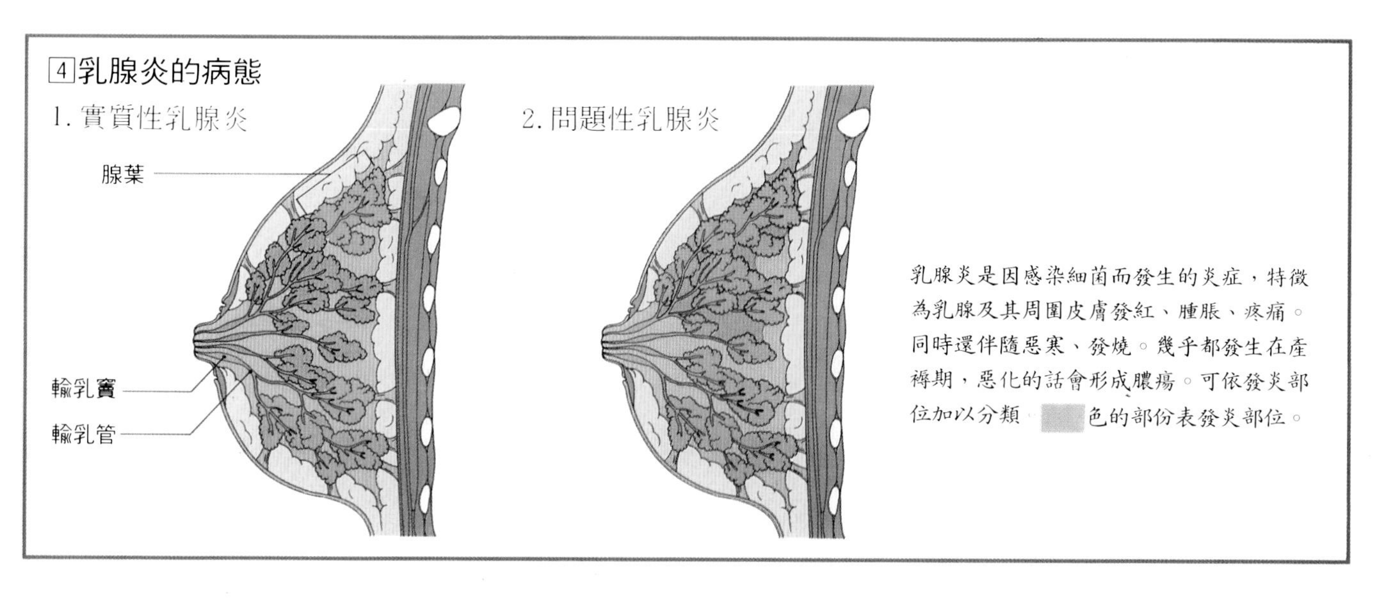

乳腺炎是因感染細菌而發生的炎症，特徵為乳腺及其周圍皮膚發紅、腫脹、疼痛。同時還伴隨惡寒、發燒。幾乎都發生在產褥期，惡化的話會形成膿瘍。可依發炎部位加以分類。　色的部份表發炎部位。

胸部的主要疾病

【肺、支氣管】

支氣管炎 ——支氣管發炎時會出現咳嗽、發燒等症狀，有許多情況是伴隨著感冒而發生的，而此病主要是因濾過性病毒感染而引起。根據病情的輕重與發病時間可分爲急性支氣管炎與慢性支氣管炎，一般在二星期內即可痊癒，有些則與其他呼吸器官有關，治療法以使用抗生素爲主。

支氣管擴張症 ——支氣管前面異常的擴大而無法恢復的狀態，稱爲支氣管擴張症。此病會產生咳嗽、痰、咳血、發燒、呼吸困難等症狀。除了支氣管先天上有缺陷之外，患有百日咳、痲疹、重肺炎、肺結核等皆會引發此病。對症下藥是主要療法，有時也需進行手術。

支氣管哮喘 ——氣管及支氣管對各種刺激都很敏感，會因受刺激收縮而變細，於是會發生哮喘的聲音並感到呼吸困難。此病除了與遺傳性體質及過敏有關之外，心理、環境、個性上等因素皆與此病有複雜的關係。患有此病時，必須進行全身檢查，並了解過敏物質，再加上心理檢查後，才可做綜合性的判斷。治療上除了對症療法、去除過敏原、心理療法、疫苗療法之外，還需配合各種其他的治療方法。

支氣管肺炎 ——支氣管感染到細菌而發炎，發炎現象並擴展到肺組織。這是肺炎中最常見的症狀，其治療方法與肺炎相同。

塵肺 ——這是長期吸入粉塵的結果，因肺部內纖維化擴大而引起的疾病。此病因粉塵的種類不同而可分爲矽肺、石棉肺等。初期並無症狀，而隨著病情加重會逐漸出現氣喘、呼吸困難，甚至會併發肺癌。從事礦業、土、石工業等易造成粉塵的工作者，常會罹患此疾病，所以必須小心預防。

肺炎 ——這是肺組織發炎的症狀，有發燒、咳嗽、痰、胸痛、呼吸困難、嘴唇發紫等症狀。細菌感染及濾過性病毒，是患此病的主因，過敏或照X光也會引發此病。肺炎可分爲急性與慢性，可採服抗生素等化學療法。高齡者患此症時，甚至會導致心臟衰竭而死。

肺癌 ——發生於肺部，支氣管系統或肺泡系統上的惡性腫瘍。此病近年來有逐漸增加的趨勢，男性患病率是女性的3–5倍，以60歲左右的人發病率最高。醫學界認爲此病與抽菸有很大的關係，也有人是因職業所致。治療方法有手術療法、化學療法、放射線療法等。早期發現早期治療是最重要的。

肺氣腫 ——肺泡壁喪失彈性而遭到破壞所引起的疾病，大都在慢性支氣管炎之後發生。有氣喘、呼吸困難、咳嗽、多痰等症狀，除了因抽菸、空氣污染等外在因素引起之外，支氣管肺哮喘也會引起此病。此病可藉照胸部X光來診斷，同時也必須找專門的醫生做特殊的呼吸管理。

肺結核 ——因結核菌所引起的肺感染症，自覺症狀有咳嗽、多痰、發燒、盜汗、全身倦怠、咳血等，但初期症狀較輕並無法察覺。化學療法對此症的治療相當有效，近年來患者人數已大幅減少。此病主要集中在高齡、低所得身上。

肺水腫 ——血液中的漿液性液體由肺部微血管流到血管周圍組織及肺泡裏即稱爲肺水腫。心肌梗塞、急性肺炎、高山病、過敏性、藥物中毒等患者，皆可能發生此病，有些急性症狀經過長時間之後會變成慢性。主要治療方法是吸入氧氣、人工呼吸、藥物療法等。

肺纖維症 ——肺部內纖維化情況擴大而引起咳嗽、氣喘、呼吸困難等症狀，大都是因某種肺炎而引起的，其眞正原因不明，一般認爲可能是濾過性病毒感染所致，以50歲男性的發病率最高。

【心臟】

狹心症 ——滋養心臟的冠狀動脈血液流動遭到阻礙，血液的供給暫時性不足而引起的症狀，稱爲狹心症。發生此症狀時前胸部會感疼痛，並有宛如被束縛的不快感，但是不久之後就會恢復正常。此病有許多是因冠狀動脈硬化所引起的，其次貧血、血管炎也會引發此症。保持安靜，服用硝化甘油可去除不適症狀，但是讓病人過規律生活也是必要的。

心肌梗塞 ——滋養心臟的冠狀動脈血液循環遭阻礙，致使心肌壞死的狀態稱爲心肌梗塞。患此病時從前胸到頸部甚至左臂皆會疼痛，並會有壓迫感及想吐等情形，嚴重者還會喪失意志。動脈硬化是因冠狀動脈內腔狹窄處形成血栓而引發的。發作後24小時之內死亡率很高，因此患此病時必須立刻送醫急救。此病大多發生在50歲以上的人們，患病率有漸增的趨向。

心室中隔缺損症、心房中隔缺損症 ——隔開左右心室的心室中隔或隔開左右心房的心房中隔，先天就有洞的狀態便是中隔缺損症。這是代表性的先天性心臟病，在嬰幼兒時期可能並無特殊症狀，但成年以後便會逐漸從運動時感呼吸困難開始惡化，並會造成生活上的諸多困擾。利用手術把洞堵住，可使病人恢復正常生活。

心臟瓣膜症 ——控制心臟內血流的瓣（三尖瓣、肺動脈瓣、僧帽瓣、大動脈瓣）無法正常運作的狀態。瓣的形狀異常是致病的主因，風濕熱的後遺症或細菌感染、動脈硬化等也會發生此症，另外也會因先天性心臟畸形而引起。治療此病可進行外科手術或實施更換人工瓣。

心膜炎 ——包裹心臟外側的兩片心膜之間（心膜腔）發炎症狀，就稱爲心膜炎。主要症狀有發燒、胸痛等。胸部外傷感染、尿毒症、風濕都會出現此症狀，另外也有原因不明的情形。治療上除了服用抗生素外，也可進行心膜腔穿刺手術。

肺性心 ——支氣管哮喘、塵肺等許多有呼吸器官疾病的患者，因肺血管障礙，或氣體交換發生問題，會導致右心室負擔加重，而使右心室功能減退的症狀。此病的症狀有運動時呼吸困難、有痰、咳嗽、嘴唇發紫等。把引發此病的舊疾先治療是第一要務。

法羅氏四徵症 ——肺動脈狹窄、心室中隔缺損、大動脈位置異常，右心室肥大所引起的先天性疾病。此病在幼兒期的症狀較輕，成人之後症狀會加重，有呼吸困難、運動不全等症狀。此病除了施予手術治療之外無其他治療方法。

【乳房】

乳癌 ——與子宮癌並列爲女性代表病，近年來有逐漸增加的趨勢，摸乳房會有硬塊（腫瘤），以及乳房有一部份下陷的情形是初期的症狀，常發生於40–60歲女人的身上。乳癌的癌細胞容易擴散，治療的方法有手術、放射線治療、注射抗癌劑、內分泌免疫療法等，目前則以乳房切除手術爲主，自行檢查是第一要務，如此即可早期發現早期治療。

乳汁分泌異常症 ——生產後乳汁分泌異常，或懷孕授乳期以外的時間，由乳頭會流出混雜血液及漿液的分泌物，此症狀就是乳汁分泌異常症。而其中以無法充份分泌乳汁的乳汁分泌不全症爲最多。患此症的原因是乳腺發育不良，母體衰弱、新生兒吸乳力弱等。

乳腺炎 ——來自嬰兒的細菌感染所引發的乳腺及其周圍發炎的症狀。此症容易發生在產後做月子期間，首先是乳頭充血，乳房疼痛、發燒等，症狀嚴重後還會化膿。常保乳頭乾燥並服用抗生物質可有效治療。

乳腺症 ——乳房內產生硬塊（囊胞、硬結）會疼痛，便是乳腺症，這是與乳房有關的疾病中最常見的症狀。30–45歲的人患此病的比率最高，醫學界認爲性賀爾蒙平衡與否是導致此病的主因。

乳腺纖維囊腫 ——發生在乳腺的良性（破壞性不大，細菌不易擴散）腫瘍，其大小分爲很多種，以20–35歲的人患病率最高。此病因不會疼痛，所以無須特別治療，但有些則需要進行腫瘤切除手術。

3 腹部

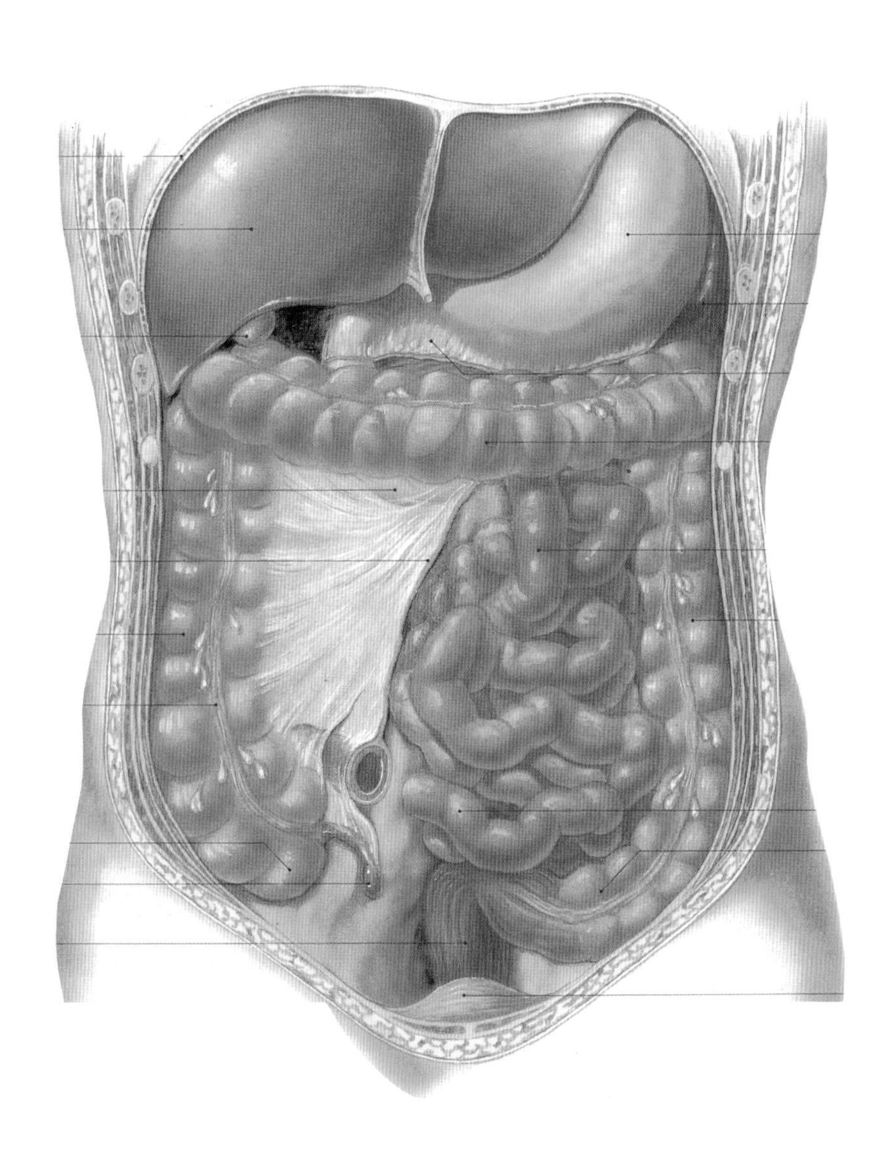

腹部裏有些什麼器官？

腹部内的器官包括很多種，有擔任消化、吸收任務的消化器官系統，也有過濾體内所產生廢物及分解物，並將不必要的物質排出體外的泌尿系統，以及擔任生育、傳宗接代任務的生殖器官系統等，所以腹部可說是人體内主要器官的收藏室。

【腹部的範圍】 腹部與胸部之間以横隔膜爲界。而如大形鍋翻過來的横隔膜，其右下半是體内最大的器官肝藏的位置，而左半邊是胃，再往左是脾臟。這些内臟器官的下方有小腸、大腸、膀胱，靠近背部處則是腎臟。

腹部的尾側是骨盤，而其背側則有寬大的骨壁。人類以外的用四腳行走的哺乳動物，擁有肋骨與脊柱保護腹部，就如同人類保護胸部一様。而人類雖然智能進步了，但對於腹部卻毫無保護。

【腹部與五臟六腑】 在中醫上所稱的五臟（心、肺、肝、腎、脾）與六腑（大腸、小腸、膽、胃、三焦、膀胱）之中，除了心與肺之外，全部都在腹部。胃、小腸、大腸是消化管道，肝、膽囊則會分泌膽汁及調整分泌與消化器官有關，腎、膀胱則是泌尿器官。另外還有男女生殖器官（内生殖器），以及分泌賀爾蒙的重要器官副腎也是在腹部。

【腹腔與腹膜】 腹部的内臟器官，在腹腔内有些在表面覆蓋著腹膜（如胃、空腸、迴腸、膽囊、横結腸、乙狀結腸、卵巢、輸卵管），有些則是部份覆蓋著腹膜（如肝臟、胃、十二指腸、升結腸、降結腸、直腸、子宮、膀胱），以及一些位在後腹膜更背側的腹膜後腔中的器官（如腎臟、副腎、胰臟）。

子宮、膀胱及直腸位在骨盤内，其頸部皆覆蓋著腹膜，子宮會因懷孕而變大，膀胱會聚集大量尿液而沿著前腹壁慢慢變大。尿道、直腸與肛門之間的肛門管，男性的精管、精囊，女性的腟，都遠離腹膜聚集在骨盤下方的小骨盤内。

1腹部的全圖

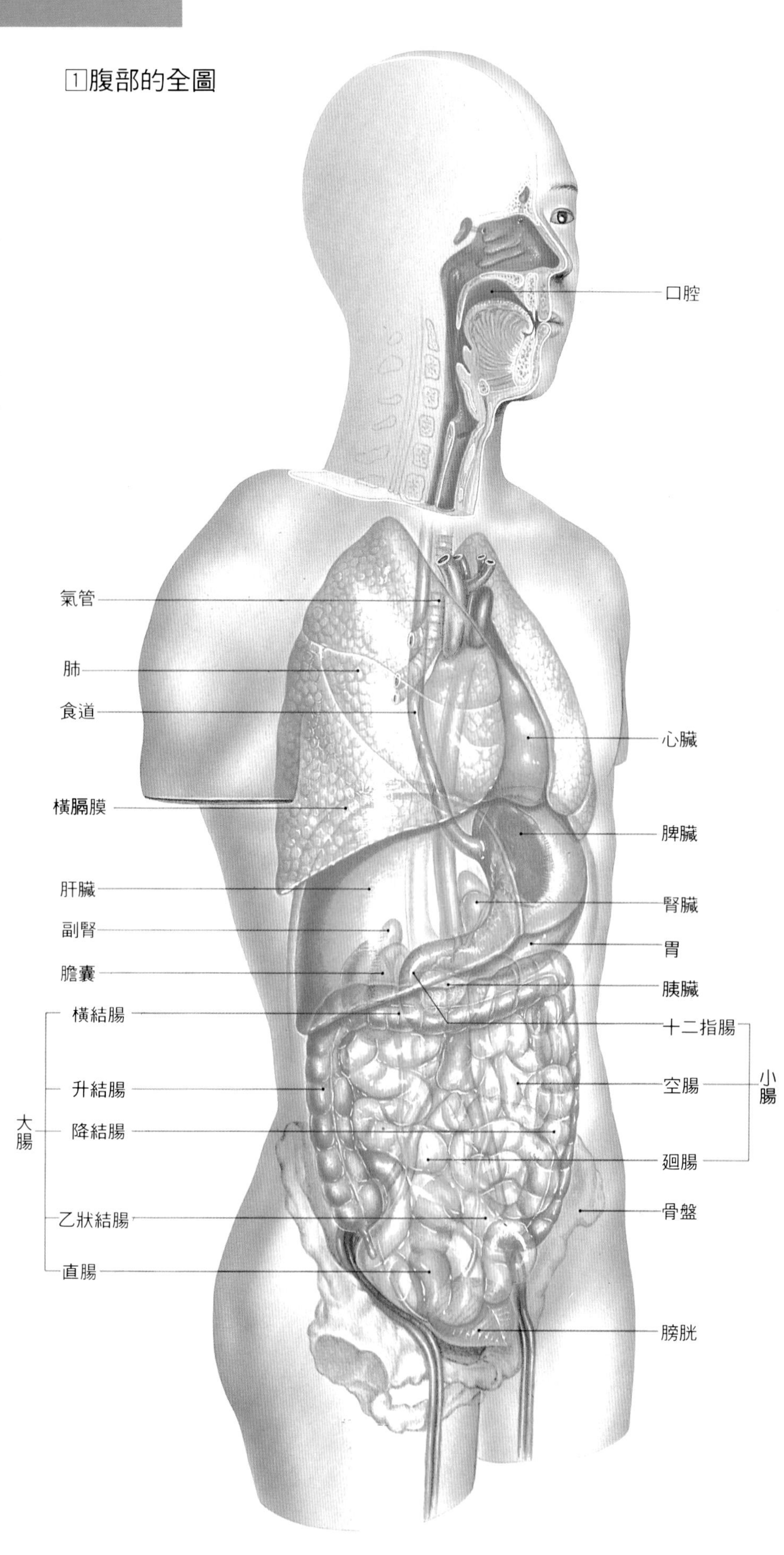

2 泌尿器官、生殖器官

排泄及消化器官的圖。腎臟、尿管位於消化器官背側的腹膜後腔上，子宮及膀胱頭側部份被腹膜蓋住，位於骨盤內。

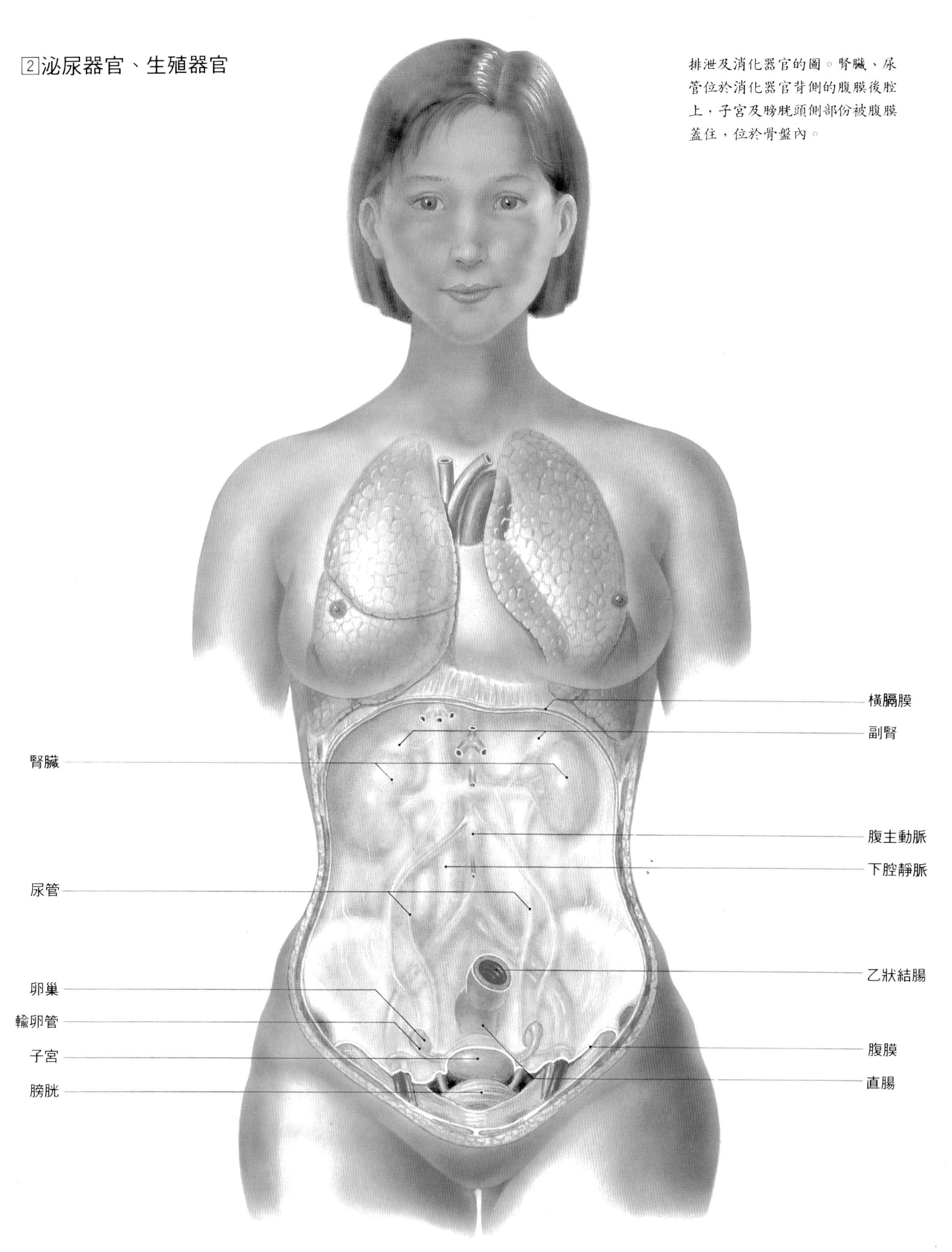

• 長約25cm，左右徑約 2 cm

食道

③消化器官

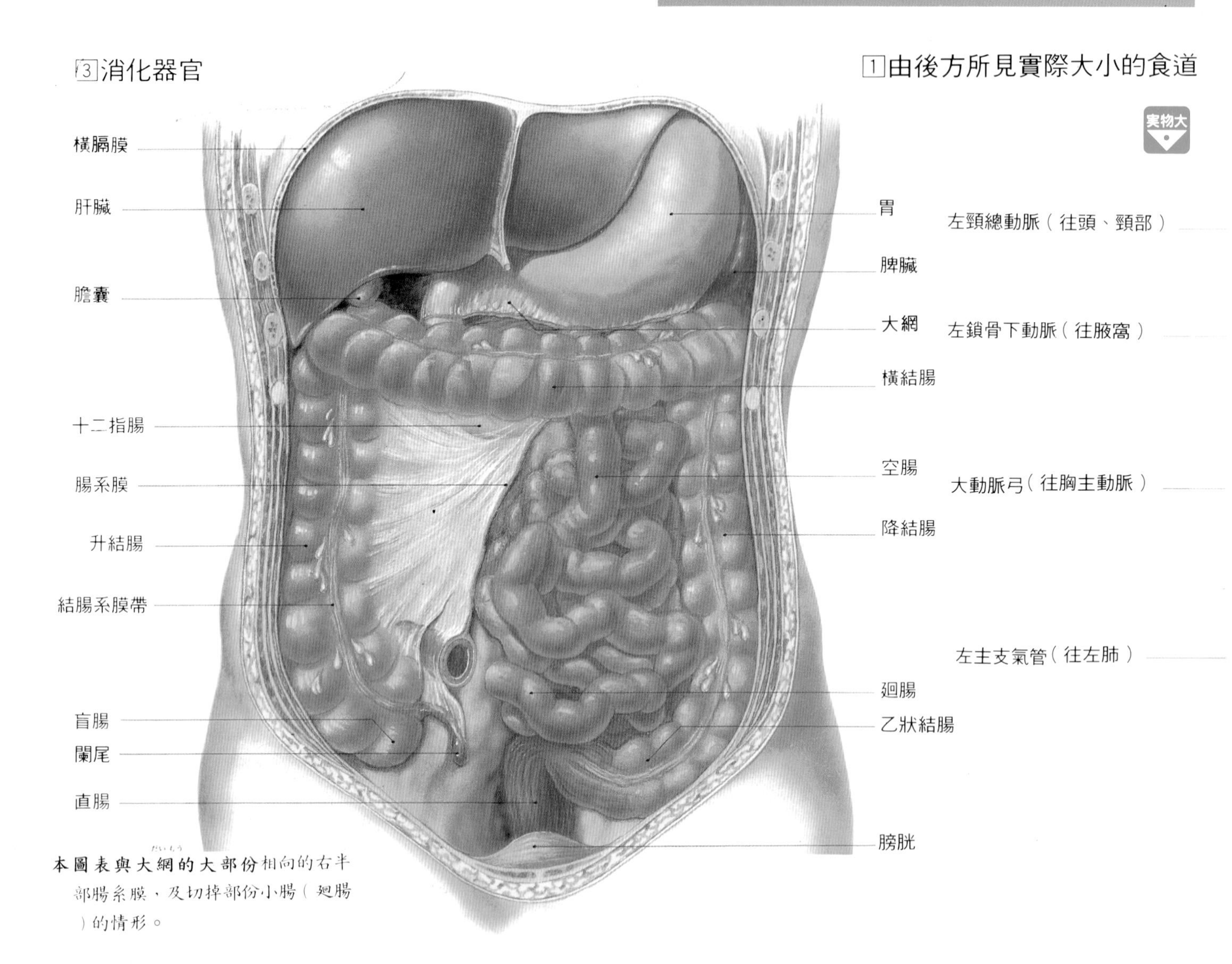

本圖表與大網的大部份相向的右半部腸系膜，及切掉部份小腸（迴腸）的情形。

①由後方所見實際大小的食道

實物大

左頸總動脈（往頭、頸部）

左鎖骨下動脈（往腋窩）

大動脈弓（往胸主動脈）

左主支氣管（往左肺）

【消化道的分配】 胃部前端鼓起的胃底部，連接橫膈膜的下左側，由此向右斜下方伸展，連接著胃出口的幽門（約位在身體的中央部位）。連接胃的十二指腸，大部份固定在後腹壁上。空腸與迴腸滾著小腸尖膜的邊緣，此部份的小腸可自由的活動，腸系膜的根部固定在後腹壁上，空腸主要在左上腹部，迴腸則位在右下腹部。

迴腸在右下腹部與大腸（升結腸）幾乎成直角連接。大腸由該處與升結腸→橫結腸→降結腸呈M字形環繞著上中腹部，到了乙狀結腸的部份，便變成為直腸而在肛門結束。

食道是將由口進入的食物及液體運送到胃部的搬運管道 。

【位置】 食道的位置連接著咽部，由會厭的附近經氣管背部與脊柱之間，下降到胸腔的縱隔肉。經過心臟背側穿過橫隔膜進入腹部與胃連接。

【大小、形狀】 長約 25 公分左右，直徑約 2cm 的腸管。食道除了在食物經過的時間之外，內腔粘膜的縱紋幾乎都是閉鎖的狀態。

【構造】 基本上是由內側的環肌與外側的縱肌等 2 個肌內層構成。其內面多黏膜，外側是具彈性的外膜。肌肉層的尾側（下方）三分之二是由平滑肌構成，頭側（上方）三分之一是由骨骼肌與橫紋肌所構成。

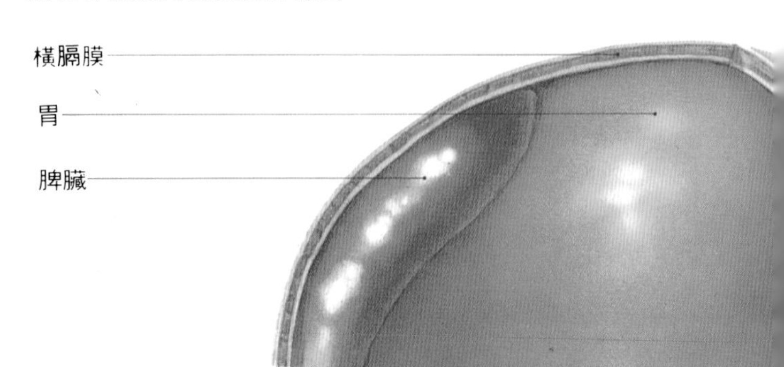

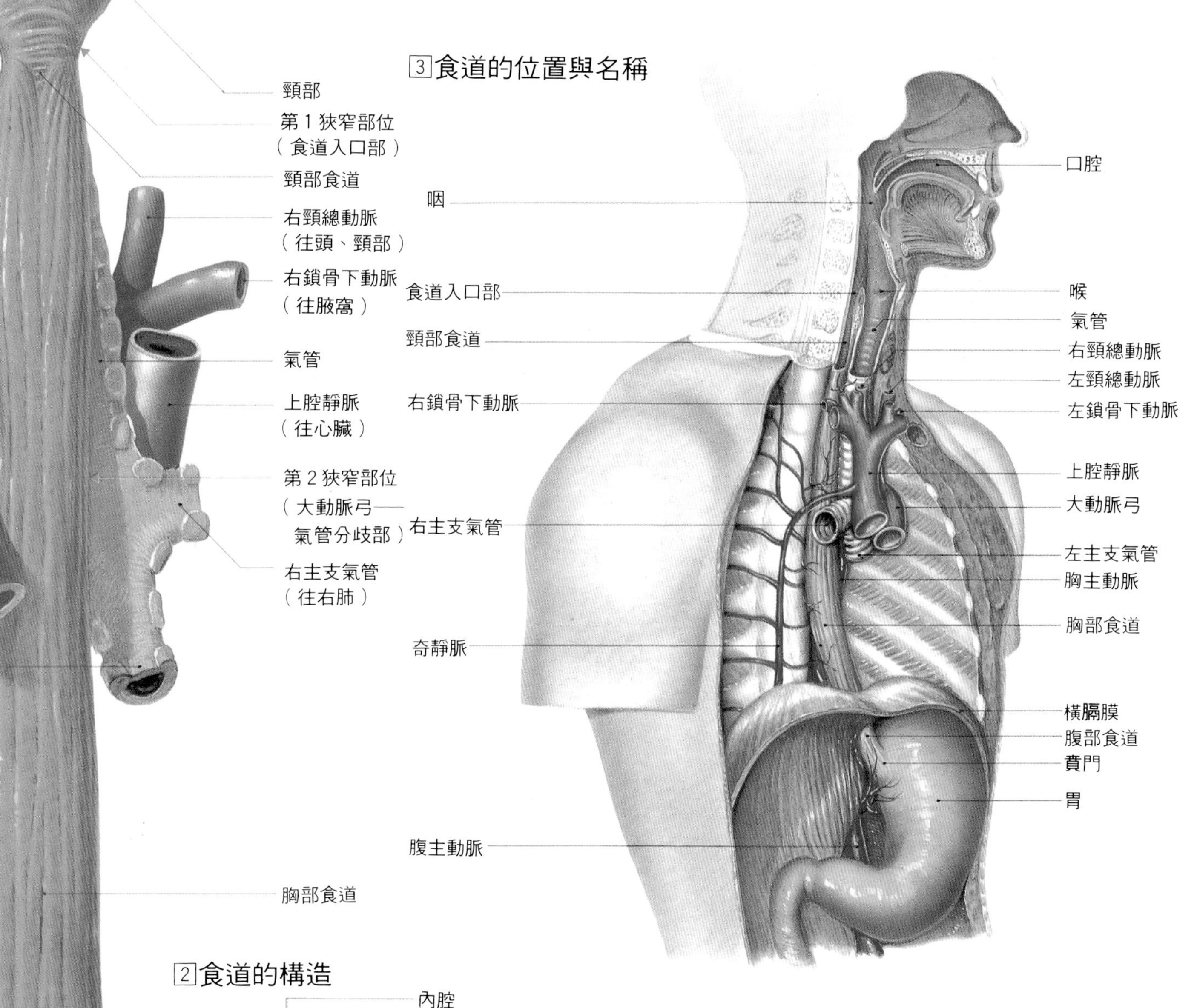

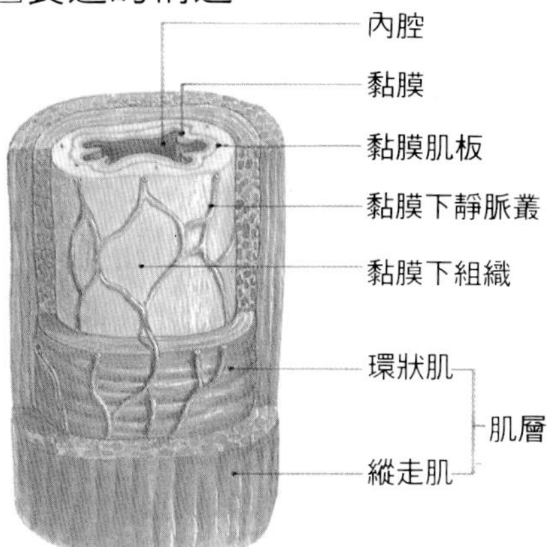

【功能】　食物進入食道之後，食道的前面環肌便開始進行蠕動，其波動是朝向胃的方向，將食物往下推。食道剛開始的部份的肌肉是橫紋肌，所以可藉意志來活動（隨意運動），食物即使已被送到平滑肌的部份，也會藉由對食道壁的刺激所引起的不隨意反射（嚥下反射）而繼續往下蠕動。

食道的下面部份（賁門）平滑肌很發達，有括約肌的功能，食物通過之後便不會由胃部逆流回來。食物通過食道所需的時間，液體約爲1-6秒，而與唾液混合的固體食物則約需30-60秒。

●主要的疾病　食道炎、食道癌、食道靜脈瘤，食道狹窄症。

1.由後方所見到的實際大小的食道　氣管的分支部份比實際偏右。

2.食道的構造　食道的肌肉是由環肌與縱肌兩層所構成的，貫穿肌層之後便成縱橫分布的黏膜下靜脈叢。

胃與十二指腸

- 胃　大小（內容中等程度）：大彎約49cm，小彎約13cm，容量約 1200～1600 mℓ
- 十二指腸　長約30cm

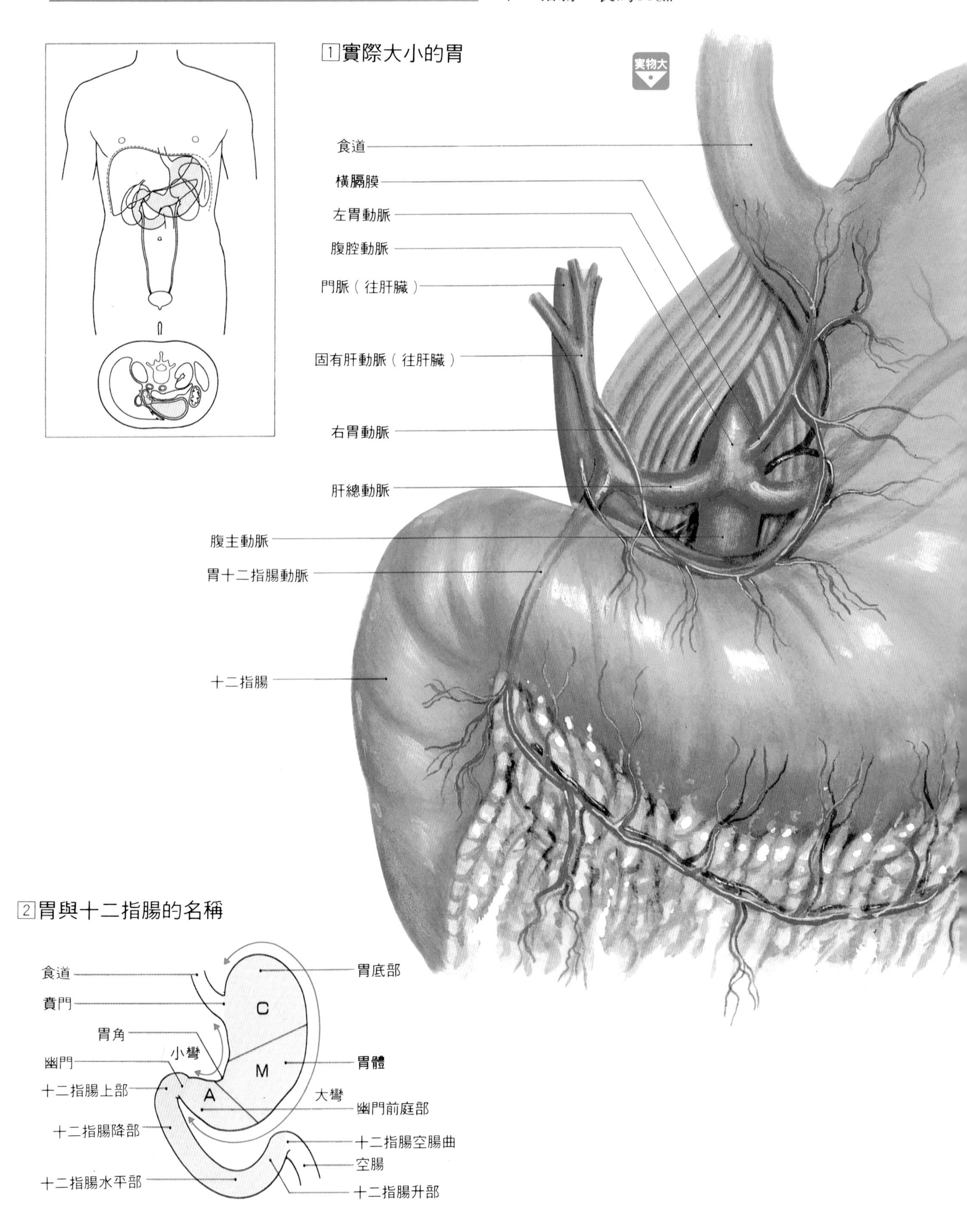

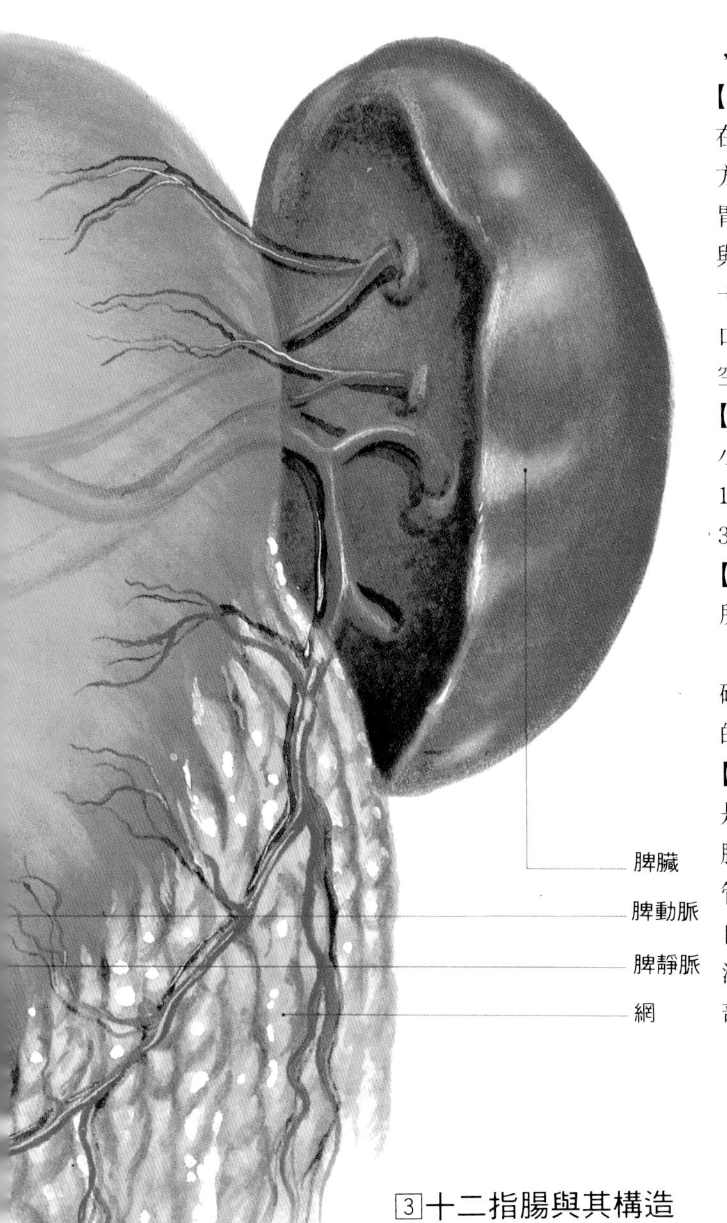

胃是暫時聚集由食道進入的食物，進行消化的第一階段，而十二指腸則是進一步消化食物的地方。

【位置】 胃位在分隔胸部與腹部的橫膈膜的左下方，而與位在其右側的肝臟，佔了橫隔膜下腔的大部份。腹腔剩下的地方，幾乎被大腸與小腸佔滿。隔著數釐米後的橫隔膜分隔著胃與心臟，胃底部的上方連接著心臟，食道則是穿過橫隔膜與胃相連接。由正面來看，胃的右側是脾臟，後下方是連接十二指腸的胰臟。十二指腸是連接胃出口（幽門）的小腸入口，被腹膜固定在後腹壁上。十二指腸呈馬蹄形彎曲，連接空腸。

【大小、形狀】 自古以來胃就被認爲有如牛角的形狀，其大小根據內容物的量會有如塑膠袋一般的發生變化，可塞入約1200至1600ml的東西。十二指腸似羅馬字C的形狀，長約30cm，因爲其橫向並排有12根指頭的長度故稱十二指腸。

【名稱】 爲了能儘快表示出胃內所形成的潰瘍及癌的所在所以就將胃的名稱如圖2的情形稱之。例如，胃的底部稱C，胃體部就稱M，幽門前庭部稱爲A，還有將各部位附上號碼。十二指腸從幽門剛出來的部位稱爲12指腸上部，以下的彎曲部份與筆直的部份則各有其適當的名稱。

【十二指腸的構造】 十二指腸與其他小腸一樣，由內側依序是粘膜、粘膜下組織、兩層基層、漿膜下組織，前面包裹著腹膜，粘膜的表面有環狀皺襞與絨毛，以及可分泌各種消化管道賀爾蒙的細胞。接近十二指腸降部的中央，是圍繞著來自肝臟總膽管出口（與主胰管形成一個出口或其他情形）的法特氏乳頭，與來自胰臟的副胰管出口的十二指腸乳頭開口部，但有些人無副胰管，即使有也無開口。

3 十二指腸與其構造

固有肝動脈
門脈
總膽管
副胰管
十二指腸小乳頭
環狀皺襞
法特氏乳頭
主胰管
腸系膜上靜脈（往肝臟）
腸系膜上動脈（往腸）
腹腔動脈
脾動脈（往脾臟）
脾靜脈（往肝臟）
胰臟
胰管
↓往迴腸
空腸

胰臟位在胃的背側，胰臟頭部嵌入呈C字形彎曲的十二指腸。消化液的通路總膽管與主胰管合流，於十二指腸開口。

④胃部肌肉

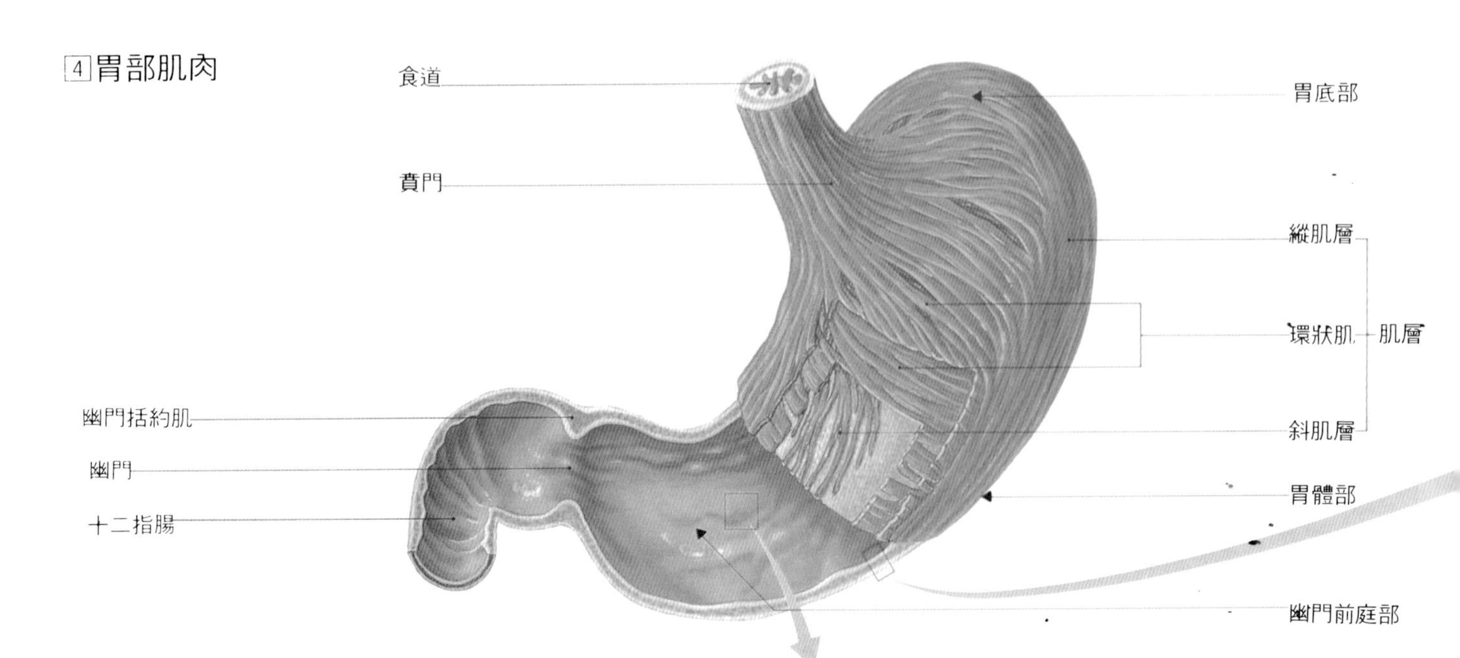

⑤胃的內部

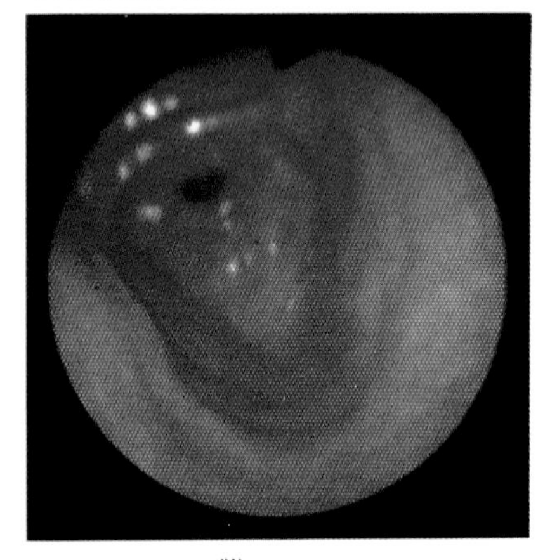

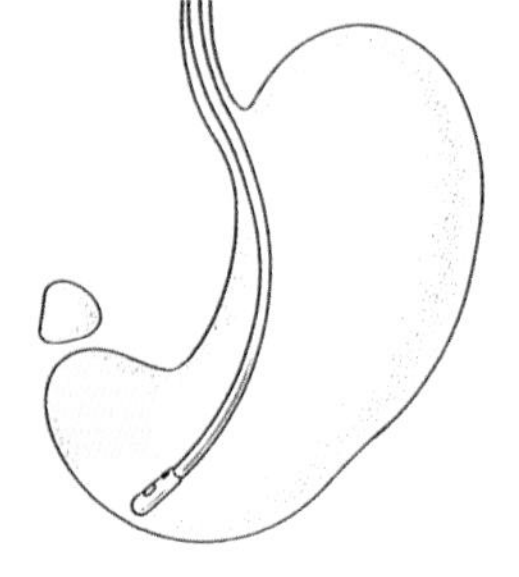

這是用內視鏡所見到的正常胃的內部，左上方黑色部份是幽門。下圖是胃鏡的位置

⑥用掃瞄電子顯微鏡所見到的胃黏膜表面

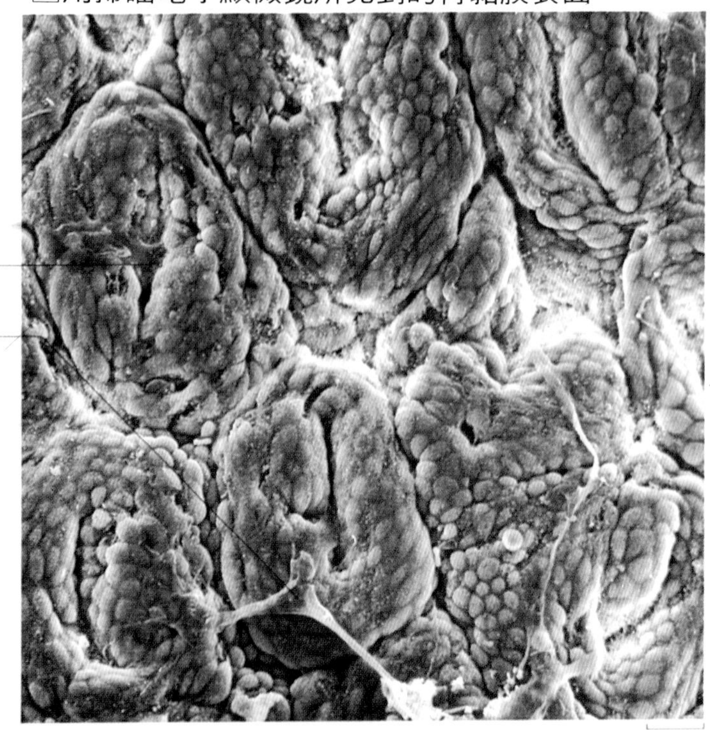

⑦胃的擴張與運動

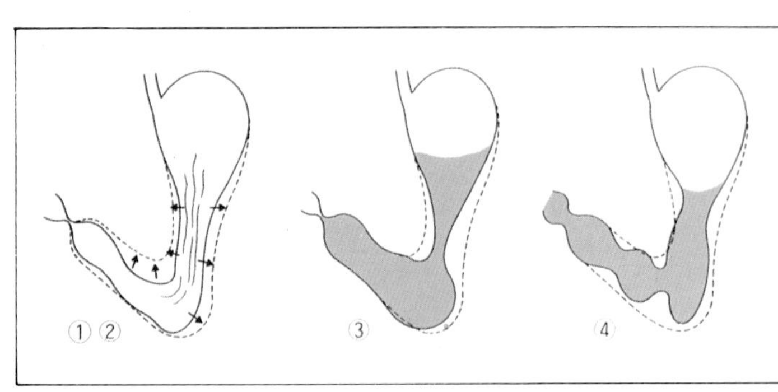

(1)空胃時，胃部黏膜襞便如蛇腹收縮般成縱細狀。
(2)食物進入胃內愈多，皺襞便延長擴大。
(3)胃部裏的食物逐漸堆積，藉中央附近的收縮波，進行攪拌與輸送。
(4)藉著幽門前庭部的收縮，胃內物質被送入十二指腸。

8 胃壁的構造

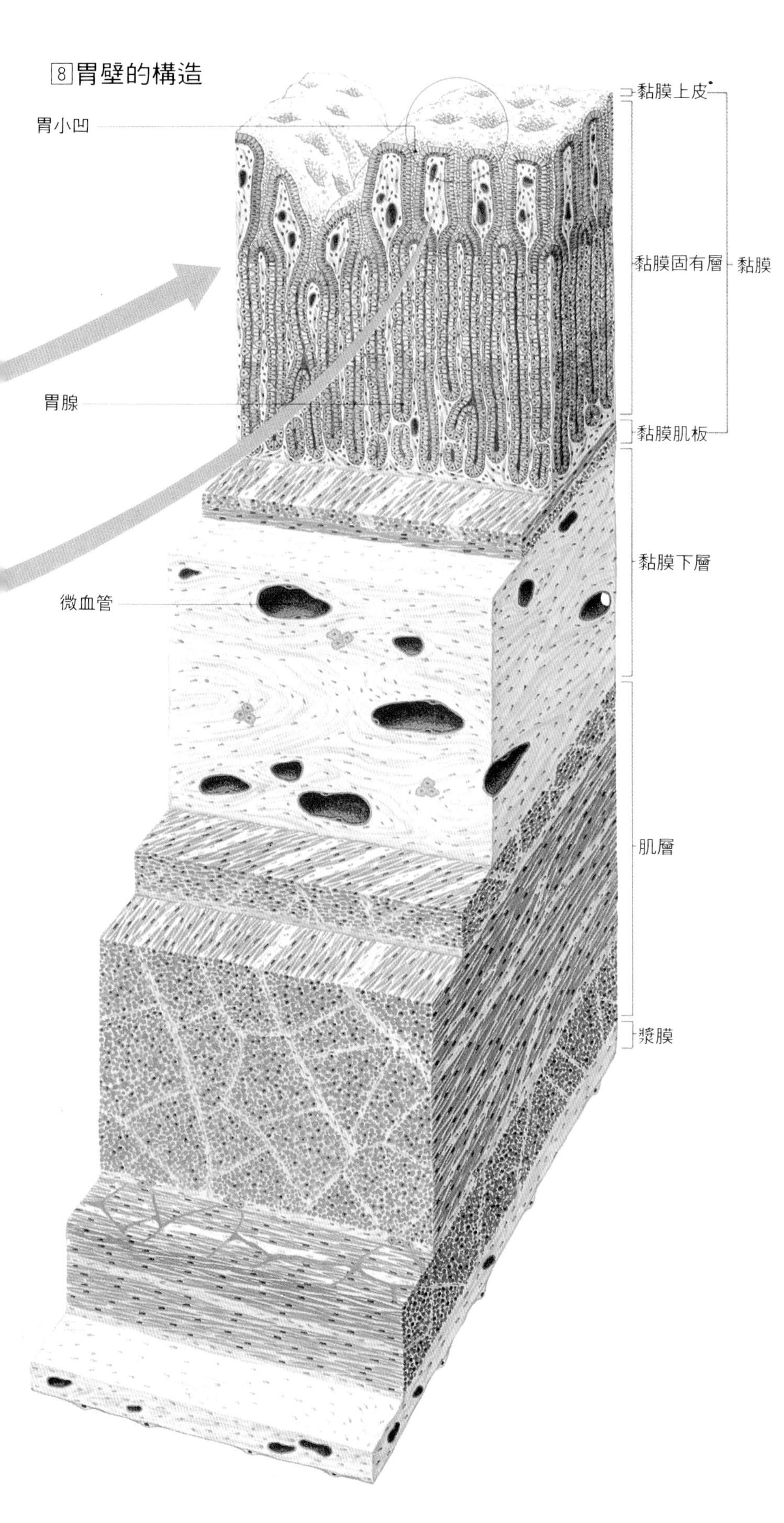

【胃的構造】 胃基本上是由三層平滑肌所形成的胃袋。最內側是朝向長軸方向的縱肌，而內外肌之間則是由環切方向的纖維所形成的環肌。環肌在幽門特別發達，而形成幽門的是括約肌。這些肌層的內部都舖有黏膜（黏膜上皮，黏膜固有層，黏膜肌板）與黏膜下組織。肌層的外側包裹著漿膜與腹膜。胃潰瘍及胃癌等惡性腫瘤幾乎皆由黏膜開始，然後才逐漸擴展到漿膜。

【運動】 胃是藉由如擺錘般有規律的收縮與鬆弛的運動及蠕動，來進行胃內食物的混合及搬運。

收縮時間持續約 2–20 秒，最高收縮次數一分鐘爲 3–5 次。除了將食物運向幽門的蠕動之外，幽門的前庭部也會做反方向的蠕動，將食物與胃液相互混合。一般一餐間的食物需 4 小時才能由胃送到十二指腸，而油脂食物所需的時間則較長。在十二指腸內所進行的運動是將食物由胃朝空腸的方向蠕動。

【功能】 胃的第一件工作是暫時囤積由食道送來的食物，並配合小腸，特別是十二指腸內的消化情況，將食物送到十二指腸，這些皆屬倉庫功能。胃的第二功能是確實的混合食物與胃液的攪拌機功能。

十二指腸會藉由胰液與膽汁的作用，準備將在胃內完成消化的食物，消化成易被小腸以外器官吸收的形狀。

【分泌液】 從胃黏膜會分泌出胃液，胃液中含有鹽酸、消化酵素胃蛋白酶及黏液，鹽酸的PH值爲 1.0～2.5 的強酸性。胃液可消化胃內的蛋白質，而胃液之所以不會分解胃內肌肉，是因爲託黏液保護之福。胃液的分泌量一天約爲 1500㎖～2500㎖，而由十二指腸的黏膜會分泌出含有各種消化賀爾蒙。

●主要的疾病 胃炎、胃潰瘍、胃息肉、胃癌、胃下垂，十二指腸潰瘍、十二指腸憩室、法氏乳頭癌、胃遲緩等。

小腸、大腸、肛門

- 小腸　長度約 3 m（以實物測量）
- 大腸　長度約1.5m
- 直腸　長度約15cm
- 闌尾　長度約 6 ～ 9 cm

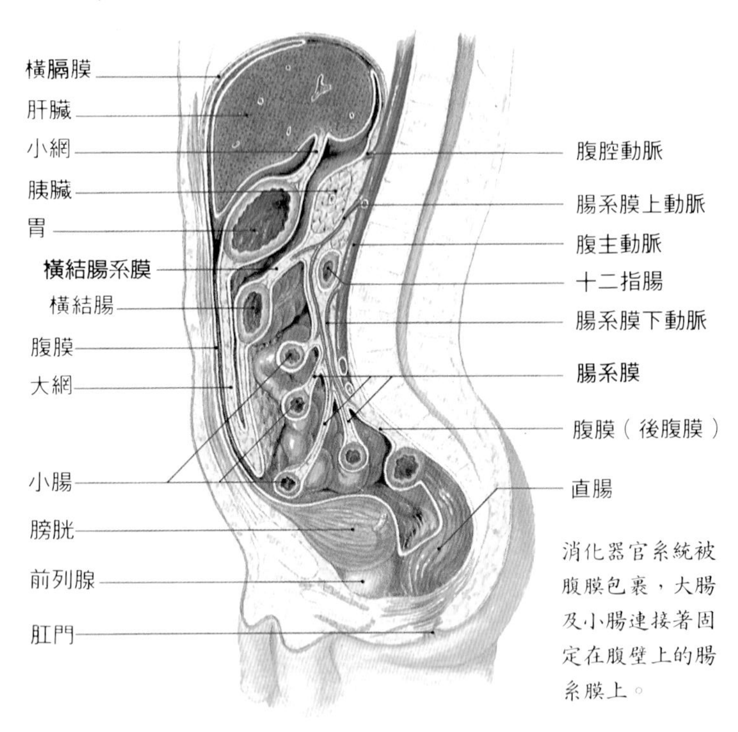

消化器官系統被腹膜包裹，大腸及小腸連接著固定在腹壁上的腸系膜上。

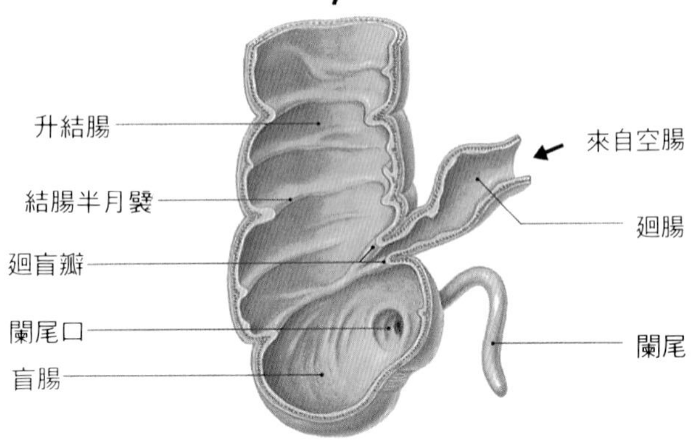

3腸系膜與動、靜脈的分佈

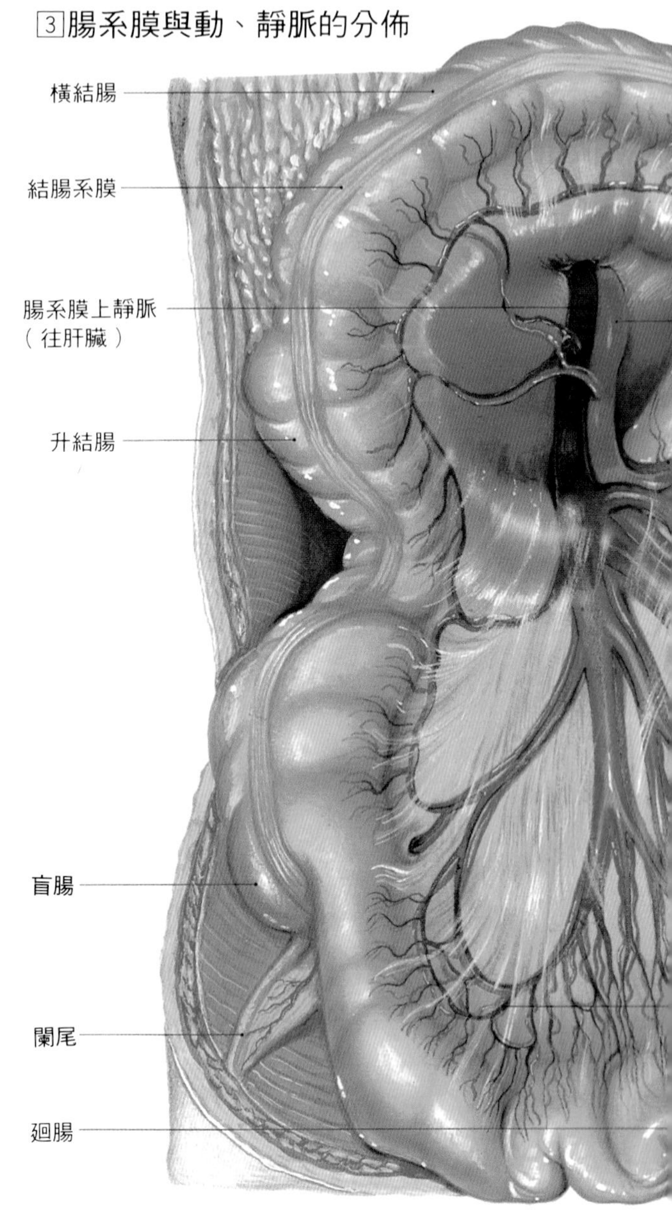

●**小腸**　這是將食物與胃液一起攪拌成泥狀並消化吸收的長管，是消化器官系統中的主角。

【位置】　由胃的出口（幽門）、十二指腸、空腸、迴腸等所構成。在腹腔的空間幾乎是由固定在後腹壁上的十二指腸與小腸、大腸所佔滿。

【大小】　長約 3m，直徑約如十塊硬幣。小腸的前面有五分之二是空腸，肛門方面五分之三是迴腸，迴腸較粗，管壁也稍厚，血色佳。

【構造】　內側是由黏膜、肌層所構成，最外側包著腹膜。黏膜上有環狀皺襞，前面長著絨毛，而黏膜表面細胞每一個平均長有 600 根絨毛，小腸內腔的表面積特別寬敞。

【腸系膜】　將腸子連接在腹腔後壁上的膜就是腸系膜。這是一層薄薄的膜，裏面可看到血管通過其間，而固定在後腹壁上的根部大約只有 15cm 寬，邊緣則呈廣達 3m 的扇形。寬敞的邊緣連接著空腸與迴腸，有如滾邊一般，在此處有許多血管、淋巴管、神經通過。

●**大腸**

【位置】　大腸可分爲盲腸、結腸、直腸等部份。結腸是由昇結腸、降結腸、乙狀結腸四種所構成的。由右下腹部的盲腸往上的是升結腸，由右往左爲橫結腸，朝左下腹部的是降結

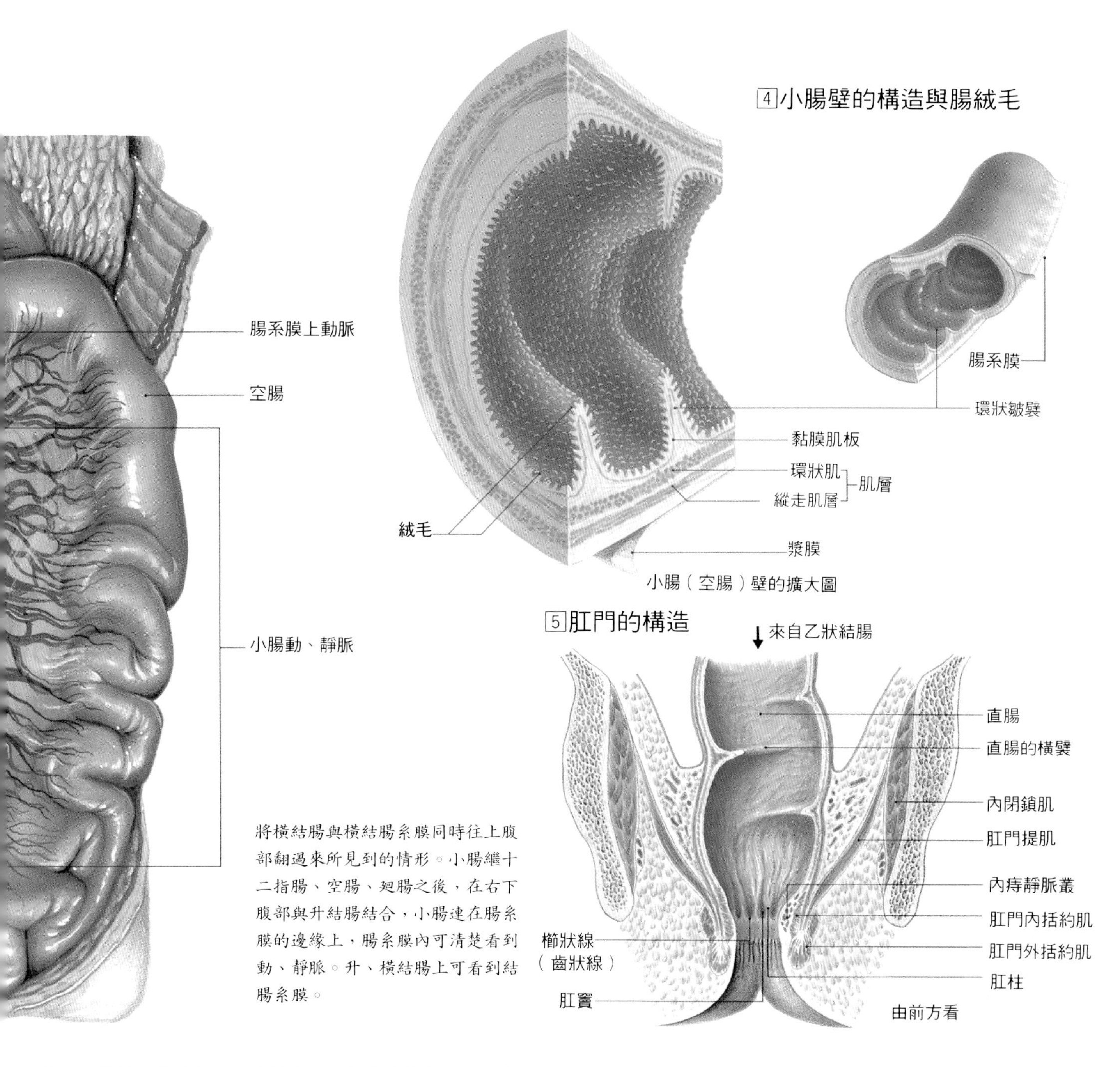

小腸（空腸）壁的擴大圖

將橫結腸與橫結腸系膜同時往上腹部翻過來所見到的情形。小腸繼十二指腸、空腸、廻腸之後，在右下腹部與升結腸結合，小腸連在腸系膜的邊緣上，腸系膜內可清楚看到動、靜脈。升、橫結腸上可看到結腸系膜。

腸，接著是乙狀結腸，最後是與肛門相連接的直腸，升結腸與降結腸固定在後腹壁上，被長長的橫結腸系膜吊著的是橫結腸，位置會稍改變。

【大小、形狀、構造】 長度約為 1.5 m，粗細為小腸的 2–3 倍，外形也如小腸一般是不平滑的管狀。由縱走肌所構成的寬 8mm 的縱形帶（結腸）有 3 條，間隔大約相等，並形成和緩的蛇腹形。

小腸（迴腸）的末端與升結腸呈卜字形連接。迴腸的終端在此結合，在結腸間稍突出形成迴盲瓣，藉以防止大腸內的食物逆流到小腸裏。此一結合部份的尾側便是盲腸，其前端稍粗呈蚯蚓狀的是闌尾。

●小腸與大腸的功能

有關消化與吸收的工作是由小腸進行，大腸則是吸收由迴腸逆流來的泥狀食物的水份。另外，大腸還會調節性的吸收鈉及鹽類，並排出鉀。

●直腸與肛門

大腸末端的直腸長約 15cm，有三個橫皺襞，具有瓣的功能。糞便在乙狀結腸裏，一天會發生數次蠕動並將不要的物體移到直腸，藉由排便反射來排泄糞便。

位在肛門內側的肛門括約肌是平滑肌，為不隨意肌，外肛門括約肌會協助橫紋肌隨意蠕動，兩者互相幫助可關閉肛門。

●主要疾病 闌尾炎、腸閉塞、過敏性大腸症候羣、大腸息肉、大腸炎、痔核、痔瘻。

消化與吸收——消化管壁的構造

從食道開始經過胃、小腸、大腸的長消化管道內壁黏膜內，都分布有分泌黏液的腺。這些都是用來幫助消化道有如輸送帶（蠕動）般的一種潤滑物質。此外，胃、小腸內也有分泌各種消化液的腺。

胃的主要任務是消化蛋白質，並藉胃液的強酸性來防止食物腐敗，而胃所吸收的只有水與酒精。在小腸的消化裏，由胰臟、肝臟製造而由十二指腸分泌的胰液與膽汁，以及小腸本身所分泌的消化液，皆擔任重要的角色。

小腸除了可藉蠕動來搬運食物，還可藉擺錘運動與分解運動來進行攪拌工作。其次，小腸還會藉環狀皺襞、絨毛及覆蓋在表面的微絨毛，在廣大的表面上促進消化液與食物的混合，提高消化吸收的效果。

而在大腸內的消化作業幾乎可不必去重視，大腸主要是吸收水份與電解質而已。

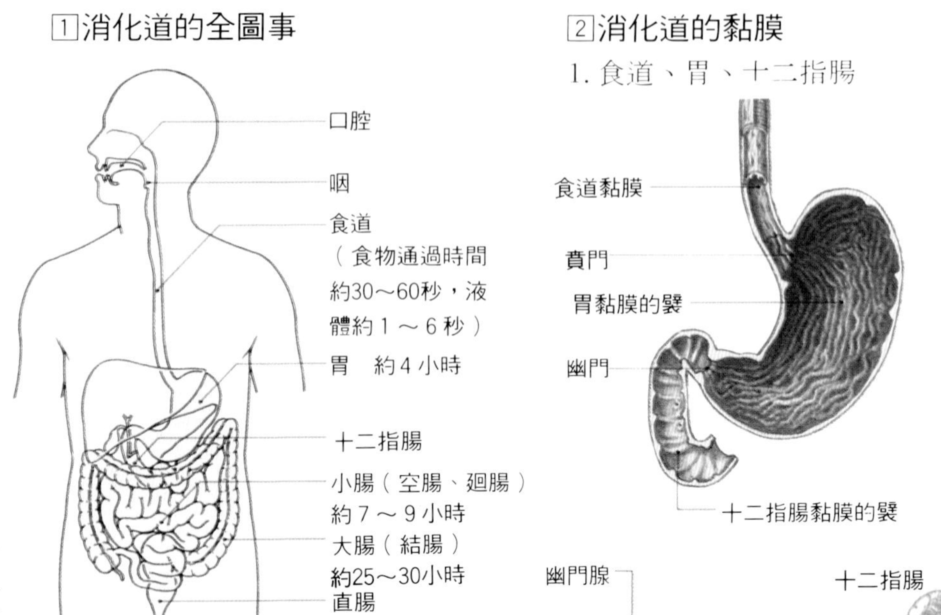

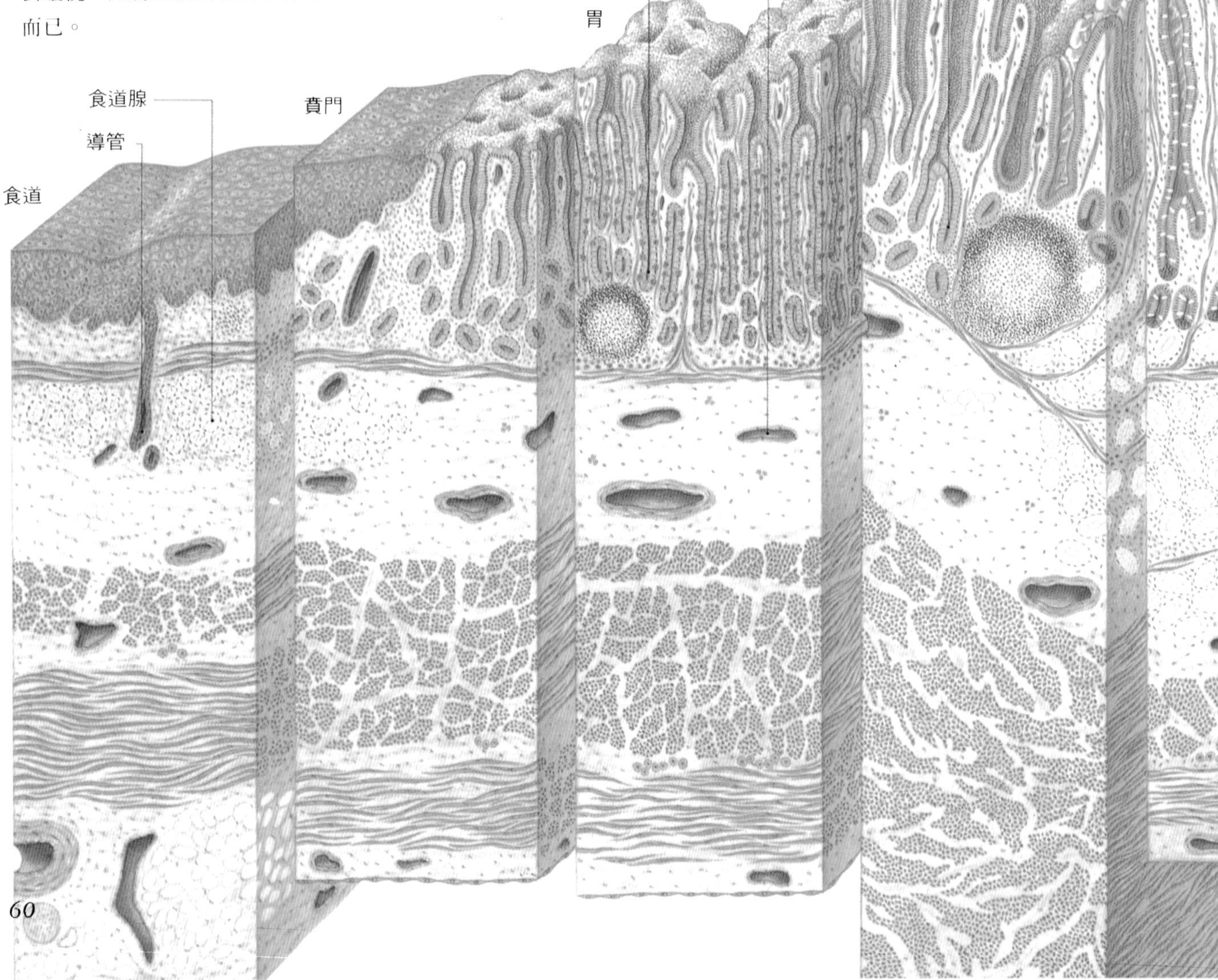

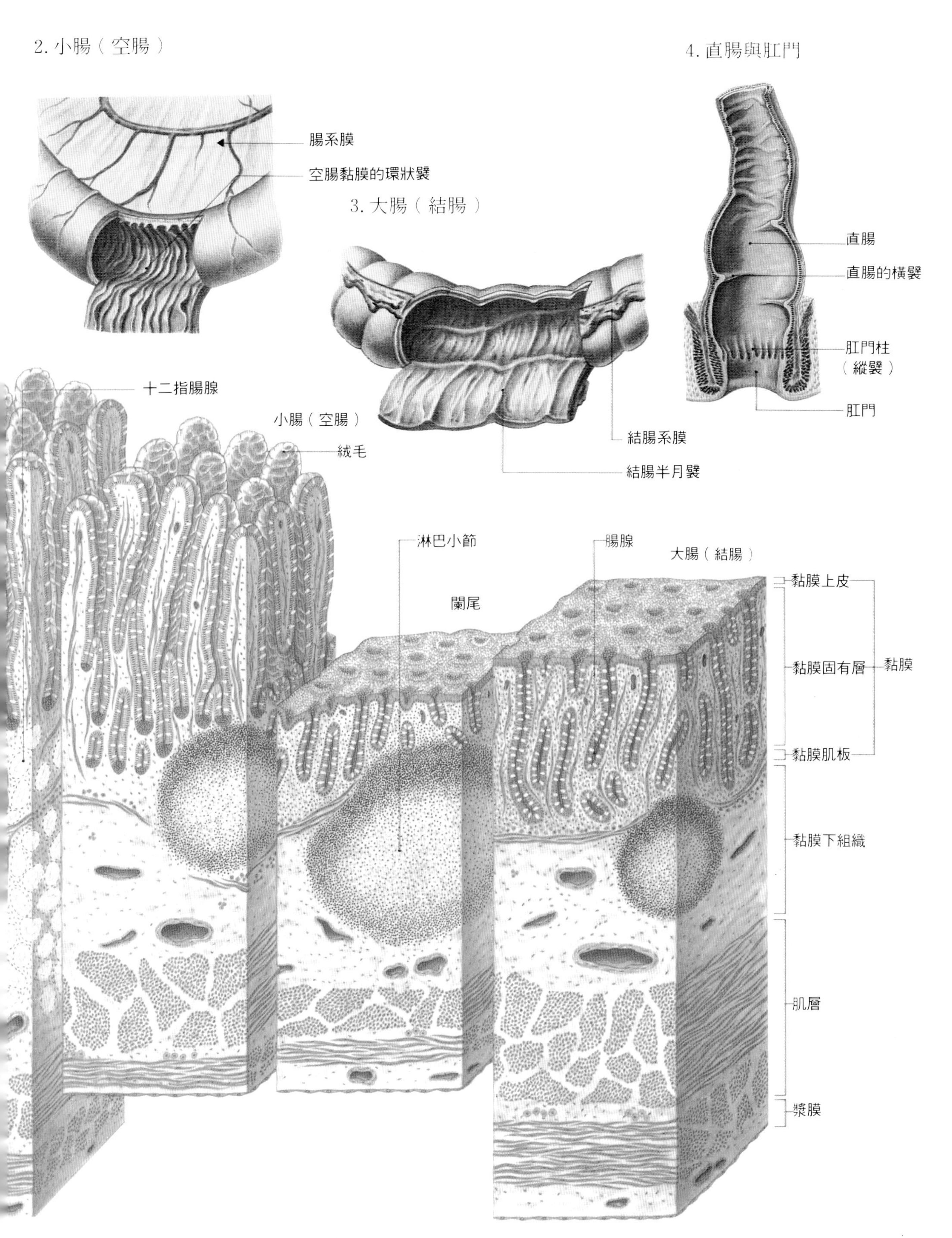
2. 小腸（空腸）
腸系膜
空腸黏膜的環狀襞
3. 大腸（結腸）
4. 直腸與肛門
直腸
直腸的橫襞
肛門柱
（縱襞）
肛門
結腸系膜
結腸半月襞
十二指腸腺
小腸（空腸）
絨毛
淋巴小節
腸腺
大腸（結腸）
闌尾
黏膜上皮
黏膜固有層
黏膜
黏膜肌板
黏膜下組織
肌層
漿膜

肝臟

• 長徑約25cm，短徑約15cm，厚約 7 cm
重約 1200～1400 g

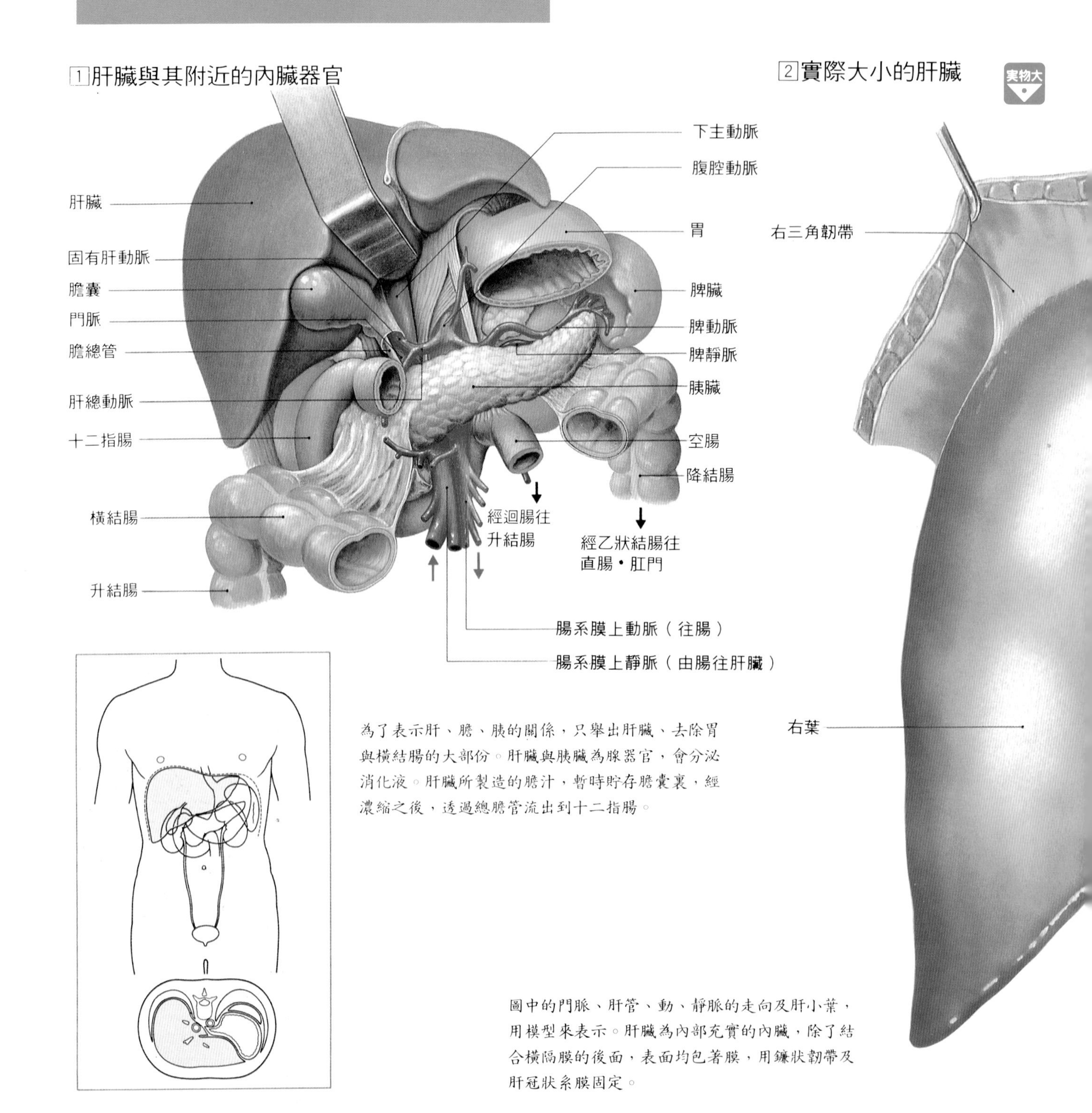

為了表示肝、膽、胰的關係，只舉出肝臟、去除胃與橫結腸的大部份。肝臟與胰臟為腺器官，會分泌消化液。肝臟所製造的膽汁，暫時貯存膽囊裏，經濃縮之後，透過總膽管流出到十二指腸。

圖中的門脈、肝管、動、靜脈的走向及肝小葉，用模型來表示。肝臟為內部充實的內臟，除了結合橫隔膜的後面，表面均包著膜，用鐮狀韌帶及肝冠狀系膜固定。

肝臟會產生幫助消化的膽汁，並進行吸收養份的同化、解毒、貯藏等工作，是維持生命不可或缺的多機能大化學工廠。

【位置】 肝臟緊接著橫隔膜的下方，幾乎佔滿了右上腹部的空間，而一部份還伸展到左上腹。

【形狀、大小】 從前面來看，斜邊朝向尾側（下方）的直角部份，在右上呈直角三角形。頭側（上方）則順著橫隔膜形成略帶和緩的形狀，連接右上側腹壁的部份最厚，而越靠左邊就越薄越尖。

肝是體內最大的內臟器官，其重量成人約 1200−1400g，20−30 歲左右的人的肝臟最重，以後則會逐漸減輕。除了與橫隔膜癒合的頭側背面外，其他大部份都覆蓋著腹膜，表面有光澤因含有血故呈暗紅色。

【構造】 以鐮狀韌帶（肝圓韌帶）爲界線，將肝臟分爲左葉與右葉兩部份，左葉佔全體的三分之一至六分之一，很小。用顯微鏡看，肝是由許多肝小葉的單位集中而成，肝小葉是

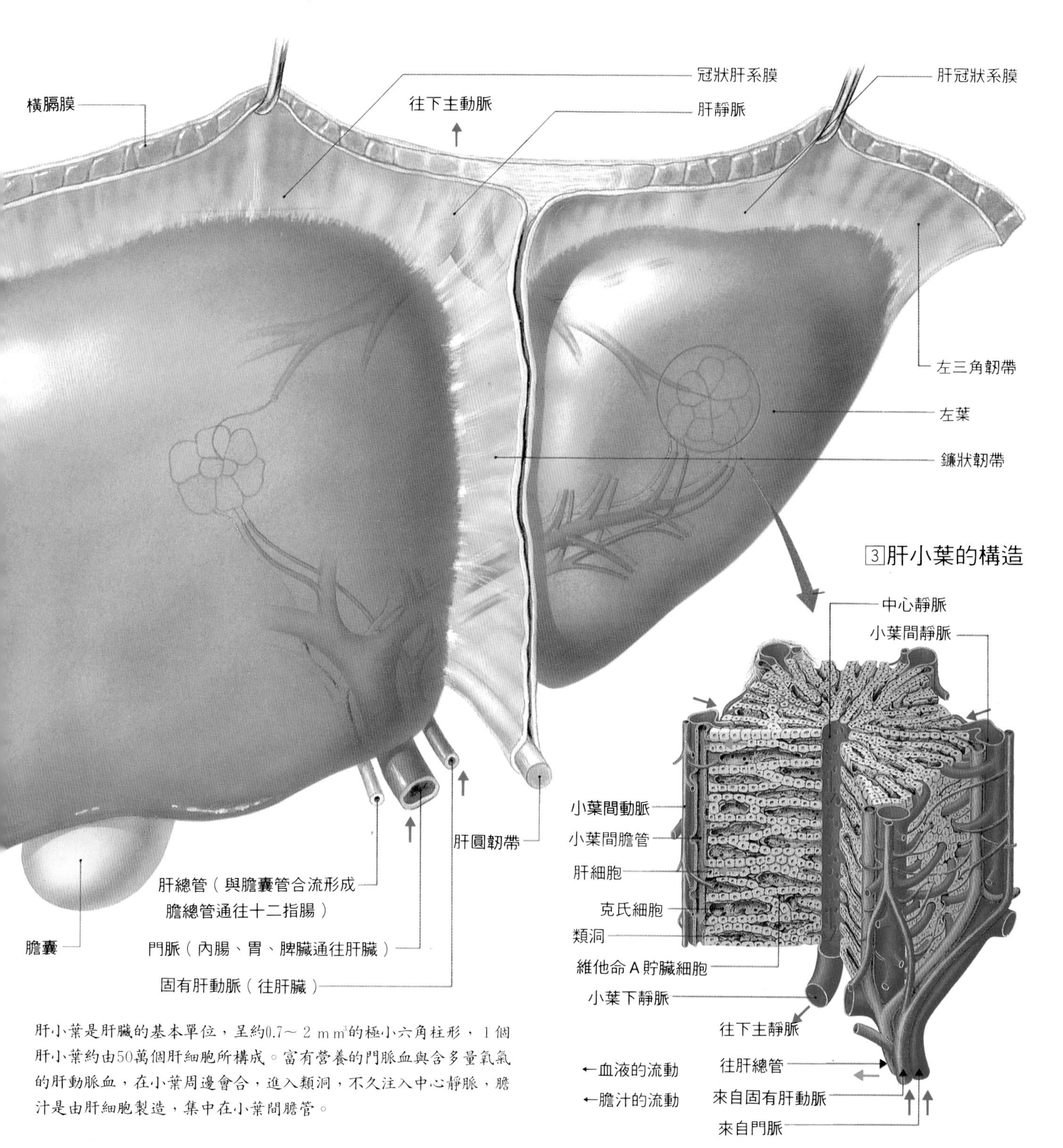

肝小葉是肝臟的基本單位，呈約0.7～2 mm^3的極小六角柱形，1個肝小葉約由50萬個肝細胞所構成。富有營養的門脈血與含多量氧氣的肝動脈血，在小葉周邊會合，進入類洞，不久注入中心靜脈，膽汁是由肝細胞製造，集中在小葉間膽管。

約 0.7～2mm^3 的極小的 6 角柱或 6 角椎形，彼此以幾何學方式密著。

【肝小葉與血管】 肝的基本單位肝小葉裏，流動著來自兩個不同血管系統，不同性質的血液。其一是來自肝動脈（總肝動脈，固有肝動脈）含有氧氣的動脈血。另一種是來自由消化道（胃、小腸、大腸）與脾臟進入靜脈（此稱門脈）的富有養份的靜脈血。此二種血流在肝小葉的周邊彼此並列（小葉間動脈、小葉間靜脈），流經肝小葉的組織內部經過處理後，便由小葉下靜脈經過肝靜脈再導入下腔靜脈。

流經肝臟的血液，成人約 1000～1800ml，相當於心臟每分鐘所輸送出血液量的 25%。其中的四分之三到五分之四是由門脈接受，剩下的五分之一則由肝動脈接受。流經肝動脈的血量雖然不多，但肝臟因與體內送來的有害物質戰鬥，必須保持本身機能正常，所以必須由肝動脈提供氧氣，由此可知肝動脈的任務重大。

4 肝臟是血管的集合體——血管的模型標本

這是由肝臟前上方所見的合成樹脂模型標本

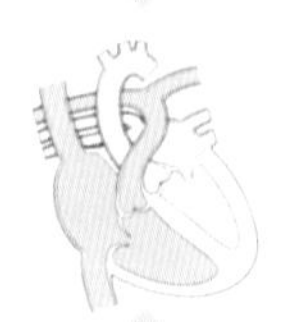

上腔靜脈
來自頭、頸及上肢
下腔靜脈
肝臟
來自肝臟
膽囊
門脈
右胃大網靜脈
十二指腸
胰臟
腸系膜上靜脈
下腔靜脈
來自腰部、下肢
右結腸靜脈
腸系膜
小腸靜脈
迴結腸靜脈

分自腹主動脈的動脈，運送氧氣往腹部的各器官。另外，來自消化道，富有營養及賀爾蒙的血液（門脈血），是藉連接消化器官與肝臟的靜脈（門脈、圖中紫色所示）運送到肝臟，經過各種化學處理之後，當作靜脈血進入肝靜脈、下腔靜脈，最後回到心臟。

【功能】 肝臟的功能是多方面的，而肝臟的活動在維持生命活動上也是相當重要的。肝臟主要是在排除體內所有的有毒物質，在手術時即使切除了四分之三或五分之四，但肝臟在不久之後又可回復到原來的大小，這是其他內臟所沒有的復原力。

【物質的合成・處理的功能】 肝臟會製造肝醣，當成能量而加以貯藏，並根據身體的需要加以分解並送到血中，以調節體內的糖分。另外，肝臟還會將構成身體的胺基酸、蛋白質、脂肪等成份加以分解、合成、貯藏。肝臟會由糖來製造脂肪，或將胺基酸及脂肪變成糖，另外還會將各種維他命轉變成容易使用的形態而加以貯藏，並破壞處理體內的廢物、阿摩尼亞及不要的賀爾蒙，同時對膽汁的形成與分泌上也很重要。

【保護身體的功能】 肝臟會分解酒精，將有毒的物質無毒化，並將其排泄到膽汁裏。平常肝臟會貯藏血液，在必要時用來調節血量。

肝小葉的血管壁內的星細胞會破壞老紅血球，也會貯藏製造血紅蛋白的材料—鐵。另外，對於抗體（r球蛋白）的生成也有關係。

【門脈的分布與任務】 門脈是從廣泛分布在消化器官中的靜脈收集血液而運送到肝臟的靜脈。而門脈爲了與肝臟進行同化以及各種化學處理工作，所以將來自各個消化管道的血液送入肝臟，藉以吸取所需的營養。

另外，門脈也是各種賀爾蒙的運輸路線，在脾臟遭到破壞的紅血球分解物，也會藉由門脈送到肝臟。門脈在消化道裏一度會分歧成微血管網，而後集合到靜脈而形成門脈，然後又再度分成微血管網。換言之，門脈兩端都是微血管網，構造極爲特殊。

●主要疾病 肝硬化、肝炎、肝不全、肝癌（原發性、轉移性）、藥劑性肝障礙。

5 門脈的分佈與血液的流動

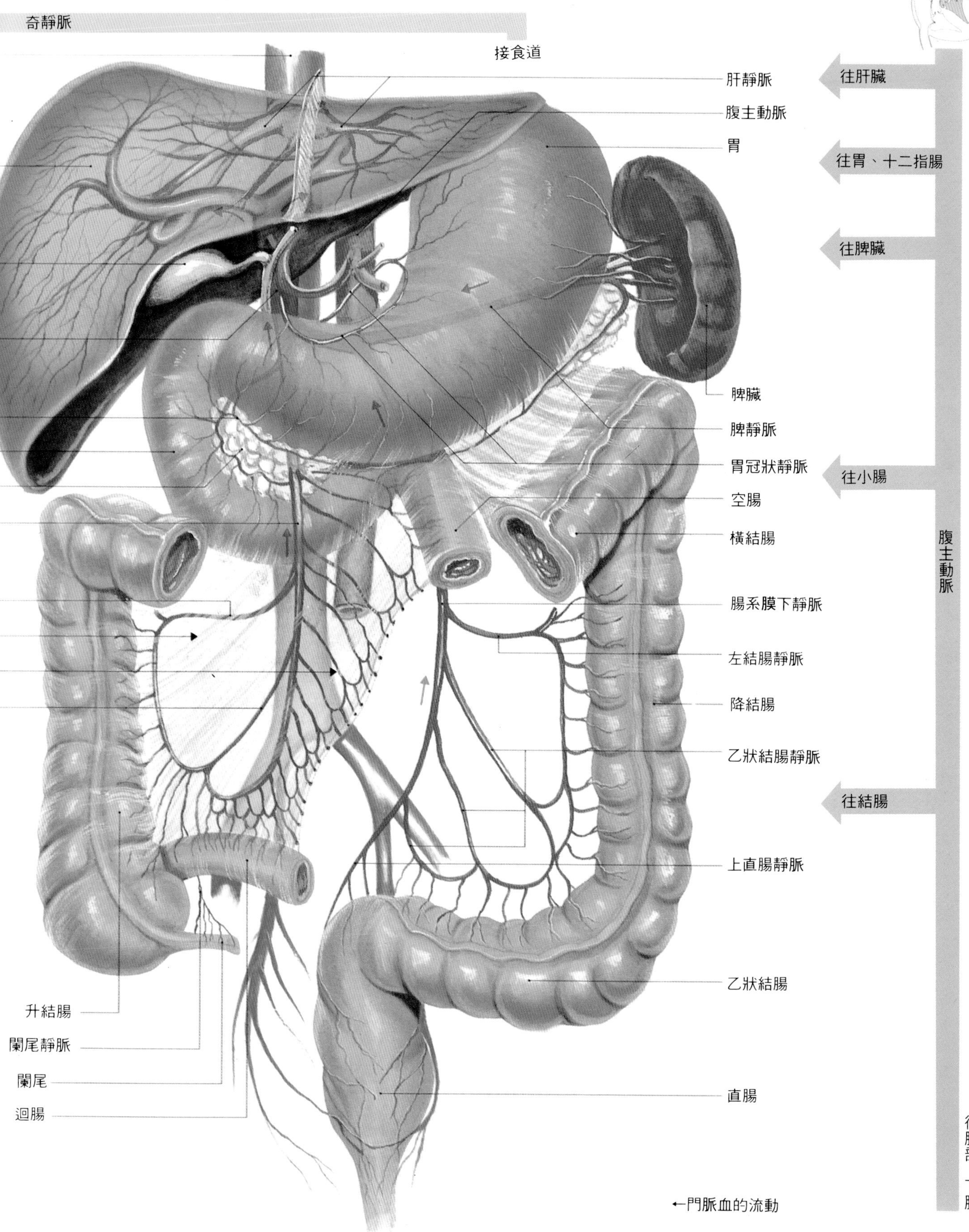

膽囊與胰臟

- 膽囊　長約 7 ～ 9 cm，寬約 2 ～ 3 cm，容量約30～50mℓ
- 胰臟　長約15cm，前端厚約 3 cm，重約70～100 g

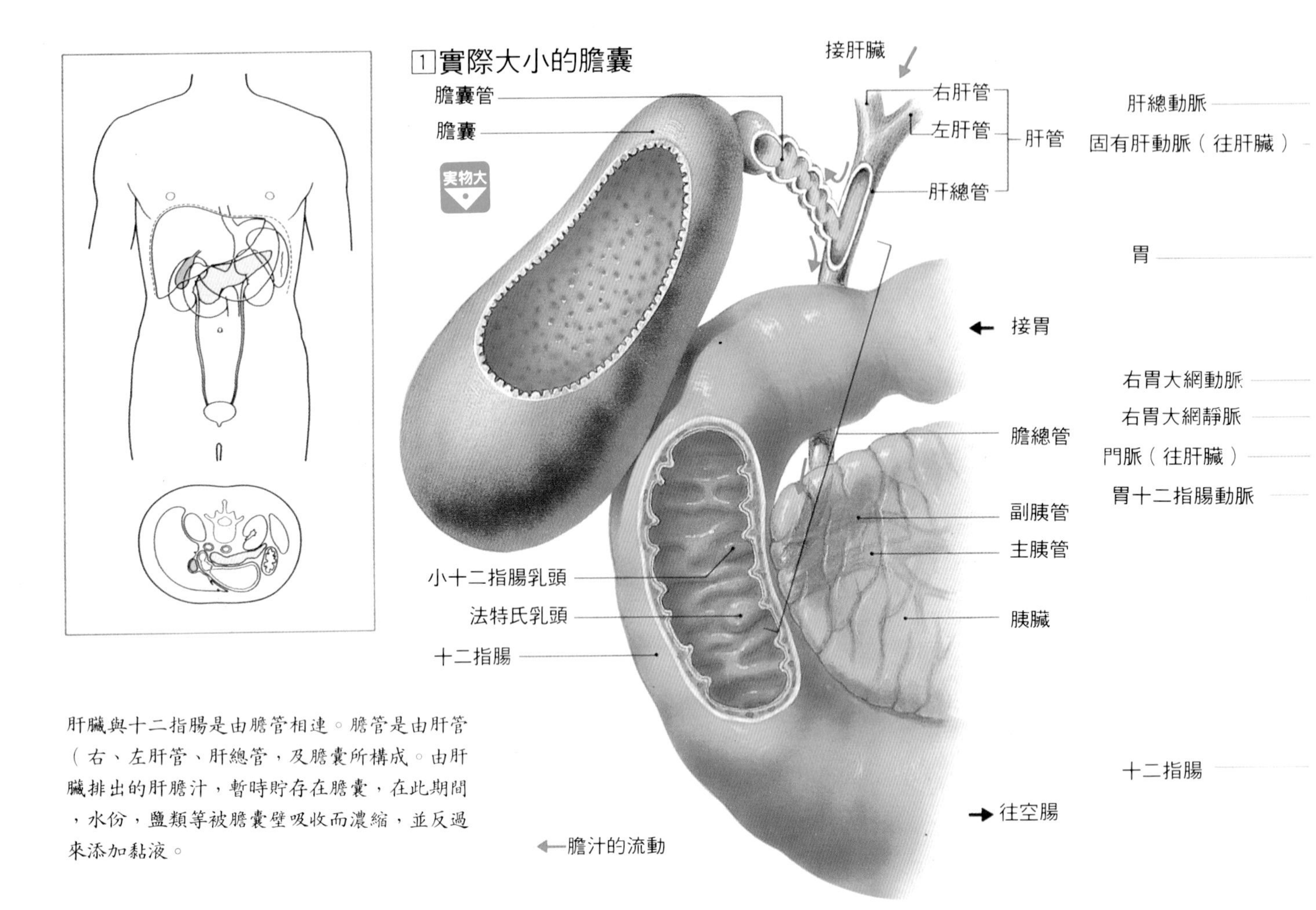

肝臟與十二指腸是由膽管相連。膽管是由肝管（右、左肝管、肝總管，及膽囊所構成。由肝臟排出的肝膽汁，暫時貯存在膽囊，在此期間，水份，鹽類等被膽囊壁吸收而濃縮，並反過來添加黏液。

●膽囊

這是位在肝臟下方的小器官，爲肝臟所製膽汁進行濃縮及貯藏工作。

【位置】 接著肝臟尾側（下方）的下凹（膽囊窩），從腹側來看，只看見其尾端（底部）。

【形狀、大小】 呈西洋梨的形狀，長約 7-9cm，寬約 2-3cm，容量爲 30-50ml。

【構造】 膽囊壁是由緊密的黏膜襞與平滑肌層及漿膜所構成，雖然很薄但很有彈性，可自由擴大。膽囊的頸部連接著膽囊管，與來自肝臟的肝（膽）管形成總膽管，而在十二指腸門口。

【功能】 膽囊主要是貯藏由肝臟排出的半量膽汁，並吸收水份、鹽份，將之濃縮成$\frac{1}{5}$ ～ $\frac{1}{10}$後就加入黏液，並配合攝取食物的時間送到十二指腸。

當含有脂肪的食物進入膽囊之後，膽囊會藉其中的胺基酸、脂肪酸刺激，由十二指腸、空腸分泌消化道賀爾蒙，這些賀爾蒙就會促使膽囊平滑肌收縮擠出膽汁，促進脂肪消化。

●胰臟

位在胃部背側的內臟，可製造强力消化酵素，並可分泌胰島素、高血糖素，以調節體內的醣份。

【位置】 位在胃背側，第 1、第 2 腰椎腹側上的腹膜後方。

【形狀、大小】 整個胰臟如同月牙形，形狀扁平細長。其重約 70～100g，長約 15cm，頭部最厚且最寬，厚約 3cm，呈淡紅白色，彈性良好，有時如橡皮一般。

【構造】 分爲製造胰液，面向外部（十二指腸）的分泌部份，以及在血液裏分泌胰島素及高血糖素賀爾蒙的部份。內分泌細胞羣在外分泌部份裡如球形島般分散，故稱爲胰島素。另外也有以發現者之名而命名的，稱爲朗格爾漢斯氏島。

【功能】 胰液含有消化蛋白質、脂質、碳水化合物的酵素。胃內食物進入十二指腸後，十二指腸黏膜便會在血液中分泌消化道賀爾蒙，促進消化酵素的合成與胰液的分泌。胰島素會被葡萄糖肌肉及其他組織吸收，而加以利用，藉以降低血糖值。高血糖素則可促進肝臟的血糖分解，提高血糖值。

●主要疾病　膽囊炎、膽囊癌、膽結石、胰臟癌、胰臟炎、糖尿病。

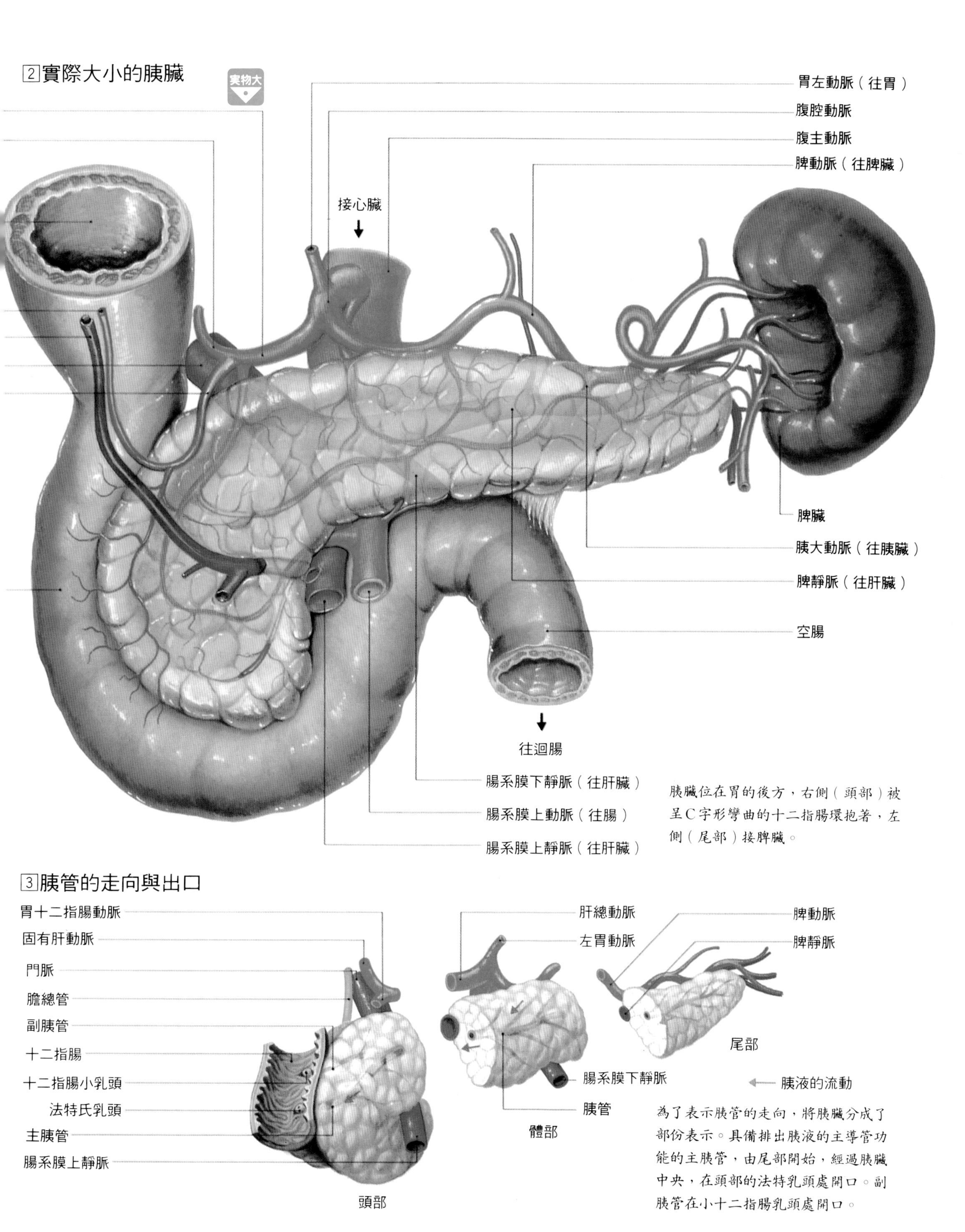

胰臟位在胃的後方，右側（頭部）被呈C字形彎曲的十二指腸環抱著，左側（尾部）接脾臟。

為了表示胰管的走向，將胰臟分成了部份表示。具備排出胰液的主導管功能的主胰管，由尾部開始，經過胰臟中央，在頭部的法特乳頭處開口。副胰管在小十二指腸乳頭處開口。

脾臟

• 長約10cm，寬約 7 cm，厚約2.5cm，重約80～120 g

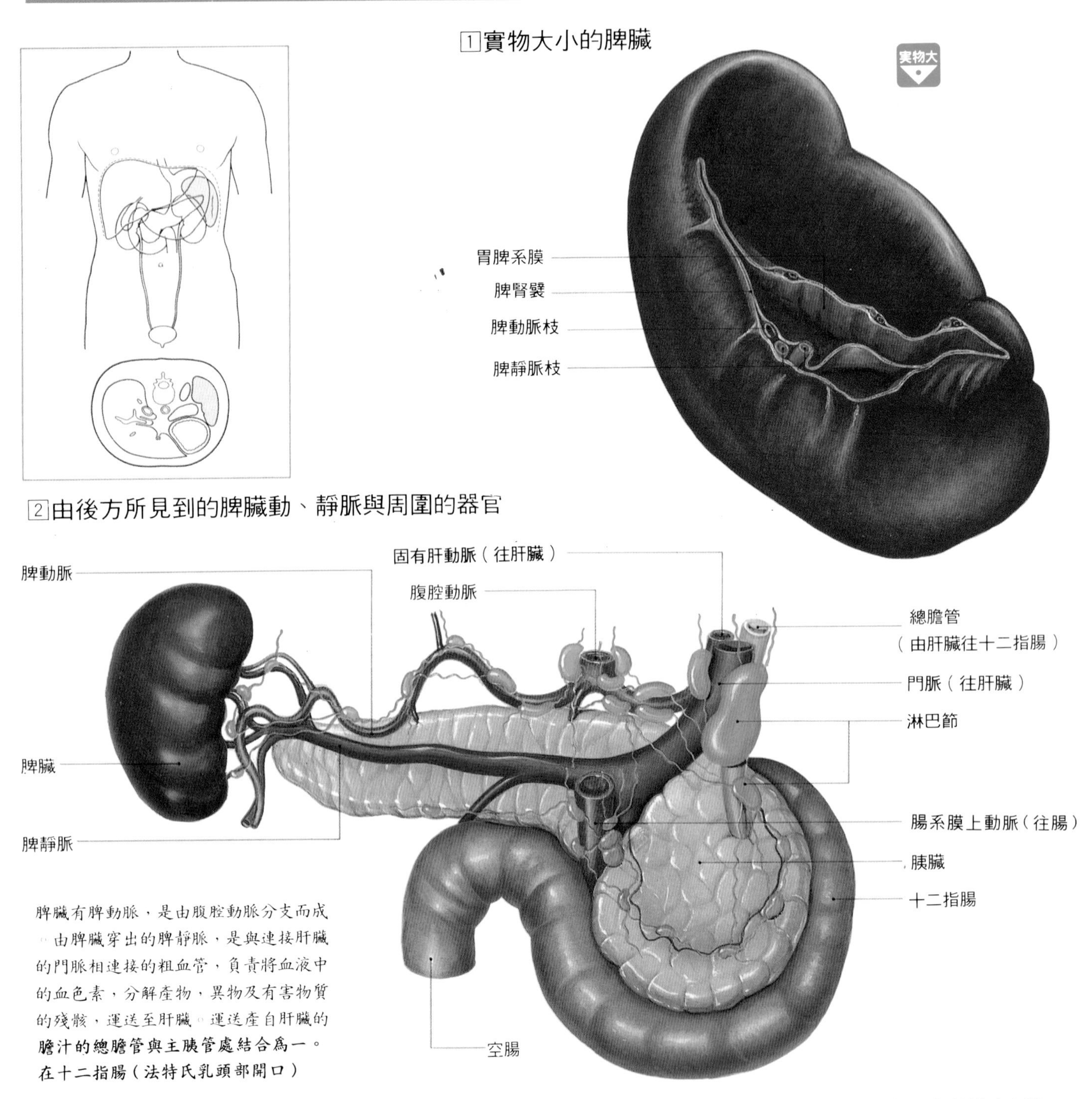

脾臟有脾動脈，是由腹腔動脈分支而成。由脾臟穿出的脾靜脈，是與連接肝臟的門脈相連接的粗血管，負責將血液中的血色素，分解產物，異物及有害物質的殘骸，運送至肝臟。運送產自肝臟的**膽汁的總膽管與主胰管處結合為一。在十二指腸（法特氏乳頭部開口）**

脾臟是連接胃邊端的淋巴性器官，與分解老血球及免疫方面有關。

【位置】 脾臟連接胃大彎曲部份的後上側，以及胰臟的尾側。從體表來看，則是緊接著左背外側，第 9−11 肋骨的內側。

【大小、形狀】 呈深紅色扁平的蠶豆形，長約 10cm，寬約 7cm，厚約 2.5cm，重約 80～120g。病變變大時，會朝肚臍的方向膨脹，用手壓在上腹時，即可觸摸到。

【構造】 覆蓋在表面的被膜進入脾臟內會製造板狀、束狀的立體網狀物（脾小梁）。脾小梁之間全部掩蓋在無數白色小棍棒狀的斑點（白脾髓）及圍繞著此斑點的紅色組織（赤脾髓）。此脾髓的基本構造是格子狀的纖維支柱，與包住此支柱的的細胞與淋巴節（125 頁圖 2）、骨髓（112 頁圖 1）的構造類似。

【功能】 脾臟屬於淋巴性器官，會過濾血液、破壞老紅血球，並收破壞後的零件送到肝臟。另外也可去除細菌，在此所製造的淋巴球還會製造抗體，給人們免疫力的功能。

●主要疾病 血小板減少症（紫斑病），特發性門脈壓亢進症（聚束症候羣）。

消化器官的主要疾病

【食道】

食道癌 ——發生在食道的惡性腫瘤，症狀有胸部疼痛、下嚥困難及明顯的消瘦。以 60－64 歲的男性罹患率最高。

食道靜脈瘤 ——食道黏膜下的靜脈叢腫大形成瘤狀，多數是因肝硬化所引起的門脈壓亢進症所導致此病。此一靜脈瘤破裂後，便是食道靜脈癌破裂而大量出血致休克，所以應儘快送醫急救。

【胃・十二指腸】

胃遲緩 ——胃壁肌肉緊張發生鬆弛的狀態即是胃遲緩，以先天性肌肉虛弱者罹患率較高，通常也會同時引起胃下垂及胃蠕動不良，飯後胃部有滿脹感等，並且會常發生便秘。

胃炎 ——胃壁特別是胃黏膜發炎的症狀，亦稱爲胃黏膜炎，有急性與慢性之分。急性胃炎大都因暴飲暴食所引起，症狀是上腹疼痛、噁心、嘔吐。慢性胃炎則是偶而會有症狀，偶而沒有症狀。

胃潰瘍 ——發生在胃部的消化性潰瘍（慢性潰瘍），胃的組織缺損深度超過黏膜肌板，便稱爲胃潰瘍。致病的主因有機械性、化學性刺激、精神壓力等因素所引起。酸・胃蛋白酶的分泌也對此症有所影響，此症同時還會併發胸悶、消化不良症，主要特徵是上腹疼痛，也有無症狀的情形。

胃擴張 ——胃部的食物很難送到腸內，導致胃內腔異常擴大的情況。胃、十二指腸潰瘍、胃鬆弛等是導致此病的主因。

胃下垂 ——胃伸展下垂到骨盤中的狀態，以女性較常罹患。常會因胃鬆弛導致胃內食物停滯而導致此病。

胃癌 ——發生在胃黏膜的惡性腫瘍。病灶達到黏膜及黏膜肌板、黏膜下組織者是屬早期的胃癌，若在此階段將患部切除，則復發率很低。只是早期胃癌大多無症狀，所以最好能定期檢查。

十二指腸潰瘍 ——在十二指腸黏膜上所形成的潰瘍與胃潰瘍共稱爲消化性潰瘍，以男性較易患此病。其特徵是右上腹部疼痛與右背中疼痛。

十二指腸憩室 ——所謂的憩室是指腸內腔面的一部份壁虛弱，而由於來自內側的壓力，導致腸內腔向外側鼓起，此症狀會隨年齡而增大，發生在十二指腸者即稱十二指腸憩室，發生在結腸則稱大腸憩室。憩室裡造成發炎時，便會引起腹痛、發熱、噁心、嘔吐，並會形成腫瘤。

【腸、肛門】

痔核 ——俗稱疣痔，這是肛門周圍的靜脈叢瘀血，而部份靜脈異常擴張形成瘤狀物的情形。以齒狀線（59 頁圖 5）爲界，發生在上方者稱爲內痔核，發生在下方則稱爲外痔核，而橫跨在齒狀線上的稱爲中間痔核。

痔瘻 ——發生在肛門管及肛門周圍的瘻孔（組織中的異常管狀缺損），主要是因細菌感染而引起發炎及化膿，另外在組織空隙中會形成膿瘍（稱爲肛門周圍膿瘍），瘻管在肛門附近破裂流出膿液。膿液流出之後，瘻孔會殘留下來，而長期由膿瘍內壁排出滲出物，此症狀以年輕男性爲多。

大腸炎 ——大腸發炎性疾病的總稱，其中包括許多種疾病，因疾病不同而症狀也不一樣，主要症狀是水樣般或黏血性下痢，而大多都伴隨有腹痛及發燒症狀。

大腸癌 ——因發生部位不同，而可分爲乙狀結腸癌、升結腸癌、直腸癌等。主要症狀是出血、大便異常、疼痛，病因小時則大都無明顯症狀，近年來此病有增加的趨勢。

大腸息肉 ——大腸內側黏膜發生病變而出現隆起乳疣，直腸與乙狀結腸較常發生。此病並無特殊症狀，大都屬於良性腫瘤，其中大約有 10－15％ 會癌化。若息肉比大豆還大時，就會常出現血便。

闌尾炎 ——也稱爲盲腸炎，因種種原因導致闌尾發炎，而一般皆屬於急性發生，急性闌尾炎大多與暴飲暴食有關，以 10－30 歲的人發生率較高。主要症狀有腹痛、噁心、嘔吐、發燒。症狀開始時心窩周圍會疼痛，而疼痛會漸集中到右下腹及回盲部。

腸扭轉症 ——也稱爲腸軸扭症。腸管與腸間膜爲軸發生後半旋轉兩圈的情形，發生部位主要是在乙狀結腸，會引起腹痛、嘔心、嘔吐、腹部膨脹、及急性腸閉塞症。

腸閉塞症 ——因種種原因使腸管內食物無法輸送而引起的疾病。主要症狀有腹痛、噁心、嘔吐、腹部膨脹、停止排便、排氣等。

直腸炎 ——直腸黏膜發炎症，因細菌感染而發生，除了血便之外並無其他症狀，與潰瘍性大腸炎一樣會一再復發。

腹膜炎——包裹腹部內臟器官及腹壁內側發炎的症狀，一般指的是因細菌感染所引起的急性細菌腹膜炎。其次，因外傷或腹腔內臟器官發炎也會再次發病。

裂肛 ——俗稱痔。肛門的皮膚黏膜裂開而發生潰瘍的症狀。此症非常的痛。主要症狀有排便疼痛、便後肛門痛，一般出血量並不多。

【肝臟】

肝炎 ——這是因過濾性病毒所引起的發炎症狀，有A型、B型，非A非B型三種。A型是經由食物感染，B型與非A非B型則是藉由輸血感染。A型最容易易治療，B型與非A非B型則易慢性化。發生肝炎之後有時會急速惡化而陷入肝不全症狀，稱爲劇烈性肝炎。酒精藥物中毒也會引起肝炎。

肝癌 ——發生在肝組織細胞上，以及發生在肝臟內膽管的上皮細胞的癌。肝癌有許多種類，慢性化的B型肝炎及非A非B型肝炎，會進一步導致肝硬化，而慢慢會引起肝細胞癌化。

肝硬化 ——肝組織病變，肝臟變硬變小，無法正常運作的狀態。此病大多是由濾過性病毒及酒精性的慢性肝炎所演變而來。其代表症狀是蛛網狀血管腫（上半身出現紅色小斑點），與手掌紅斑。

肝不全 ——發生肝癌之後生命就陷入危險狀態，有肝機能減退的現象。主要特徵是肝性腦症（精神神經障礙），與肝性昏睡。

【膽囊、胰臟】

胰臟炎 ——這是因胰臟本身所製造的酵素侵犯到胰臟所引發的疾病，分爲急性與慢性兩種。屬於急性及嚴重時，胰臟組織會發生壞死。導致此病的主因爲酗酒、暴飲暴食及其他因素。其症狀是由心窩下方到左上腹會感到劇痛，而慢性症狀從無痛到鈍痛、劇痛等不同階段。

胰癌 ——發生在胰臟的癌症，50－60 歲的男性最易發生。其症狀是上腹疼痛、體重減輕、黃疸等。早期診治仍不易達到效果，近年來此病有增加的趨勢。

膽管癌 ——發生在肝外膽道系（左右的肝管、總肝管、膽囊管、總膽管）的癌症。以 40－60 歲左右最容易發生，不過發生率並不高。

膽結石 ——在膽囊或膽管內形成石頭的情形，這是由膽汁內成份（膽紅素、膽邕醇）與鈣所形成的。患此病時有時並無症狀，但有時左右上腹部會劇痛。

膽囊炎 ——因大腸菌等腸內細菌感染而發生發炎的症狀。而之所以會引起細菌感染的主因是膽囊頸部或膽囊管發生膽結石，導致膽汁無法順暢流通所致。有時雖無結石一樣會發生此病。膽囊炎分爲急性與慢性。急性時會發高燒、右上腹劇痛，嚴重時膽囊壁會破洞。

膽囊癌 ——發生在膽囊的癌症，60 歲以上的女性較易發生，可能與膽結石有關。

腎臟

• 腎臟　長約11cm，厚約5.5cm，重約130g左右
• 尿管　長約30cm

1 腎臟與其周圍的器官

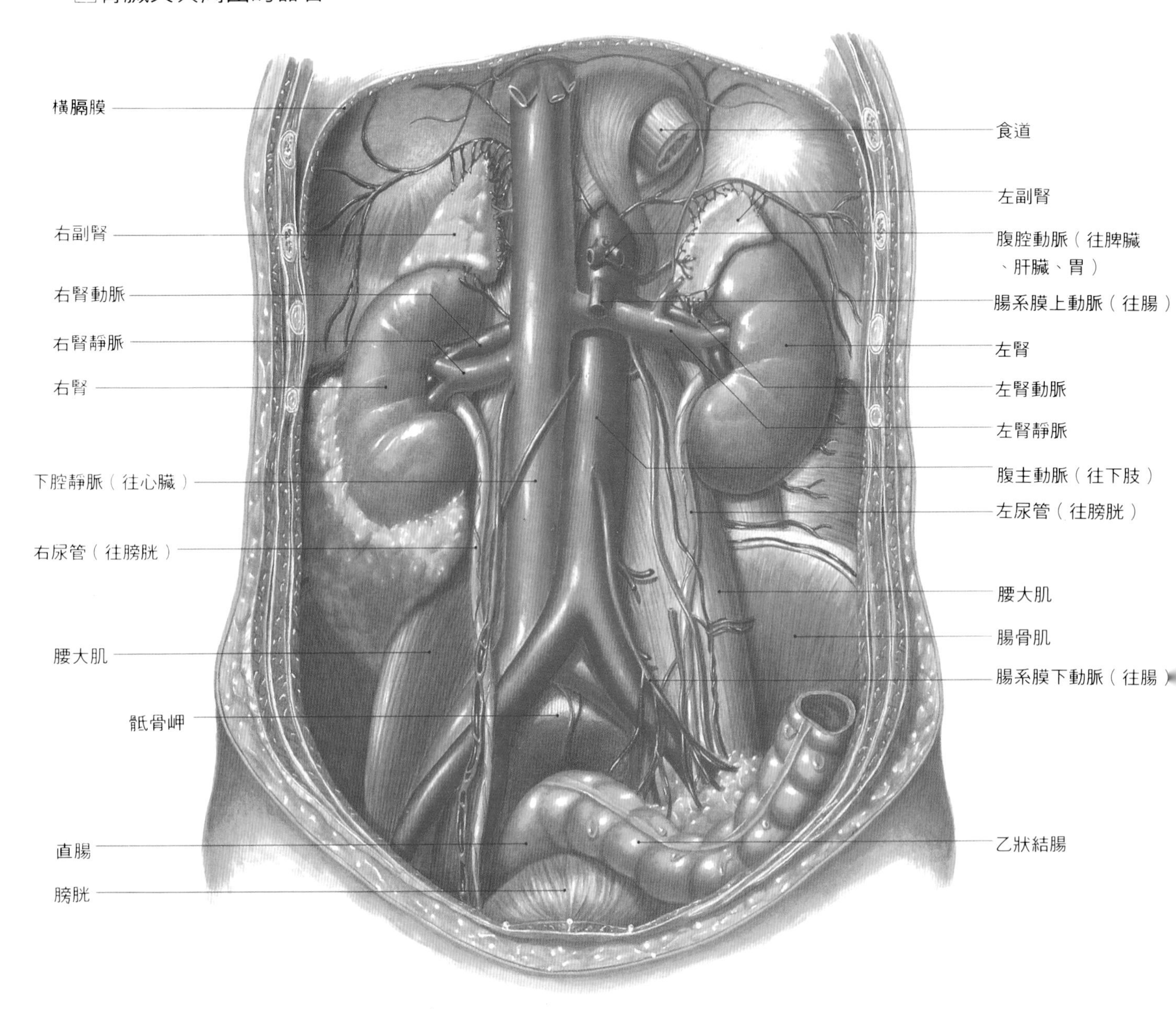

由前方看。將腹膜所覆蓋住的大部份消化器官去除後的圖。腎臟是位在腹膜背側的腹膜後器官，右腎比左腎稍低。

腎臟是位在背側腰部高度的成對內臟器官，是過濾血液中廢物，製造尿液的身體「排水處理場」。

【位置】 腎臟是位在腹膜背側的腹膜後器官。左腎位在背部的第 11 胸椎與第 3 腰椎中間。右腎則由於肝臟右葉佔據了其頭側的空間，所以位在比左腎稍低的位置。

【大小、形狀】 比拳頭稍大，男性長 11cm，厚約 5.5cm，重量約 130g 左右。形狀爲中間細兩端粗，呈暗紅色。

【構造】 從腎的縱切面來看，可看到血管、神經、尿道的出入口腎門。連接尿道而圍繞著腎盂的是馬蹄形腎組織，其外側包裹著被膜，其下方有皮質，內部有髓質。

腎盂相當於收集尿液並把尿液送到尿道的「交會點」就如同河川的支流一般，往上有 2-3 個大腎盞，再往上則分爲 7-14 個小腎盞。小腎盞連接著突出於腎組織的腎乳頭，專門接收尿液。腎門內有兩條血管通過其間，一條是將當作尿原料的血液送到腎的腎動脈，另一條則是吸取過濾廢物後血液的腎靜脈。

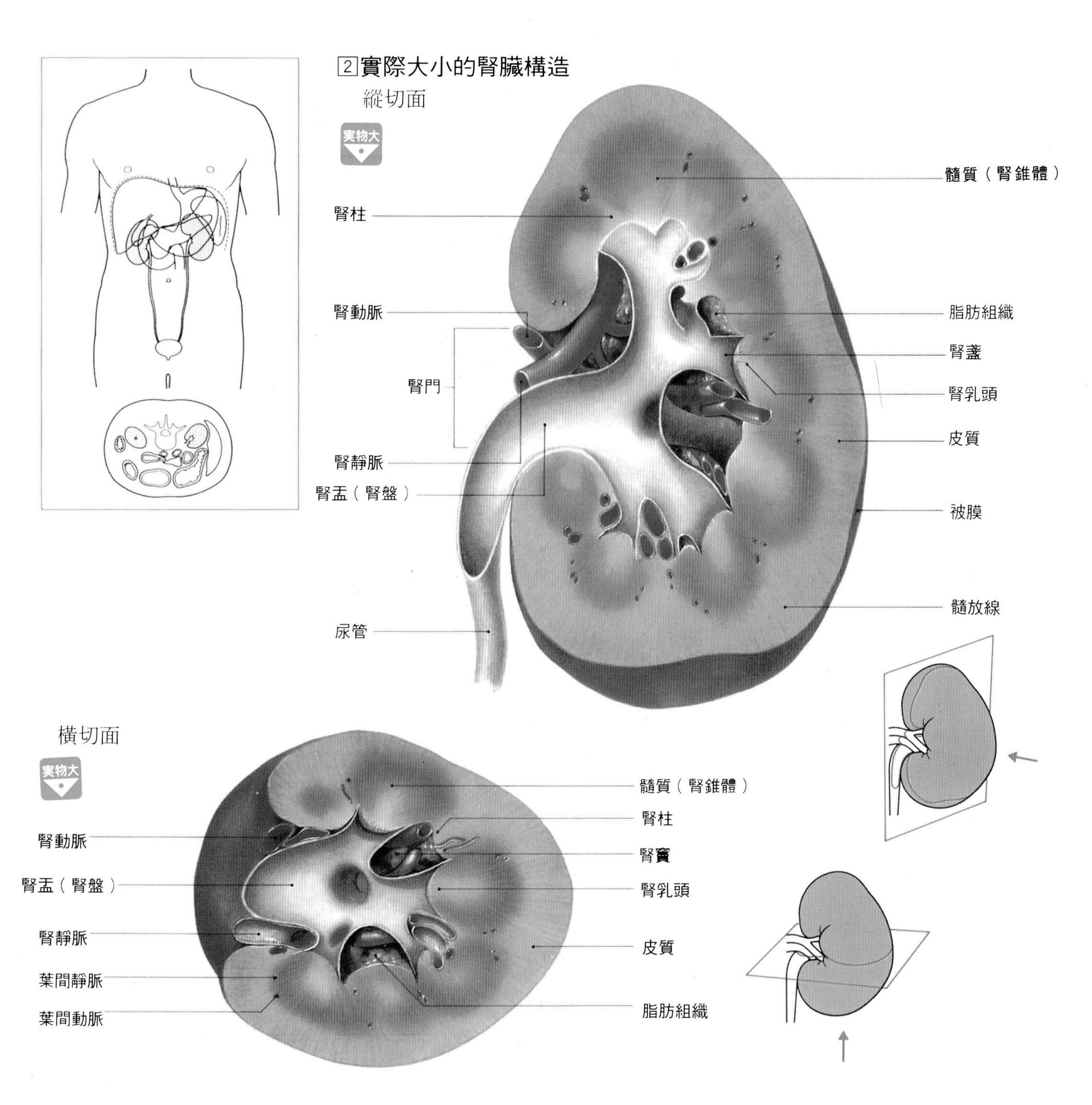

【功能】 心臟跳動一次所送出的血液的四分之一被送入腎臟內，這些血液經腎組織皮質上的腎小球加以過濾之後就成爲尿液的原始物（原尿）。一天所製造的原尿量約爲 180 ℓ。亰尿在流經連接腎小球的尿小管過程中，水份與被溶解在原尿內的一部份物質會再度被吸收，而被吸收的物質裏有一部份會再由尿小管排泄出來，在此過程中會使原尿的量大幅減少，而最後變成尿液排泄出來的量只有原尿的百分之一，一天約爲 1.5 ℓ。

經過這樣複雜的處理之後，會使身體內不需要的廢物及過多的物質被排出體外，而身體所必要的物質（糖分、鹽）會被適量吸收，並且能將血液的成份維持在一定的範圍內。例如身體健康時，原尿內的葡萄糖會全被血液回收，幾乎不會排到尿裡，相對的，體內的代謝物質尿素、肌酸酐等廢物皆會被排到尿中而排泄出去。如果應被排泄出去的尿素及肌酸酐沒有排出，而在尿中堆積，就會產生尿毒症。嚴重的尿毒症會引發意識模糊，全身痙攣的現象。

3 腎臟的組織構造

組織構造

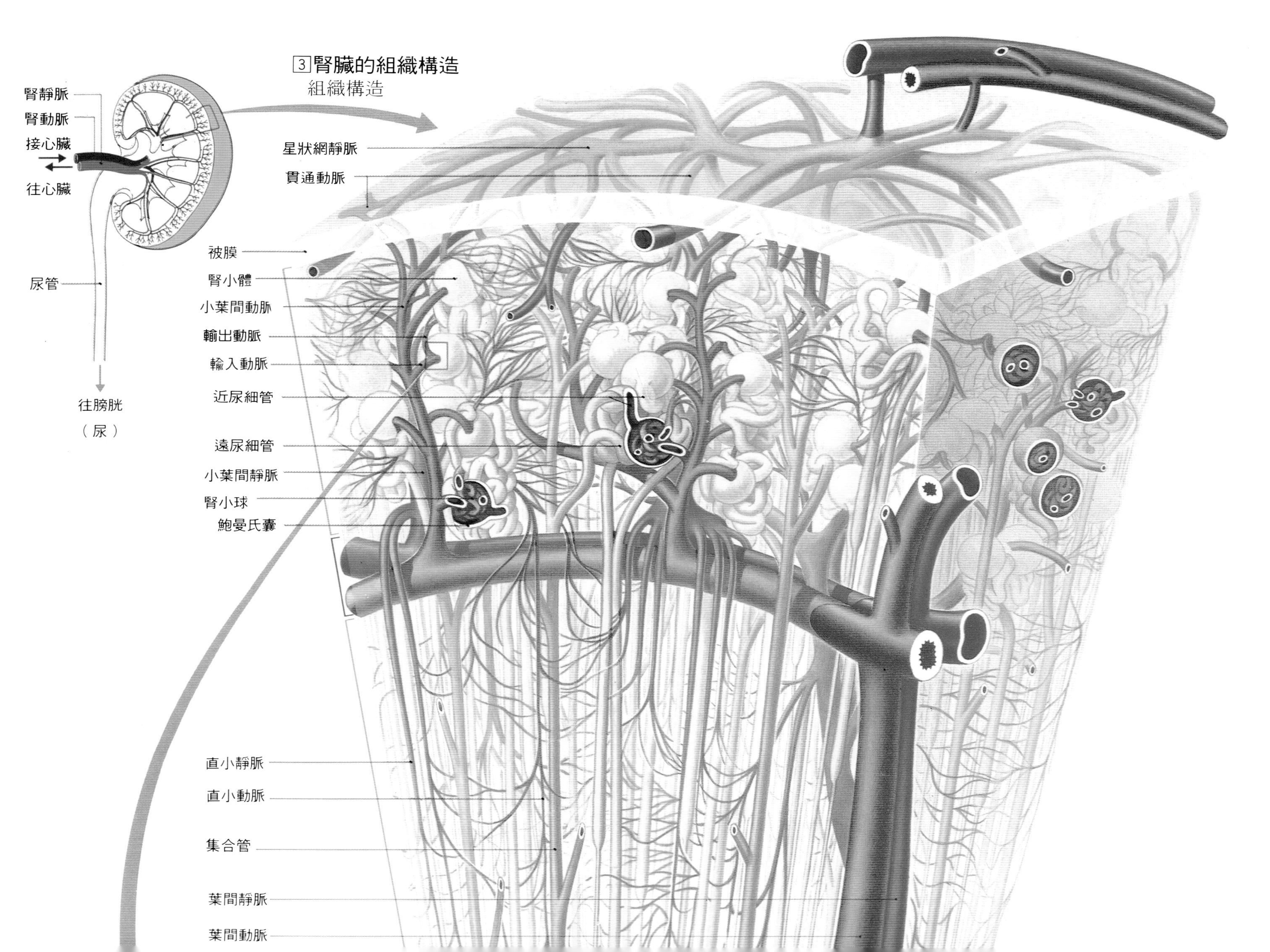

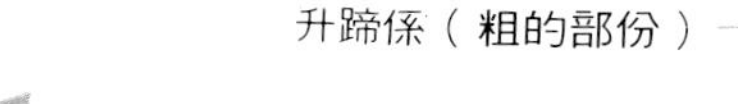

鮑曼氏囊及腎單位比實際大

2. 分泌凝乳酶的近腎小球細胞

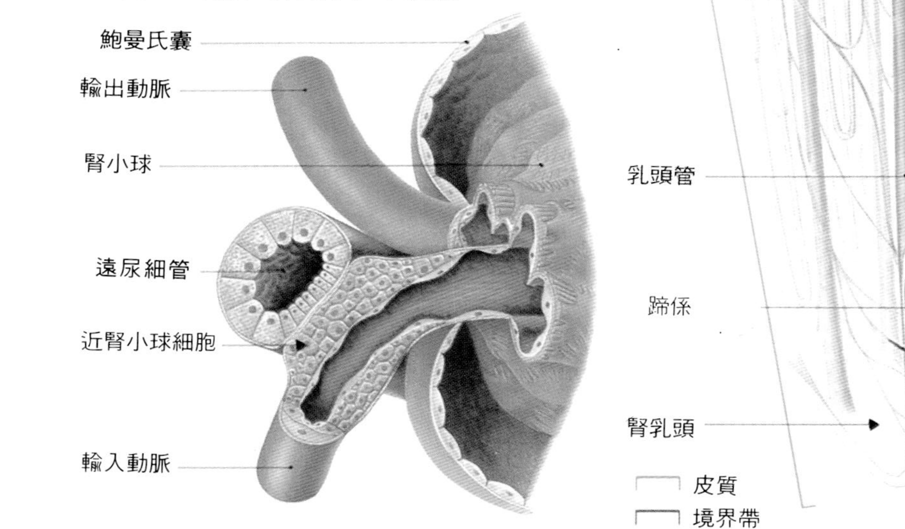

腎單位與尿的形成

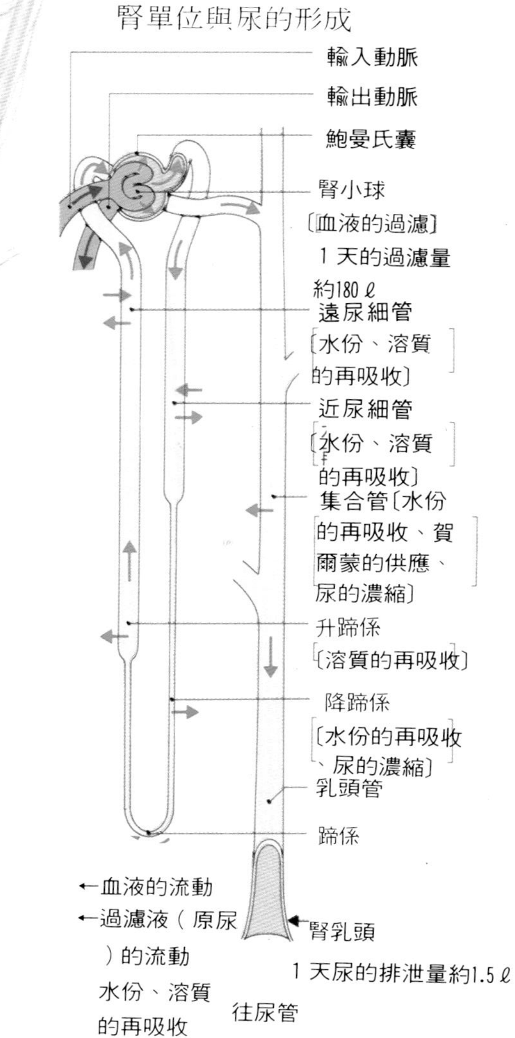

腎臟機能單位的腎單位，是由腎小體（鮑曼氏囊與腎小球）與尿細管（近尿細管、亨利氏攀、遠尿細管）所構成。1 條尿細管全長約10～20cm。幾個腎單位集合形成集合管。集合管不久變成乳頭管，以腎乳頭連接腎盞。

●腎臟的功能

腎臟在製造尿液的同時也擔任著調節血壓的重要任務。

【尿的形成過程】 腎組織內的腎小球，與包裹著腎小球的袋子（腎小球囊），及與腎小球連接的腎小管，是腎臟機能性單位（稱爲腎單位）。人的一個腎裏大約有一百多個腎單位，每個腎單位皆無法用肉眼看清楚，只能看到些微線狀向腎盂集中的情形。

腎小球是細小的動脈，有如纏線般纏繞著直徑約 0.2mm 的「過濾器」，會利用血壓從血管壁的細小洞中，將直徑 0.03um（紅血球直徑的$\frac{1}{250}$）以下的細小物質擠出，進行著物理性過濾。

將製造腎小球的微血管長度加起來，兩個腎臟共約 50km，總表面積約 $1.5m^2$。由腎小球所過濾的原尿，由腎小球囊進入細尿管。一條細尿管的全長約 10−20cm，往返穿梭於皮質與髓質中，其粗細並不一致，在未達到集合管之前不會分支。

尿細管的開端稱爲近尿細管，會再吸收原尿成份的 75 %，及三分之二的水份。尿細管的彎曲角亨利氏攀會進而吸收 5% 的水份與鈉，在到達集合管之前會再吸收 15% 的水份而形成尿液。

尿聚集在集合管中經過乳頭管、腎盂，由腎盂注入尿道。在這些水分及各種成份物質的複雜處理過程裏，是藉著醛巢酮、抗利尿賀爾蒙，以及各種賀爾蒙的作用來加以調節。

【血壓的調節】 腎小球裏微血管壁的傍小球細胞，會分泌一名爲凝乳酶的酵素，此凝乳酶會對血中特殊的蛋白質發生功能，製造出促使血管收縮的物質，會使血壓上升，而另外腎臟內也會製造出使血壓下降的物質，藉此二種功能，使血壓保持正常。

●主要疾病 腎不全、腎炎、腎病變，腎盂腎炎，腎結石、水腎症。

膀胱與尿道

- 膀胱　容量約300～450mℓ
- 尿道　男性長度約16～20cm，女性約 4 ～ 5 cm

1 男性的膀胱與尿道

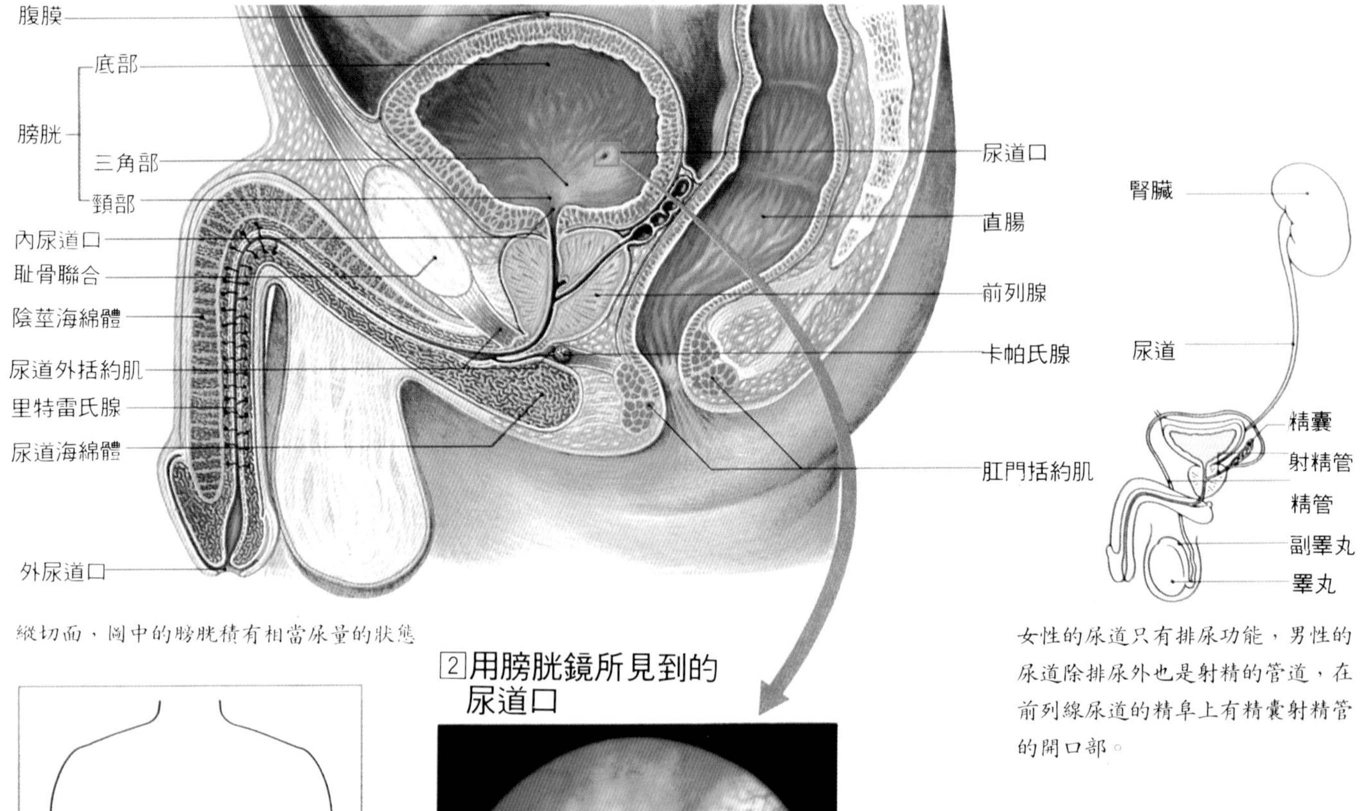

縱切面，圖中的膀胱積有相當尿量的狀態

女性的尿道只有排尿功能，男性的尿道除排尿外也是射精的管道，在前列線尿道的精阜上有精囊射精管的開口部。

2 用膀胱鏡所見到的尿道口

尿道在膀胱內的開口。在膀胱底部有兩個開口，尿道大約每隔 30 秒會收縮一次，排尿時將尿液自膀胱上噴出。

膀胱是將在腎內製造流經尿道的尿液加以暫時貯存的蓄水池。尿道是由膀胱將尿液排出體外的管道。

【位置】 沒有貯存尿液的膀胱，藏在恥骨背後，腹膜只蓋住膀胱的頭側部份。集尿之後會鼓起成球形，並順著腹壁向腹腔內擠壓。男性的膀胱背部是連接著直腸，女性則是連接著陰道前壁。

尿道在男性方面，是由膀胱的內尿道穿過前列腺，經過陰莖達到外尿道口，女性則是由膀胱筆直而下。

【大小、形狀】 膀胱在未聚集尿液時，呈底邊向上的三角形小酒杯形狀），容量約 300−450ml。

男性尿道從側面看彎成 S 形，長度約 16−20cm。女性則呈筆直狀長約 4−5cm。

【構造】 膀胱的最內側有黏膜層與血管、淋巴管、神經及黏膜下組織。接著是由內層與外層的縱走肌，中層的環狀肌（全是平滑肌）所構成的肌層。最外層則包裹著外膜。尿道是由內縱走肌、外環狀肌所形成的肌層所構成。

【功能】 膀胱在正常情況下，是積存尿液的蓄水池，通常在積存達 250ml 以上的尿液，這時人就會有尿意。排尿時的排尿反射是由膀胱壁延伸而來的刺激，及受到尿道的刺激所產生的尿道括約肌鬆弛，而促使膀胱肌肉收縮擠出尿液。此項反射也受到大腦皮質、腦幹及丘腦下部等中樞的影響。

●主要疾病 膀胱炎、膀胱腫瘍、膀胱憩室、膀胱脫、膀胱結石、脊髓膀胱、尿道炎、尿道腫瘍、尿道結石。

3 女性的膀胱與尿道

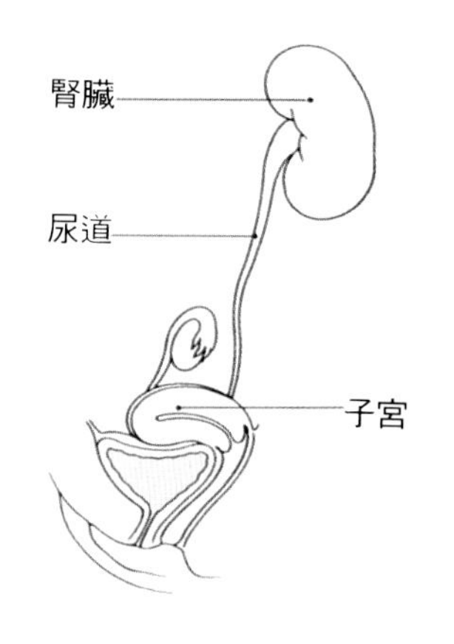

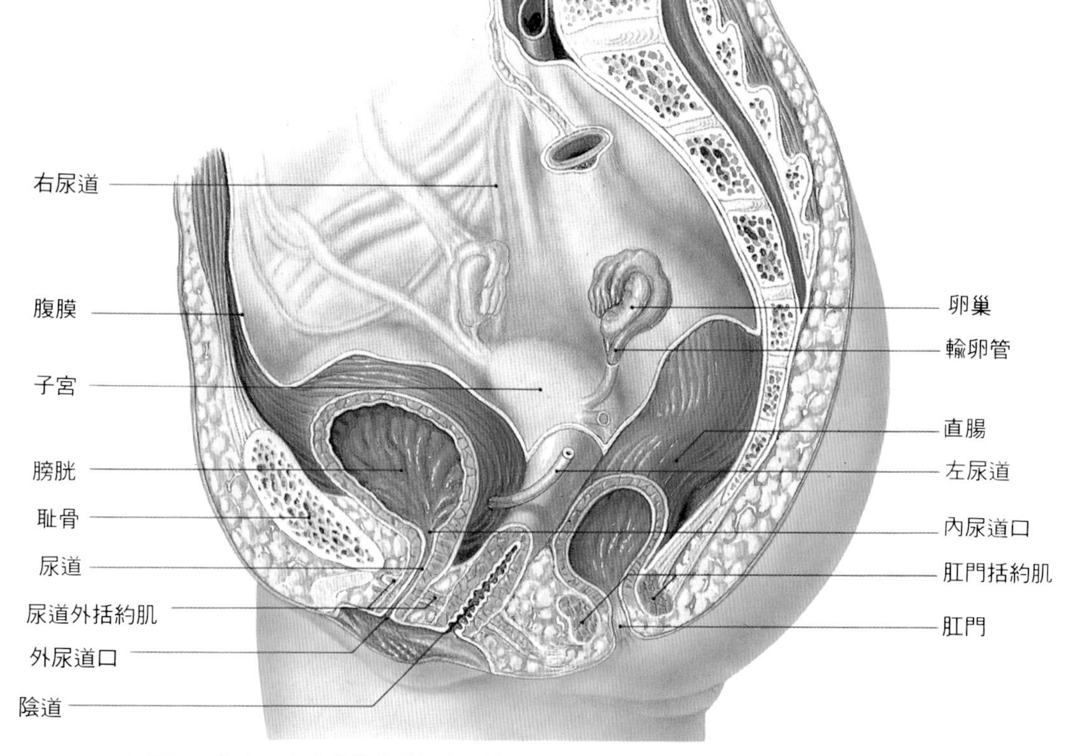

由橫切面來看，膀胱積尿時則如左圖所示呈酒杯的情形。

泌尿器官的主要疾病

【腎臟】

腎球體腎炎 ——主要是因感染到溶鏈菌，使腎小球體的過濾器受到侵害所引發的疾病，也可簡稱爲腎炎。此病一般是在扁桃腺炎之後發生，主要症狀有血尿、蛋白尿、浮腫、高血壓等。以未滿20歲的年青人罹患此病的比例最高，發病年齡越高，則越容易慢性化，所以必須早期治療。

腎盂腎炎 ——這是發生在尿道及膀胱上的感染，是腎盂甚至於腎組織擴大的疾病。此病以20–30歲的女性最容易罹患，50歲以後，男女皆有增加的趨向。其症狀有發燒、腎臟與腰部疼痛，以及不舒服感。

腎結石 ——在腎臟內出現由尿成份組成的尿石的疾病，以20–30歲的人發生率最高，男性比女性高2–4倍。患有腎結石時，腰部、側腹、背部都會有疼痛與不舒服感，劇痛時會有噁心、嘔吐、臉色蒼白、出冷汗等現象。

腎不全 ——致病原因是慢性腎病、休克、出血、長期下痢。腎不全可分爲慢性和急性，症狀有食慾不振、全身倦怠、想吐、嘔吐，還會有高血壓及貧血。情況惡化之後會變成尿毒症。近年來藉由人工透析的發達，危險性已大爲減低。

尿毒症 ——因腎臟排泄障礙，導致尿成份停滯而產生有毒物，以及水與電解質等調節都會失去平衡，另外也有因排泄、內分泌代謝等因素發生問題，而產生的症狀，此病的症狀有很多種，一般是從食慾不振、噁心、嘔吐開始。接著口中會產生潰爛，並放出尿毒症特有的阿摩尼亞臭味。另外還會出現皮膚疹、搔癢、手腳痙攣、失眠、心膜炎等症狀，如果不進行人工透析治療，數天到數個月之後就會喪失意識進而死亡。

腎病變症候羣 ——因腎臟疾病導致腎小球機能受損而產生的各種疾病。主要症狀是高蛋白尿與低蛋白血症、浮腫、血中膽固醇增加等。常發生在幼兒身上，但高齡者也會患此病。此病一開始會出現浮腫，時間一長便會時好時壞，長達數年之久。

【尿道、膀胱】

脊髓膀胱 ——因外傷、腫瘤等致使脊髓內控制排泄的神經受損，因而產生排泄障礙。由於損傷的部位、時間、程度各不同，所以會產生尿失禁、排尿困難、尿意低或無尿意等多種症狀。

尿道結石 ——尿道內形成尿石的症狀，大多是在腎臟所形成的結石運送到尿道，而有時也會從尿道本身形成結石。一般發生在尿道下方三分之一處，其症狀與腎結石大致相同。

膀胱炎 ——因細菌感染而發生在膀胱黏膜的發炎症狀。女性因尿道較短所以較容易患此病。患有此症狀時會感到尿急、排尿後會疼痛，及有殘尿感，同時尿液也有混濁的現象。

膀胱癌 ——大多發生在膀胱後壁、兩側壁與膀胱三角部。40歲以後患病率會增加，60–70歲以後，男性的患病率爲女性的數倍。此病伴隨有血尿、排尿痛、排尿障礙等症狀。

膀胱結石 ——在腎臟或尿道形成尿石送到膀胱而停留的結石狀態。有時膀胱本身也會形成結石，患此病會有下腹部疼痛、排尿次數增加、排尿後疼痛，排尿中途暫停，一會兒又排（二段排尿）。此疾病以50–60歲的人罹患率較高。

【尿道】

尿道炎 ——這是因與帶菌者性交而感染的疾病，有淋菌性與非淋菌性。淋菌性就是所謂的淋病，有外尿道口刺癢及膿尿現象，排尿時也會感到尿道痛。女性的症狀一般較爲輕微。而非淋菌性的尿道炎則是指淋菌性以外的男性尿道炎，佔急性尿道炎的三分之二，症狀比淋菌性輕，但卻較難治療。

男性生殖器官

- 陰莖　長約 8 cm（鬆弛時）
- 睪丸（精巢）
- 精囊　長約 5 cm，寬約 2 cm，厚約 1 cm
- 前列腺　長約2.5cm，寬約 4 cm，厚約1.5cm，重約20 g

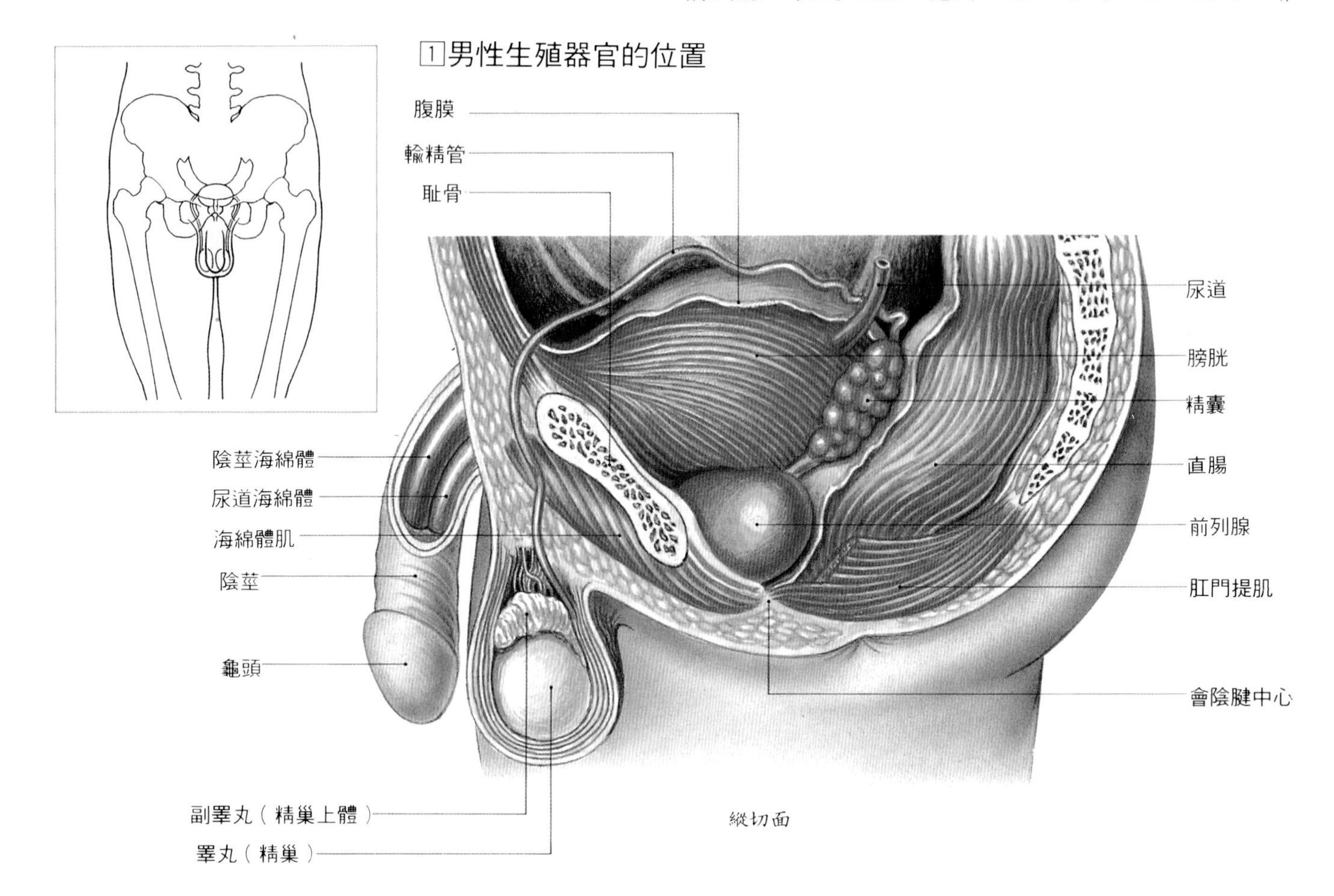

這是製造男性生殖細胞精子的器官，分爲外性器官與內性器官。內性器官中有睪丸、副睪丸、精管、精囊、射精管、前列腺，外性器官有陰莖、陰囊。

【位置】　陰莖在左右坐骨、恥骨的三角部分上，由陰莖根固定，突出於恥骨下方的外部。陰囊在陰莖後面的下方，裏面有左右各一的睪丸及副睪丸。

副睪丸位在睪丸的上方，由此所延伸出去的輸精管通過腹股溝部進入骨盤內，通過腹膜進入腹腔內。到達膀胱下方的輸精管壺腹擴大之後進入前列腺內成射精管，在尿道開出左右不同的口。在膀胱後下方，前列腺後上方，有一對細長紡錘形精囊。

【構造、功能】【睪丸】　長約 4–5cm，呈稍微扁平的卵形。在初期胎兒時，睪丸會從腎臟附近隨著成長而逐漸下降，出生時則藏在陰囊內。睪丸伸長後長度可達 1m 的長精曲小管，此管在睪丸內多達一千條，到了青春期會製造精子。精子經過精曲小管會被送到副睪丸內。位在滿是精曲小管空間的間質組織間細胞，會分泌男性賀爾蒙（睪丸素）。

【副睪丸】　伸長後長度可達 6m 的長管，屈曲且疊集於此。由睪丸送來的精子會在此貯存 10–20 天。

【陰莖】　東方人平均的長度（鬆弛時）是 8cm。這是由柱狀陰莖體所構成，其前端爲龜頭。陰莖體是由背面的一對陰莖海綿體，及下方的尿道海綿體所構成。每個海綿體皆包著白膜。尿道海綿的中軸有尿道通過，在龜頭有尿道口。

海綿體是由呈網狀交錯的無數小柱與靜脈腔所構成，由陰莖動脈與深動脈將動脈血依序送入靜脈腔中，使容量增加而強大，這就是俗稱的勃起。

【精囊】　成人約 10–15cm^3 的袋狀體。內部分爲多個小室會製造促進精子運動的液體（精液）。

【前列腺】　成人約 20g。形狀呈栗子狀，偏中央前方通過尿道，而有斜向通過的左右射精管在尿道開口，會分泌出促進精子運動的液體，這是精液的一部份。

●主要疾病　性行爲感染症、前列腺肥大、前列腺癌、陰囊水腫、包莖、陽萎。

2 男性生殖器官的構造

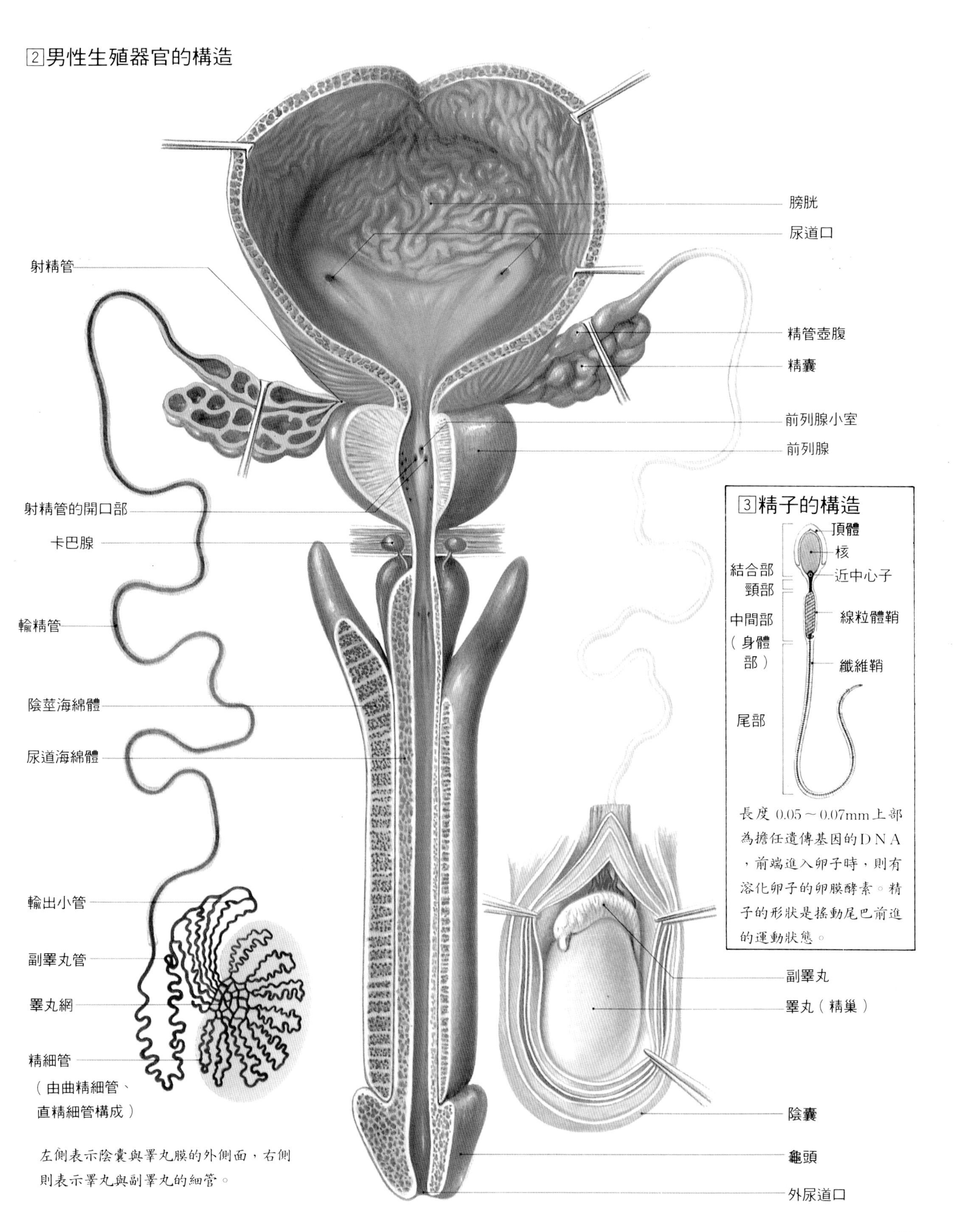

長度 0.05～0.07mm 上部為擔任遺傳基因的ＤＮＡ，前端進入卵子時，則有溶化卵子的卵膜酵素。精子的形狀是搖動尾巴前進的運動狀態。

左側表示陰囊與睪丸膜的外側面，右側則表示睪丸與副睪丸的細管。

女性生殖器官

- 子宮　長約 7 cm，最大寬約 4 cm，厚約2.5cm（非懷孕時
- 輸卵管　長約10～12cm
- 卵巢　長約2.5～4.0cm，寬約1.2～2.0cm，厚約 1 cm
- 陰道　長約10cm

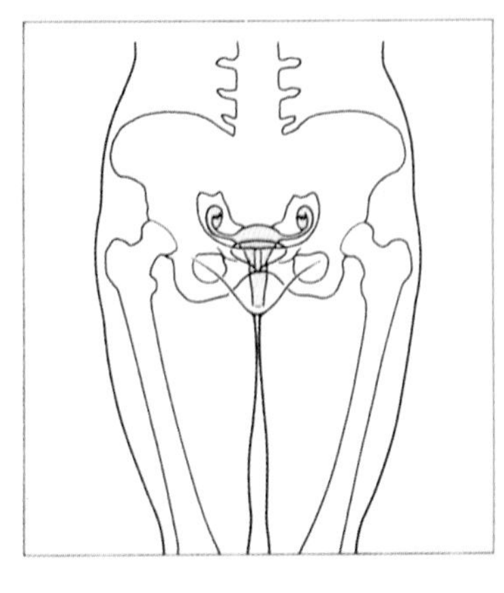

2保持子宮的韌帶

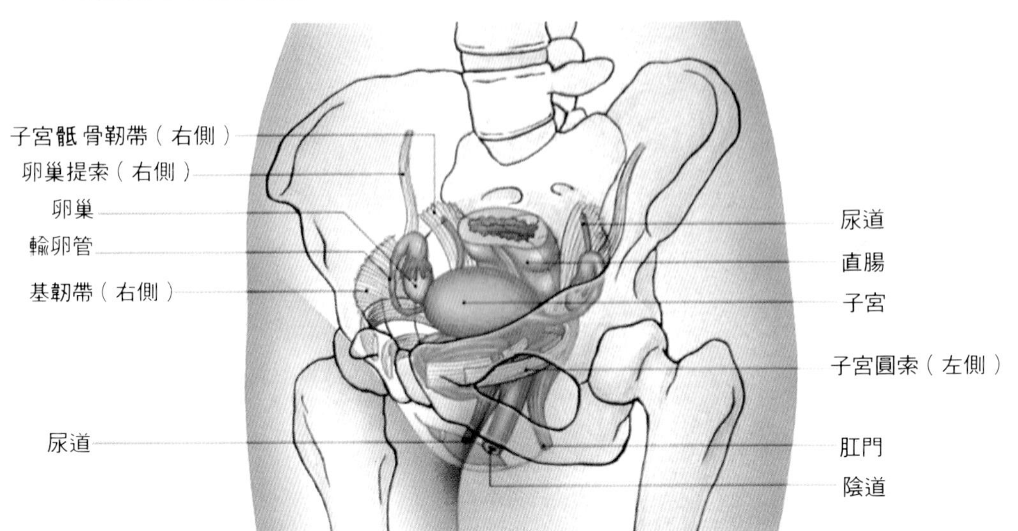

1女性生殖器官的位置

5由後方所見的實際大小的內性器

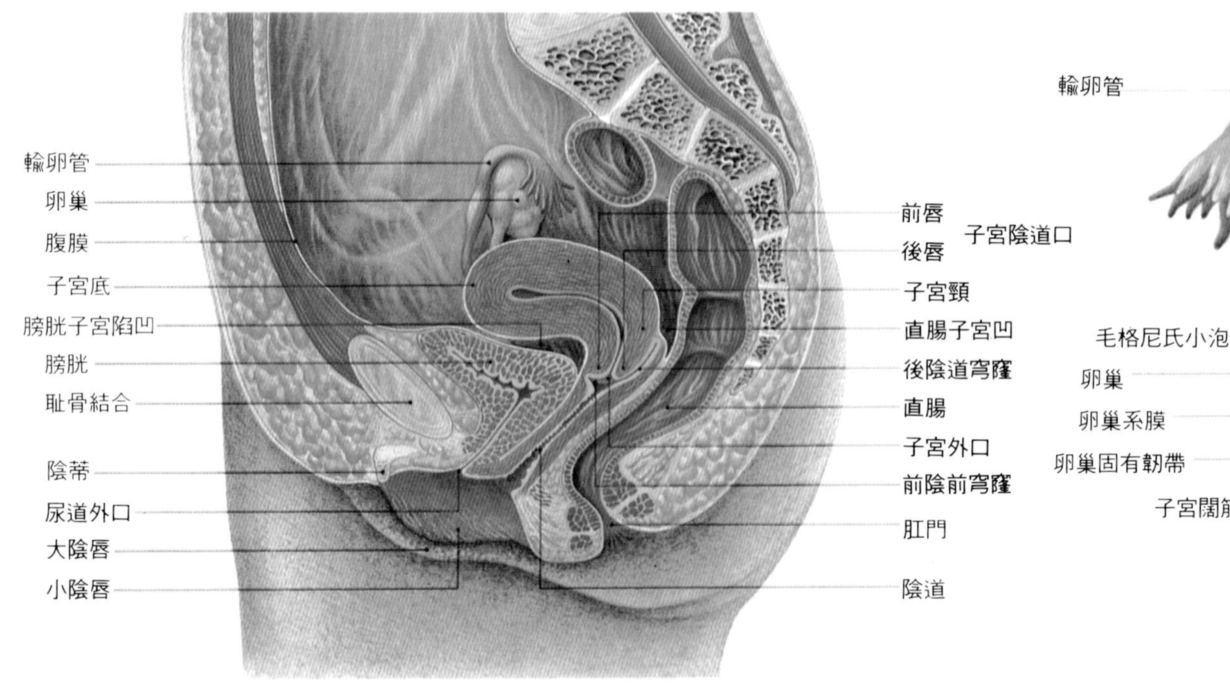

縱切面

這是受精、育成胎兒、分娩等爲了傳宗接代所進行上述大工作的器官，分爲內性器官與外性器官。

●內性器官——子宮、輸卵管、卵巢、陰道

【子宮】　在小骨盤內，位在直腸腹側，如蓋著膀胱般向前彎曲。其形狀如同由前後用力壓成平狀的茄子形。頭部帶圓形是子宮體底部，細長部是子宮頸。由前面所看到的子宮內腔，在縱切面上有如鷄尾酒杯底邊朝上的兩等邊三角形，底邊的兩角地方有輸卵管開口，而相當於酒杯脚的部份是子宮陰道部。

子宮是由一厚超過 1cm 的肌層（平滑肌）袋狀物，裏面舖著內膜（黏膜），肌纖維主要繞著子宮的長軸，因其纖維呈斜線交叉，所以即使在懷孕子宮變大時也不會破裂。子宮頸部不同於子宮黏膜，即使在月經週期也不會剝離，並且會分泌鹼性黏液，以防止陰道感染。

【輸卵管】　由子宮的兩個輸卵管口向左右外側延伸。其形狀有如蚯蚓般粗細，長約 10−12cm。接近輸卵管外側處擴展成喇叭狀，這便是輸卵管壺腹。其次，其外側的終端形成環狀深溝的是輸卵管繖，與卵巢相對。

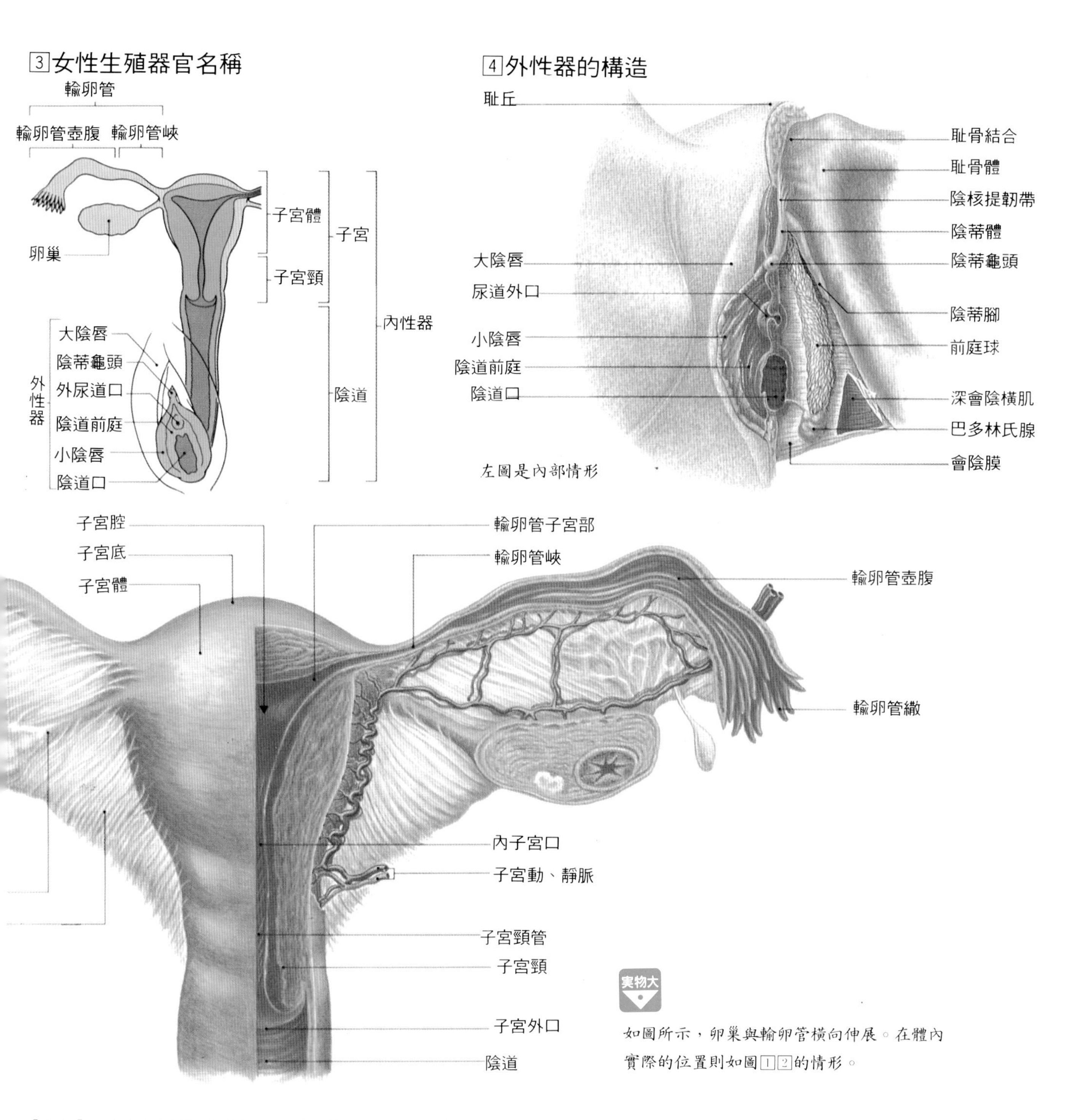

如圖所示，卵巢與輸卵管橫向伸展。在體內實際的位置則如圖①②的情形。

【卵巢】 接在骨盤腔側壁上，在輸卵管的正下方，左右各一。（大小、功能、構造，參照 81 頁）

【陰道】 連接子宮頸部及外陰部的肌性管子，長約 10cm，位在尿道與直腸之間，平常因黏膜的皺襞而變狹窄。陰道內常保酸性有助於預防感染。

●外性器——陰核、陰道前庭、小陰唇、大陰唇

陰核的背側有左右各一的小陰唇，而由外側又蓋著大陰唇。陰道前庭的腹側有外尿道口，背側爲陰道口，與陰道口交界的陰道前庭皺襞便是處女膜。

陰核相當於男性的龜頭，內部有陰核海綿體，及陰部神經小體。小陰唇相當於男性陰莖的皮膚，無汗腺，富含黑色素。大陰唇相當於男性陰囊，是富有皮下脂肪的厚皮膚皺襞。陰道前庭有巴多林氏腺（大前庭腺）與小前庭腺，會分泌黏液。

6 卵巢的構造

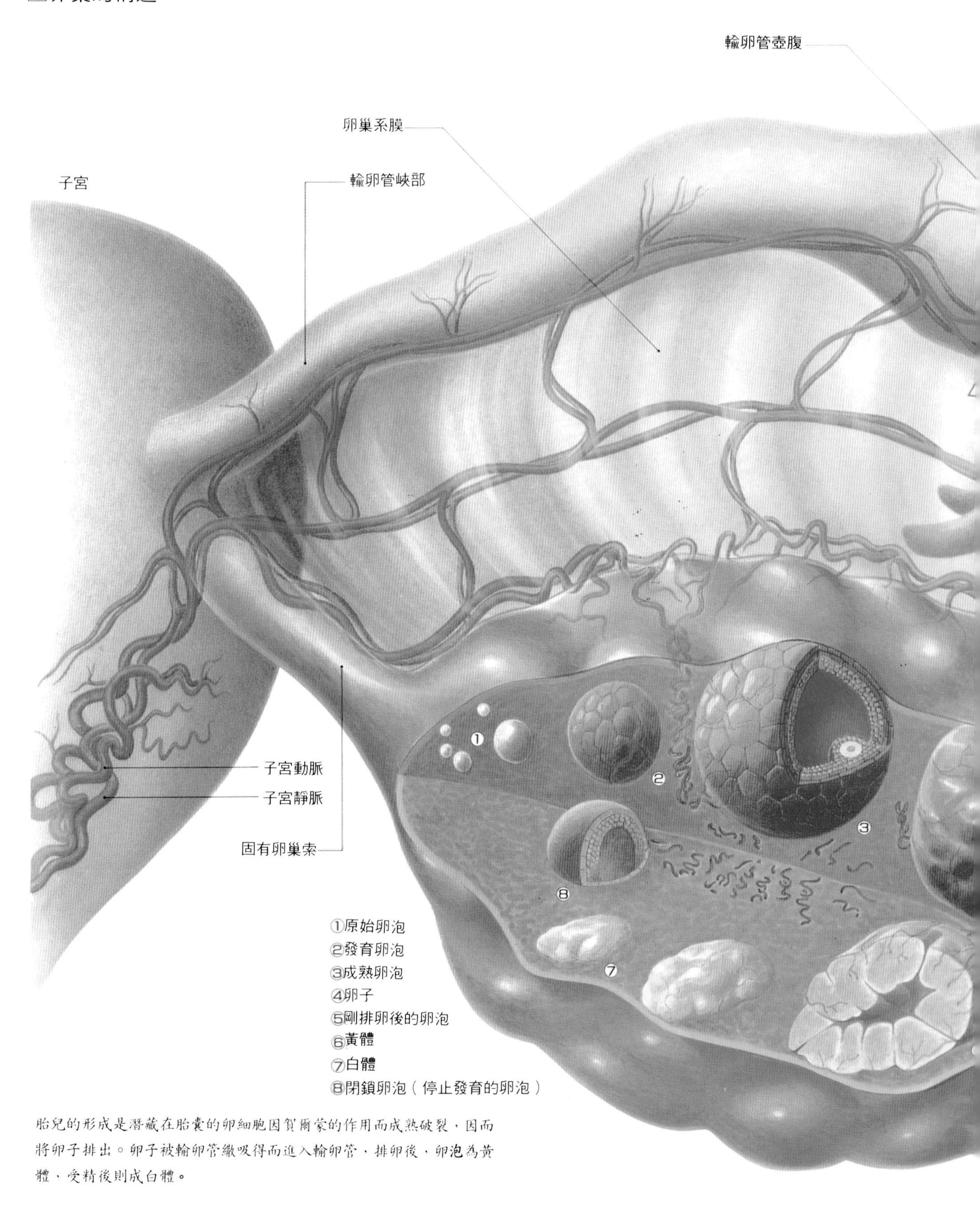

胎兒的形成是潛藏在胎囊的卵細胞因賀爾蒙的作用而成熟破裂，因而將卵子排出。卵子被輸卵管繖吸得而進入輸卵管，排卵後，卵泡為黃體，受精後則成白體。

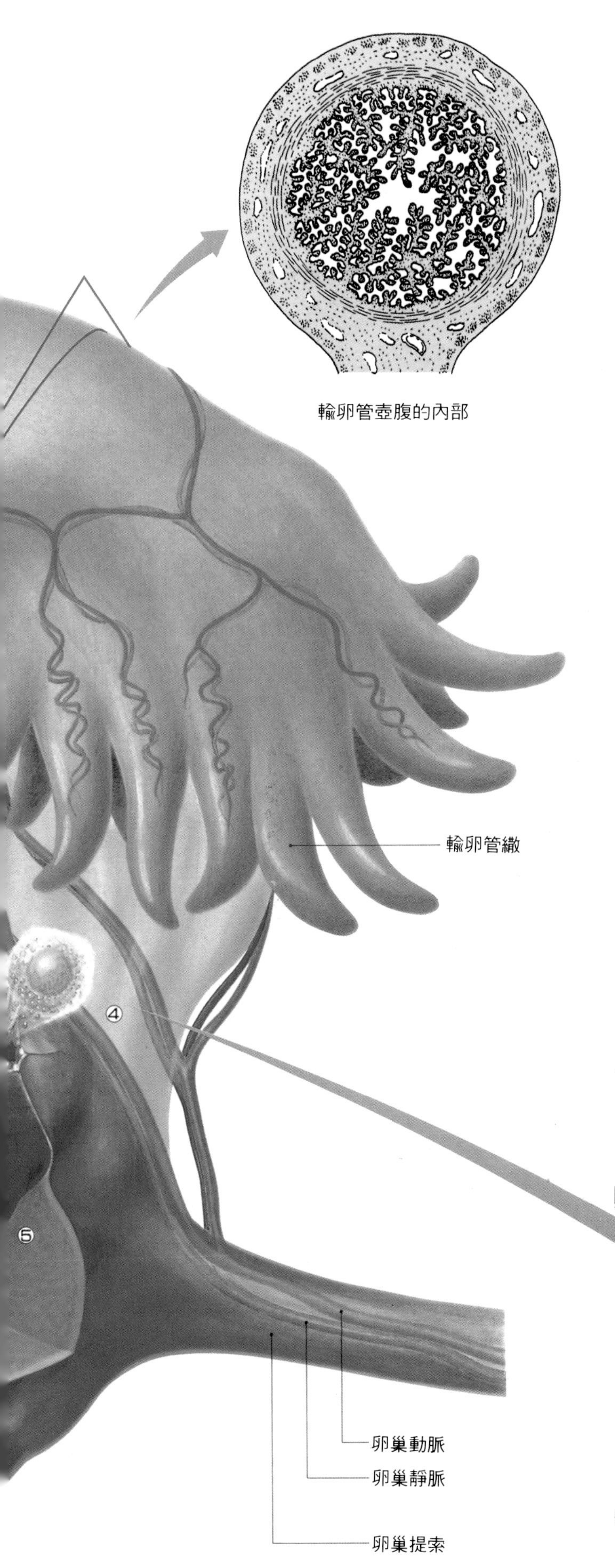

●卵巢的任務與功能

【形狀、大小】 卵巢呈前後扁平形，於子宮兩側各有一個。成熟的卵巢長約 2.5～4.0cm，寬約 1.2～2.0cm，厚約 1cm，重約 6g。依性週期卵泡（內有卵子）的發育也會有所改變，卵泡也會因妊娠而形成黃色體，這時其表面就會呈凹凸狀，隨著年齡的增加，卵巢會收縮，而在表面上覆蓋著皺襞。

卵巢是由連接子宮後側壁的卵巢固韌帶，以及連接骨盤腔壁的卵巢提索與卵巢間膜所共同支持，但其可動性極大。

【構造】 環繞著中心部脊髓的是皮質，外側則包裹著白膜與腹膜。脊髓內有出入卵巢的動脈、靜脈、淋巴管與神經、結合組織等。皮質佔了整個卵巢的一半以上，在皮質內有各種成熟階段的卵泡與發生變化的黃色體與白色體等。

【功能】 卵巢除了會培養出屬於女性生殖細胞的卵子（包裹著卵子的球狀細胞集團稱為卵泡），並在排卵時也會排出各種賀爾蒙。這些功能會隨著年齡增加而逐漸減弱，到了更年期時就完全停止。女性的卵巢相當於男性的精巢（睪丸）。

卵巢內經常有數個一次卵泡（原始卵泡），受到來自下垂體的賀爾蒙（卵泡刺激賀爾蒙與黃色體形成賀爾蒙）的刺激，就會發育成二次卵泡（發育卵泡）。此發育卵泡會繼續成熟，成為直徑 2cm 的成熟卵泡，然後藉黃色體形成賀爾蒙的作用而破裂並排出卵子，這就是俗稱的排卵。此功能由左右卵巢交互進行。

排出卵巢外的卵子經過腹腔內，由輸卵管繖進入輸卵管內。一位女性一生之內所排出的卵子數約為五百個。排出卵子後卵泡會暫時縮小，而後再經黃色體形成蒙爾蒙的刺激而成長變成黃色體。沒有受精的黃色體會變小成為白色體，妊娠之後就會保持原狀並分泌出各種賀爾蒙。

●主要疾病 子宮肌瘤、子宮內膜炎、輸卵管炎、卵巢炎、陰道炎、子宮癌、子宮外妊娠、妊娠中毒症。

7 卵子的模型

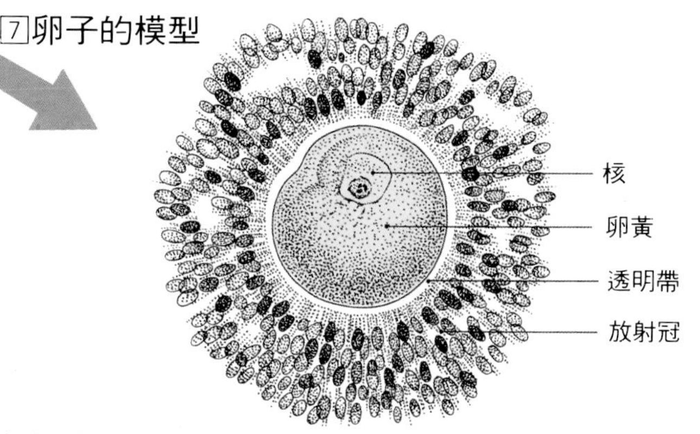

卵子的大小約為直徑 0.07～0.17mm的球形，是人體內最大的細胞，肉眼可看見。卵黃與核構成透明膜與放射冠的並列細胞。

月經的過程

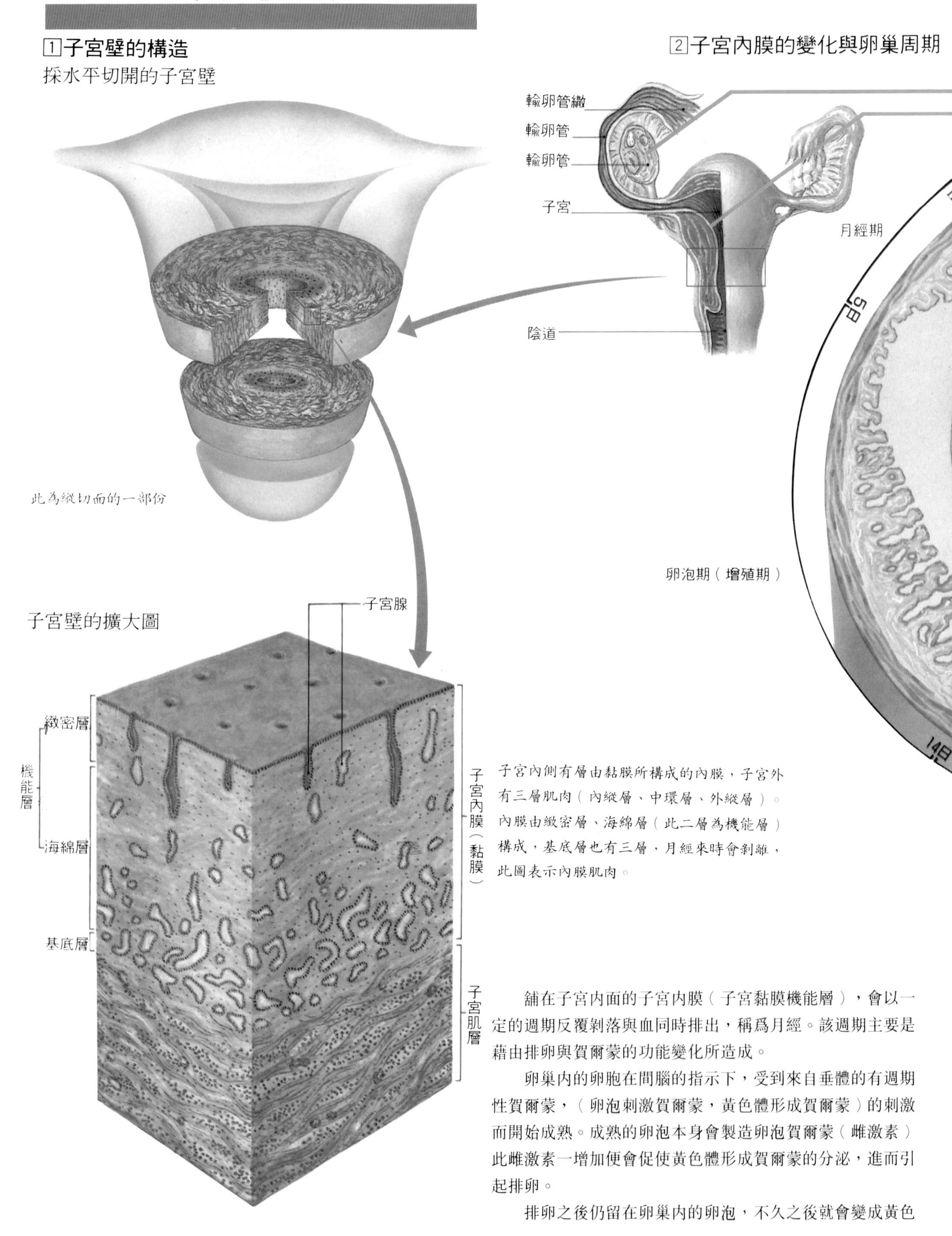

子宮內側有層由黏膜所構成的內膜，子宮外有三層肌肉（內縱層、中環層、外縱層）。內膜由緻密層、海綿層（此二層為機能層）構成，基底層也有三層，月經來時會剝離，此圖表示內膜肌肉。

舖在子宮內面的子宮內膜（子宮黏膜機能層），會以一定的週期反覆剝落與血同時排出，稱爲月經。該週期主要是藉由排卵與賀爾蒙的功能變化所造成。

卵巢內的卵胞在間腦的指示下，受到來自垂體的有週期性賀爾蒙，（卵泡刺激賀爾蒙，黃色體形成賀爾蒙）的刺激而開始成熟。成熟的卵泡本身會製造卵泡賀爾蒙（雌激素）此雌激素一增加便會促使黃色體形成賀爾蒙的分泌，進而引起排卵。

排卵之後仍留在卵巢內的卵泡，不久之後就會變成黃色

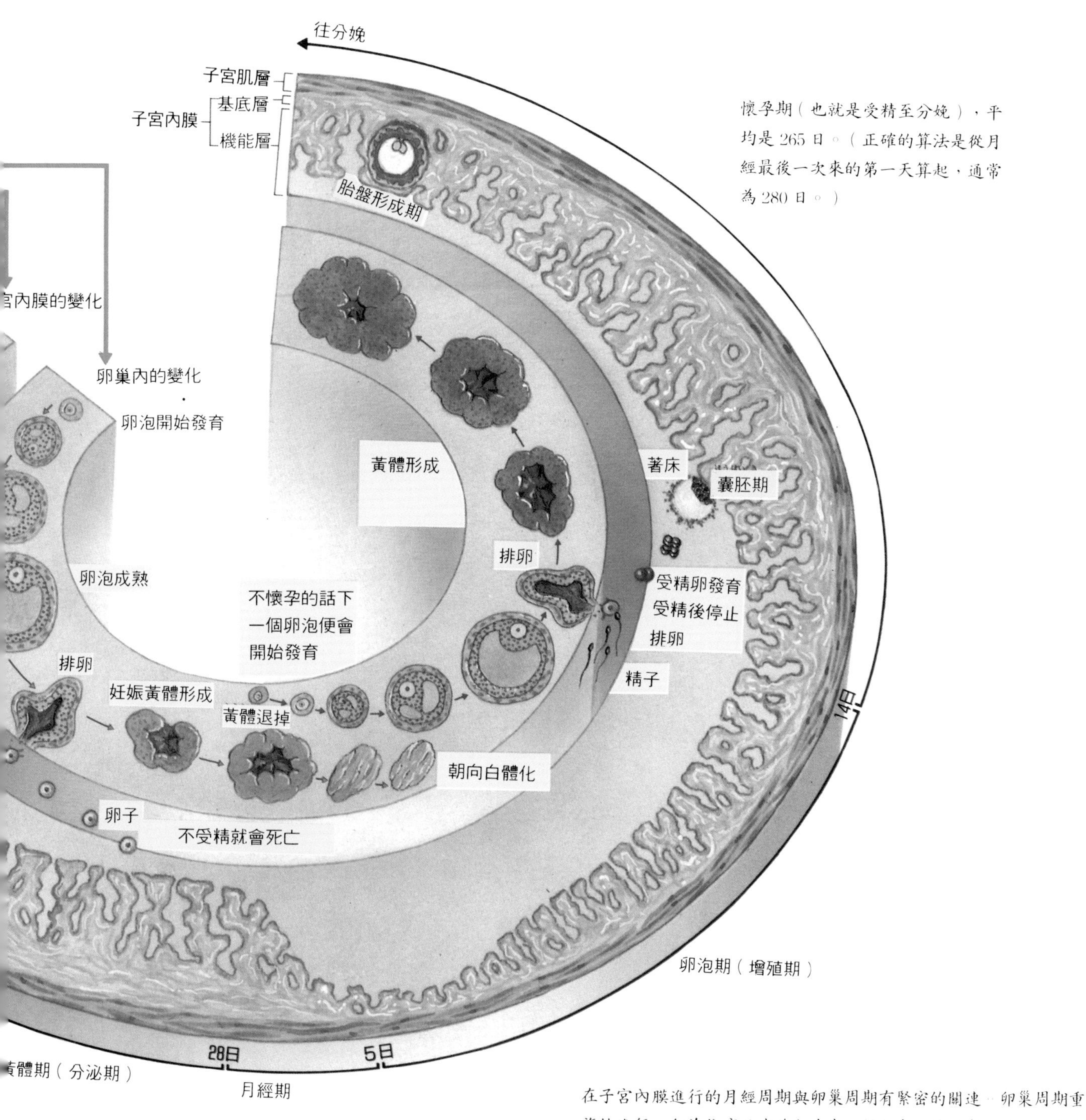

懷孕期（也就是受精至分娩），平均是 265 日。（正確的算法是從月經最後一次來的第一天算起，通常為 280 日。）

在子宮內膜進行的月經周期與卵巢周期有緊密的關連。卵巢周期重複的進行，卵泡依序發育為卵泡期、排卵期、黃體期。月經結束即黃體期結束，此時則又有新卵胞發育出，因排卵受精而懷孕時，卵泡即形成姙娠黃體，月經與排卵也在此時停止，直到姙娠結束。

體，分泌出黃色體賀爾蒙（孕酮）。排出的卵子進入輸卵管裏，若無受精就會死亡而被吸收掉。其次黃色體也會萎縮成白色體，黃色體賀爾蒙的分泌也會隨著變成白色體而減少。

當卵巢的賀爾蒙分泌旺盛時，子宮內膜的表面（子宮黏膜機能層）就會快速增殖發達。而賀爾蒙分泌減少後，內膜機能層上的特殊血管系統就會發生變化，使得血液供給停止，機能層壞死剝落，但在黏膜深處的基底層並無此特殊血管，不會對賀爾蒙的增減產生反應，所以也不會剝落。

隨著賀爾蒙增加有一個月的增值期，經過分泌期的黏膜機能層會因賀爾蒙減少而剝落，並與血一起排出，這便是月經。

來自卵巢的排卵週期約 28–30 天。正常的月經週期（月經開始的第一天到下一次月經開始的第一天）約爲 25–38 天。。正常的月經出血量約爲 20–120ml，平均爲 50ml。

妊娠的發生

【從受精到著床】 藉由性交而射出精子，以每分鐘 2–3mm 的速度，由陰道經子宮陰道部進入輸卵管，經數小時至數十小時後，就會到達與卵子碰面的輸卵管壺腹。在這同時，由卵巢排出的卵子也會被卵巢繖抓住送至壺腹內與精子見面而受精。

一般而言，精子射出後的 30 小時與 3 天內都有受精能力，而卵子在排出後 24 小時就會死亡。

受精卵在受精之後，便會開始呈倍數分裂而成長，並藉由輸卵管黏膜的纖毛運動，與輸卵管壁的蠕動運動來運送，大約在 3–4 天後就會到達子宮，接著就會著床於形成新血管與分泌黏液的子宮內膜上，所以卵子在受精後，大約經 6 天的時間才會完成著床。受精卵進入子宮時，會變成 64–128 個細胞集合體，在著床時內部會形成胞胚。

【胎盤的形成】 受精卵在著床於子宮後不久，會由受精卵與子宮內膜的兩側製造出胎盤。胎盤的形成從受精後約 5 週開始，於 13 週完成，而會一直發育到妊娠 8 個月左右。

胎盤爲了胎兒的成長，會從母體的血液中吸取必要的氧氣與養份，並且當母體發生異常時，還具有保護胎兒的功能，另外，胎盤還會分泌使妊娠正常的必要輸卵管。胎盤是有許多微血管的海綿狀器官，到了懷孕末期約重 500g 直徑 15–20cm，厚約 1.5–3.0cm 的圓盤狀物。

【子宮的擴張】 沒有懷孕的子宮是藏在小骨盤腔內，懷孕 4 個月後子宮便從小骨盤腔內上推至腹腔內，而子宮體會碰到前腹壁。子宮在懷孕前長約 7cm，重約 40–45g，到了懷孕末期便成長約 36cm，重約 1kg。僅僅 9 個多月，子宮腔的寬度就成長至原來的 2500 倍，佔據了腹腔內大部份的空間。

●主要疾病 子宮外妊娠、胞狀畸胎、前置胎盤。

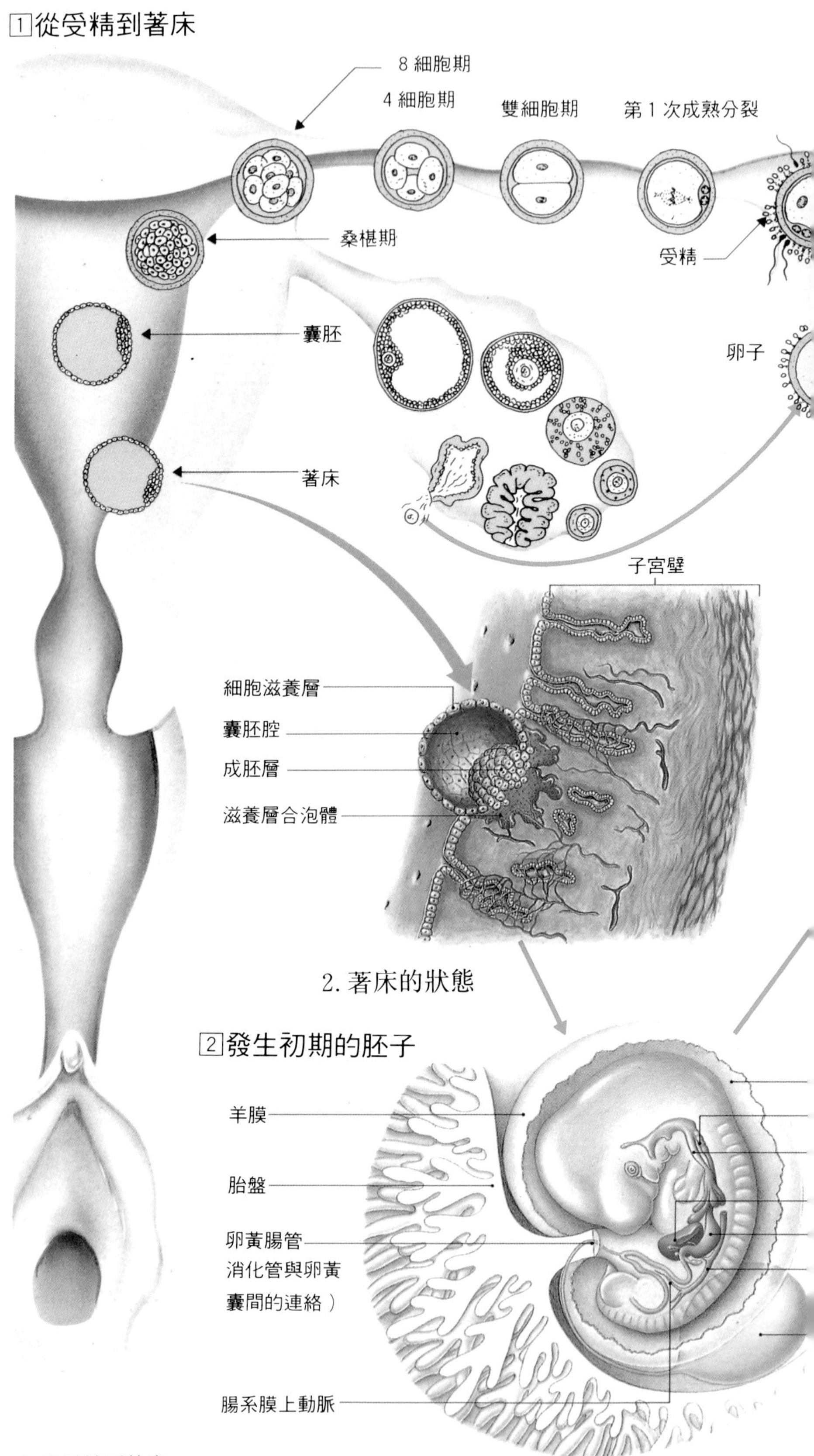

1. 從受精到著床的卵子變化

從受精後的 2～8 週形成胚子，9 週後成為胎兒，而身體的主要器官於胚子時則已形成。

3 胎兒與胎盤

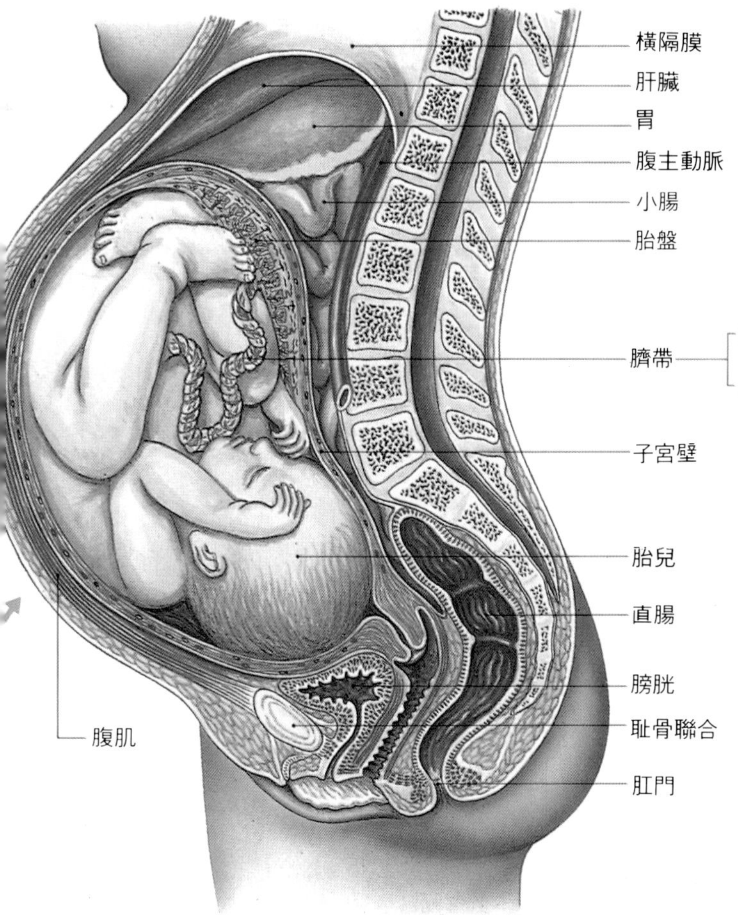

橫隔膜
肝臟
胃
腹主動脈
小腸
胎盤
臍帶
子宮壁
胎兒
直腸
膀胱
恥骨聯合
肛門
腹肌

4 胎盤的構造

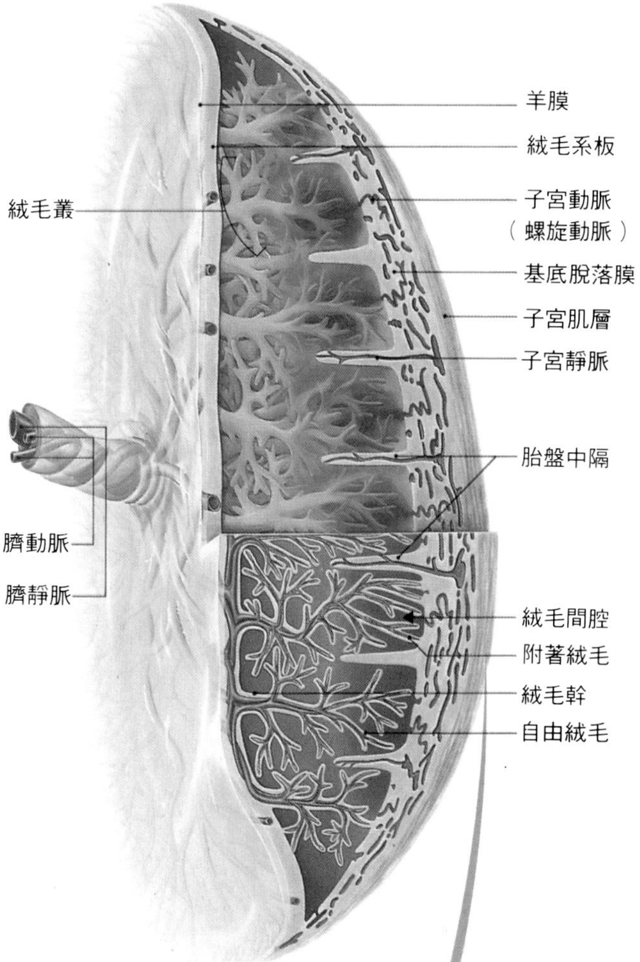

羊膜
絨毛系板
子宮動脈（螺旋動脈）
基底脫落膜
子宮肌層
子宮靜脈
胎盤中隔
絨毛叢
臍動脈
臍靜脈
絨毛間腔
附著絨毛
絨毛幹
自由絨毛

上圖表示胎盤的下半部絨毛叢內的血管。在胎兒內失去的氧氣的血液會流入動脈，富有氧氣的營養血液則流向靜脈。動脈以藍色、靜脈以紅色表示。

羊膜腔
食道
氣管
肝臟
胃
腹主動脈
卵黃囊

5 胎盤內的血液循環

胎兒的血液由胎盤絨毛流入胎兒血管內循環，母體的血液從胎盤的絨毛間腔輸入，並不直接與胎兒交流。胎兒血管的內膜，絨毛間質與絨毛上皮的三細胞層間是進行氣體與物質交換的場所。→動脈血，→靜脈血的流動。

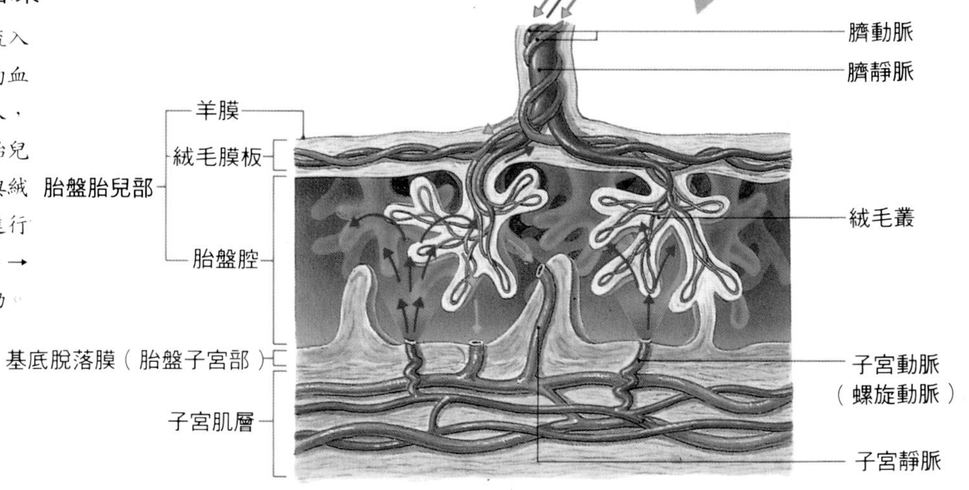

臍動脈
臍靜脈
羊膜
絨毛膜板
胎盤胎兒部
胎盤腔
絨毛叢
基底脫落膜（胎盤子宮部）
子宮動脈（螺旋動脈）
子宮肌層
子宮靜脈

生殖器官的主要疾病

【男性生殖器】

陰囊水腫 ——包裹著睪丸的薄膜之間累積許多水的狀態，發生原因不明。其症狀是陰囊會紅腫變大。常見於新生兒與高齡者的有特發性陰囊水腫、睪丸炎及交感性陰囊水腫。

愛滋病（AIDS）——爲全身性疾病。

睪丸炎 ——主要是受到大腸菌與連鎖球菌的感染，致使睪丸發炎的症狀。患此病時局部會疼痛、瘀血、紅腫，並且會發高燒。表面可見到許多點狀出血，一般皆利用抗生素治療。

前列腺癌 ——發生於前列腺組織上的惡性腫瘤，以高齡者居多。特別的症狀有排尿困難、頻尿、血尿、腰及下肢疼痛等。

前列腺肥大症 ——由於前列腺的內腺性或肌纖維性肥大，壓迫到後方尿道致使排尿困難的症狀。高齡的男性多少會出現前列腺肥大症的良性變化，但偶而卻會產生因尿道閉塞而造成排尿障礙及腎機能障礙。

副睪丸炎 ——主要是因感染大腸菌、葡萄球菌，致使副睪丸發炎的症狀。急性者會感到疼痛、陰囊紅腫、發燒。症狀嚴重時會發高燒，並出現寒冷、發抖等症狀，而也有不會疼痛，但從一開始就演變成慢性的情況。

包莖 ——龜頭包在包皮內無露出外面的狀態。這是由於包皮前端狹窄導致龜頭無法出頭，此情況稱眞性包莖。另一種是人爲的時候或勃起時龜頭可露出，稱爲假性包莖。有包莖的男性易發生龜頭包皮炎。

【女性生殖器】

外陰疱疹 ——外陰部的小陰唇與大陰唇出現許多小疱疹，會引起劇痛。這是因單純性疱疹濾過性病毒所引起的，主要是通過性交所感染。疱疹出現數天之後會乾燥而自癒。男性感染此症後在陰莖前端會有疱疹，但幾乎不會感到疼痛。

月經困難症 ——這是伴隨到月經而產生的症狀（下腹部疼痛、頭痛）此症有因子宮發炎而引起（器官性月經困難症），與不是因病造成的（機能性月經困難症）。後者以年輕女性居多，都是因賀爾蒙的影響及精神因素所造成的。

月經前症候羣 ——從月經開始的3–10天左右，會發生精神及身體上的各種症狀，而且每個月反覆發生，但隨著月經過後，症狀就會消失。此症狀有頭重、頭痛、易發怒、心悸、浮燥等現象，另外在身體方面則感到下腹部滿脹、疼痛、乳房脹痛、浮腫等。以30–40歲的患者居多，大多是因精神壓力所造成。

更年期障礙 ——出現在閉經前後（更年期）的各種不定愁訴症狀，主要爲肩痛、腰痛、頭痛、心悸、倦怠感、熱感、健忘等。大多是因心因性所造成，身體上並無任何疾病。

子宮外孕 ——受精卵著床於子宮腔以外的情形，初期並無任何症狀，而當卵子發育之後就會發生輸卵管流產，輸卵管破裂，嚴重者會出現下肢劇痛、失血，有不少子宮外孕者必須採緊急手術。

子宮癌 ——發生在子宮的癌症。分爲子宮頸癌與子宮體癌，東方女性有95%的子宮癌屬於子宮頸癌。此病初期並無症狀，但性交之後便會出現不正常的性器官出血。

子宮肌瘤 ——這是最常見的婦科疾病，子宮壁的肌肉層細胞會異常增殖，屬於良性腫瘤，以30–40歲的患者居多，青春期與更年期之後的發生率低。子宮肌瘤會形成一個或數個大小有如拳頭的腫瘤。患此症會導致不正常性器官出血、月經期間延長、經血量增加等症狀，並因此而引起貧血。

子宮頸息肉 ——在子宮頸長出有如蘑菇狀有莖的良性腫瘤。大多並無症狀，但有時會輕微出血，即使割除也會再生。

子宮內膜炎 ——在子宮內膜（子宮內部黏膜）感染到細菌而發炎的疾病，主要發生原因是流產，及子宮內插入避孕器所致。輕者沒有症狀會自然痊癒，嚴重時會發生下腹部疼痛、發燒、流膿等症狀。

子宮內膜症 ——子宮內膜每個月在月經時都會反覆剝落出血，而子宮內膜症則是此內膜組織發生於子宮以外的地方（卵巢及子宮四周圍組織等），在月經時出血，並發生強烈腹痛，及周邊黏合。主要症狀有月經困難及不孕症等。

絨毛癌 ——構成胎盤一部份的上皮細胞癌化。異常妊娠，尤其是胞狀畸胎者最易發生此病。此癌細胞很容易移轉到其他部位（特別是肺、腦）。症狀有無月經、不正常性器官出血、下腹疼痛等。

前置胎盤 ——應附著在子宮底部（子宮中、底部）的胎盤，附著在子宮口附近的症狀。當子宮內膜發炎後便很容易罹患此症。患此症者會使胎盤早期剝離，造成死胎及早產兒。

胎盤機能不全 ——胎盤供給胎兒的營養與氧氣發生不平衡的情形稱爲胎盤機能不全。罹患此症時會使胎兒發育遲緩，羊水減少，子宮變大速度減緩。當母體發生妊娠中毒症、糖尿病、慢性腎炎、心臟病，甲狀腺病時便易患此症狀。藉測定母體尿液中的雌三醇等賀爾蒙，即可早期發現此病，若情況危險可採早期分娩。

陰道炎 ——陰道黏膜上所發生的疾病，分爲毛滴蟲引起的毛滴蟲陰道炎，念珠菌引起的念珠菌陰道炎，與閉經後陰道黏膜萎縮所引起的老人性陰道炎。主要症狀有分泌物增加，外陰部搔癢等。

妊娠中毒症 ——發生在妊娠後半期，主要症狀爲浮腫、蛋白尿、高血壓等，大多在分娩之後症狀會減輕。此病有急慢性之分，急性者有時會發生痙攣而死，而慢性者則易引起早產或死產。

巴多林氏腺炎 ——陰道附近在性交時會流出黏液的巴多林腺遭到葡萄球菌及大腸菌侵入而引起發炎症狀。罹患此症狀時陰道口附近會發現球狀紅斑，並會感覺灼熱及强烈疼痛。

胞狀畸胎 ——屬於異常妊娠的一種，在胎盤絨毛上會產生許多水泡狀的囊泡，最後會充滿整個子宮，而胎兒很快就會被消滅。母體會有强烈的孕吐及持續的不正常出血、尿蛋白及高血壓等妊娠中毒。

無月經 ——疾病性的無月經，分爲原發性無月經與續發性無月經。前者是過了青春期之後仍無月經的現象，這是因性器官疾病所造成。後者是原來有月經，但卻突然有40天以上沒來月經的情況，主要是因精神壓力所致。

輸卵管炎 ——輸卵管感染葡萄球菌等化膿菌及淋菌而發炎的疾病。此病常發生於分娩、流產、人工流產之後。急性時有發燒、下腹部疼痛等症狀。即使治癒後也會發生輸卵管阻塞而產生不孕症等。

卵巢癌 ——①單純性卵巢癌：一開始就出現癌症，是由良性腫瘤惡化而成。以40歲以後的患者居多。腫瘤有如拳頭般大，感覺充滿了整個腹部。
②庫肯培克腫瘤：主要是因胃癌移轉而來。不論是發現時間及移轉的情形皆比原發性胃癌還要快，以30–40歲的患者居多，閉經以後不會發生。

卵巢囊腫 ——覆蓋在表面的卵巢上皮形成液體狀的腫脹物（囊泡）。初期並無症狀，囊泡變大之後腹部有緊繃感，同時腰部也會有疼痛感。此囊腫通常爲良性，但有時也會癌化。

4 手與腳

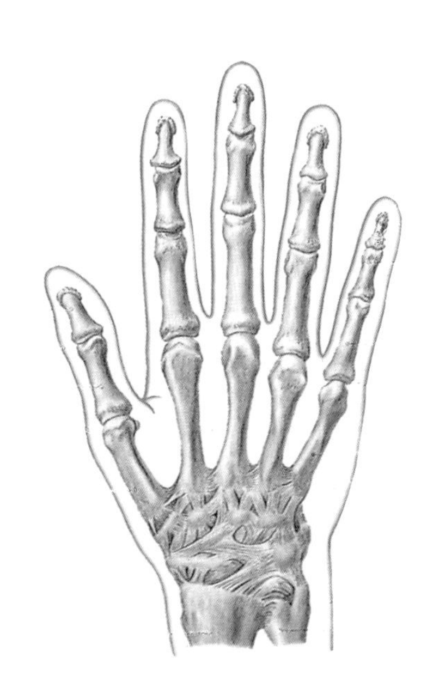

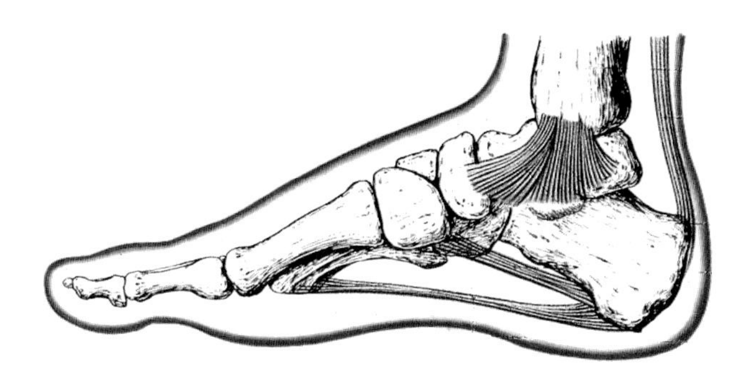

上肢與下肢與骨骼與肌肉

□1上肢的主要骨骼與肌肉

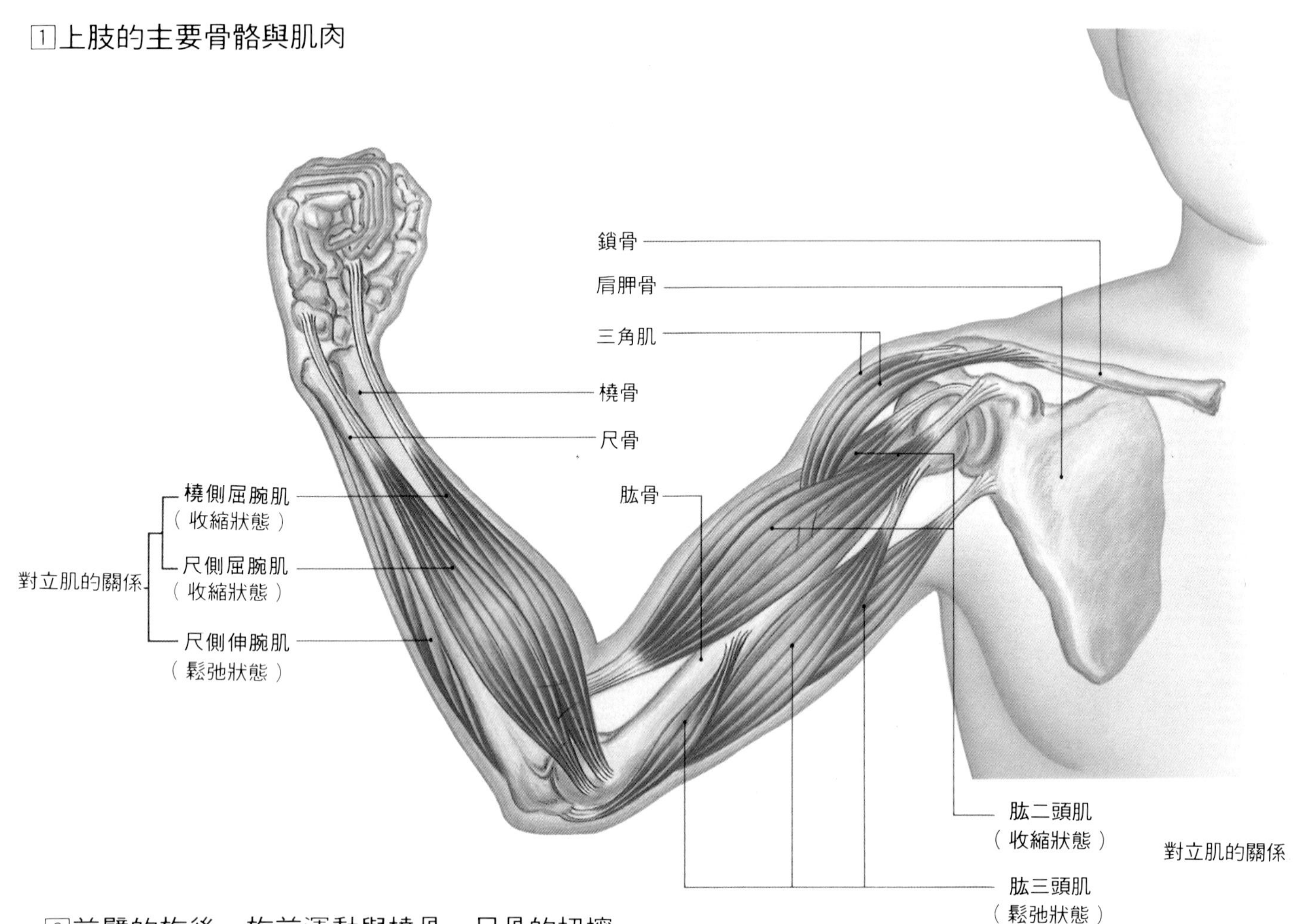

□2前臂的旋後、旋前運動與橈骨、尺骨的扭擰

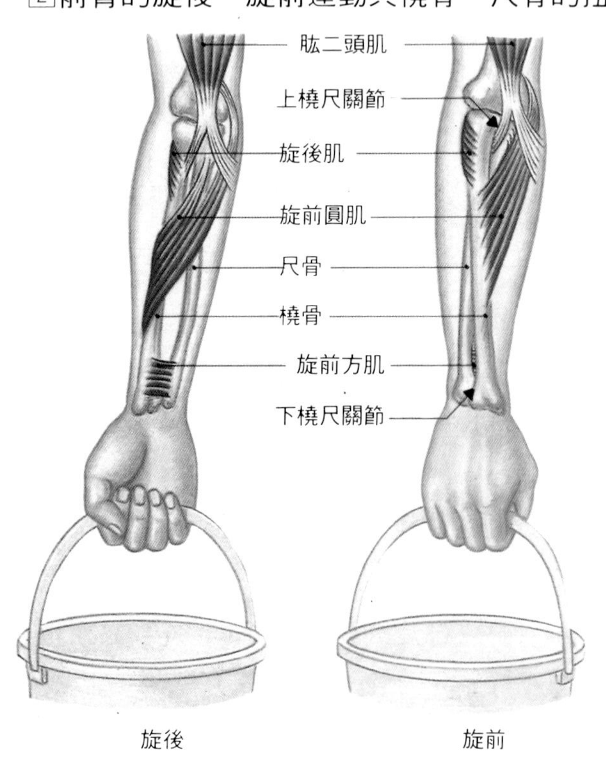

旋後運動是藉著肱二頭肌以後旋肌肉收縮來進行。而前旋運動則是藉旋前圓肌與旋前方肌的收縮來進行。這些運動以肘關節與上橈骨關節為起點進行，從後旋到前旋的動作是利用橈骨與尺骨的組合而旋轉。

上肢是由一對肱、前臂、手所構成的，下肢則是由一對大腿、小腿及腳所構成。而藉各自的骨骼及促使骨骼活動的肌肉功能，使得上肢可巧妙的來使用手，下肢則可支撐並移動身體。

●上肢的骨與肌肉

【上肢的主要骨骼】 上肢主要有肱骨、尺骨、橈骨三種骨骼。肱骨有大骨頭，正好位於肩胛骨的關節窩內，相反方向的邊端連接著尺骨與橈骨。尺骨與橈骨製造 8 個小骨骼集合體的腕骨與關節，利用關節與各個中手骨、指骨來連接。

【上肢的主要肌肉】【三角肌】 覆蓋在肩關節前面、後面、外面，其底邊朝向肩膀，前端朝向手指的三角形肌肉稱爲三角肌。當上肢向外旋轉或向上向後舉時，三角肌就擔任著主角的地位。

【肱三頭肌、肱二頭肌】 採取手掌向前的姿勢時，位在手臂

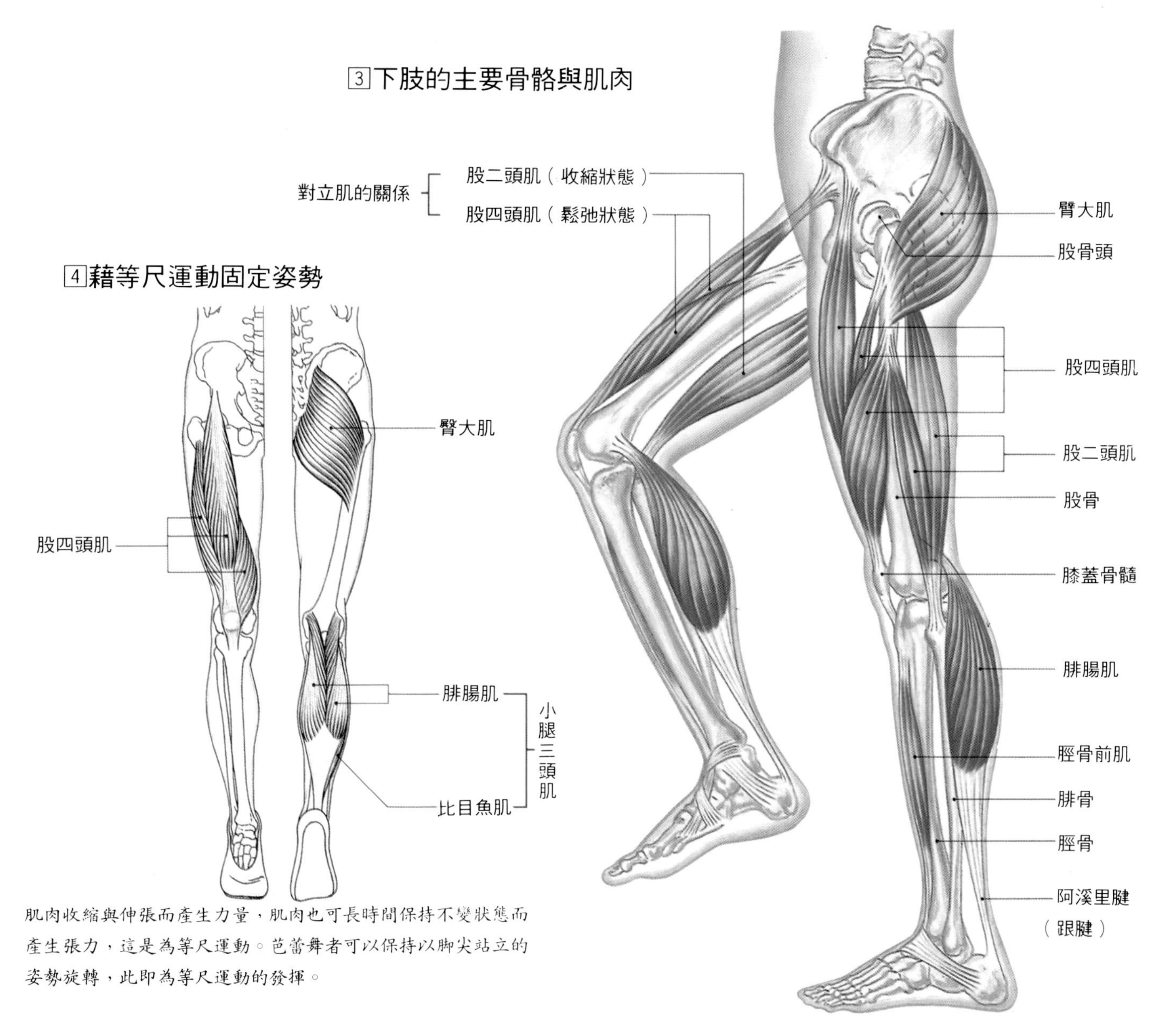

肌肉收縮與伸張而產生力量，肌肉也可長時間保持不變狀態而產生張力，這是為等尺運動。芭蕾舞者可以保持以腳尖站立的姿勢旋轉，此即為等尺運動的發揮。

後的肌肉便是肱三頭肌，而手臂前面形成瘤狀物的大塊肌肉便是肱二頭肌。此二塊肌肉彼此對立活動可以伸彎肘關節。肱二頭肌收縮，肱三頭肌就會鬆弛而彎曲肘關節，動作相反時，則伸展肘關節。

【內旋前圓肌、外旋肌】 以立正姿勢將手掌向後繞的運動是內旋前圓肌與內旋前方肌爲主角，而外旋運動（與內旋運動相反）則以外旋肌與肱二頭肌爲主角。

●下肢的骨頭與下肢肌肉

【下肢的主要骨骼】 下肢的骨骼基本上是由大腿骨、脛骨、腓骨所構成，再加上腳的骨架便是下肢的主要骨骼。大腿骨是人類最大的骨骼，上方尖端可彎曲 160°，其前面是構成髖關節的骨頭，另一端則與膝關節連接小腿。

小腿是由粗脛骨及細腓骨構成，在力學上脛骨是作爲支撐作用。腓骨下方的末端則是以結合組織與脛骨相連，不能動。

【下肢的主要肌肉】【臀大肌】 這是位在臀部後方的厚强肌肉，能活動髖關節及膝關節，主要任務是使人能直立步行。

【股四頭肌、股二頭肌】 股四頭肌是位在大腿前面的長肌肉，股二頭肌則是在大腿後面的長肌肉，彼此處於對立的關係，進行膝關節的彎曲伸展。

【腓腸肌、比目魚肌】 是指小腿後面鼓起的肌肉，比目魚肌是在深層，腓腸肌則在表層，兩者合稱爲小腿三頭肌，而在腳側邊端則變成阿溪里腱連接跟骨，彼此合作具有舉起後腳的功能。

●主要疾病 三角肌攣縮症、股四頭肌攣縮症、臀部肌攣縮症。

肩關節

1肩關節的構成

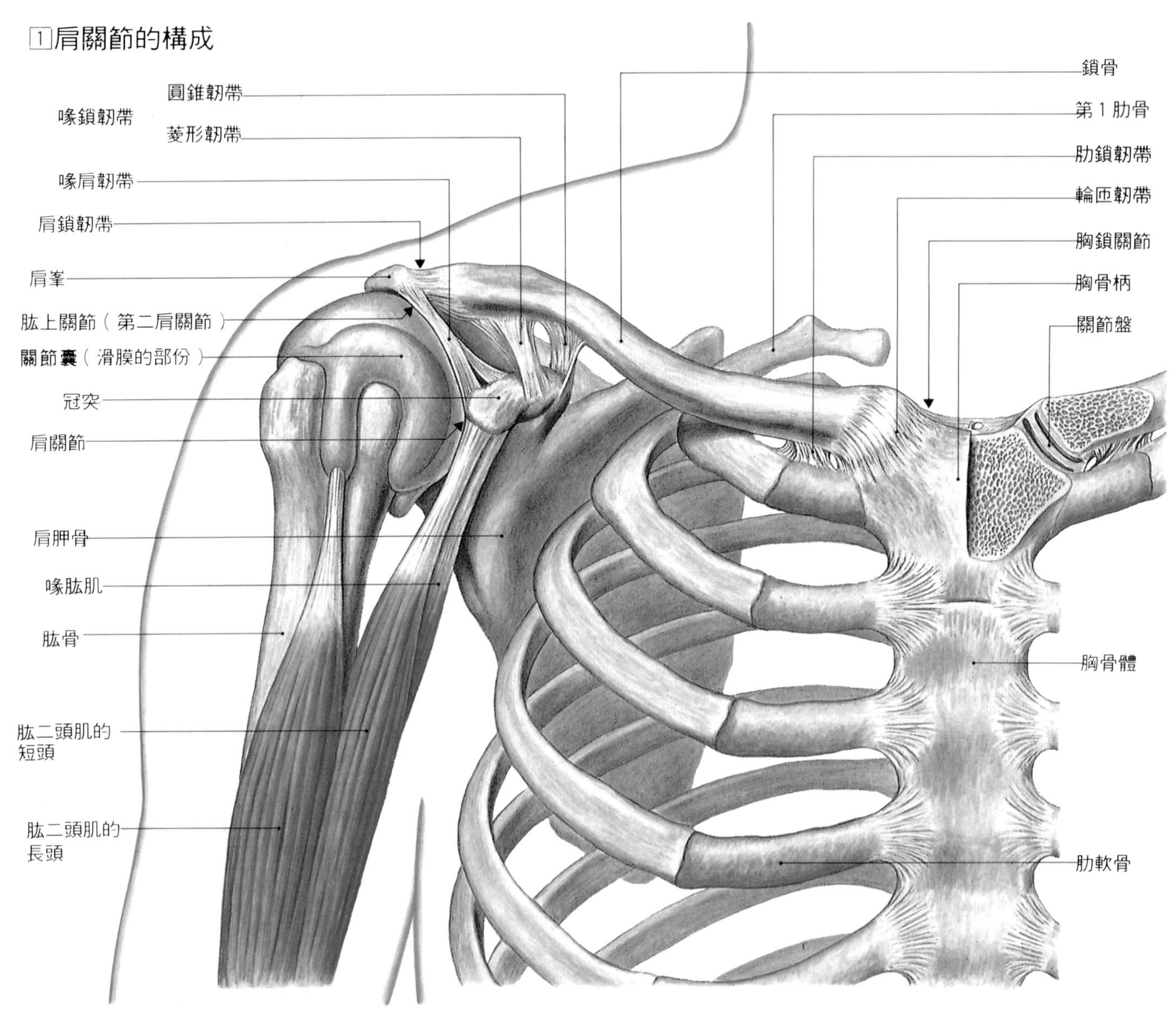

解剖肩關節，肩關節是由肱骨與肩胛骨的關節所構成的肩胛肱關節，手臂大運動時則是利用肩鎖關節、肱上關節與胸鎖關節等。

2由上方所見的肩關節四周

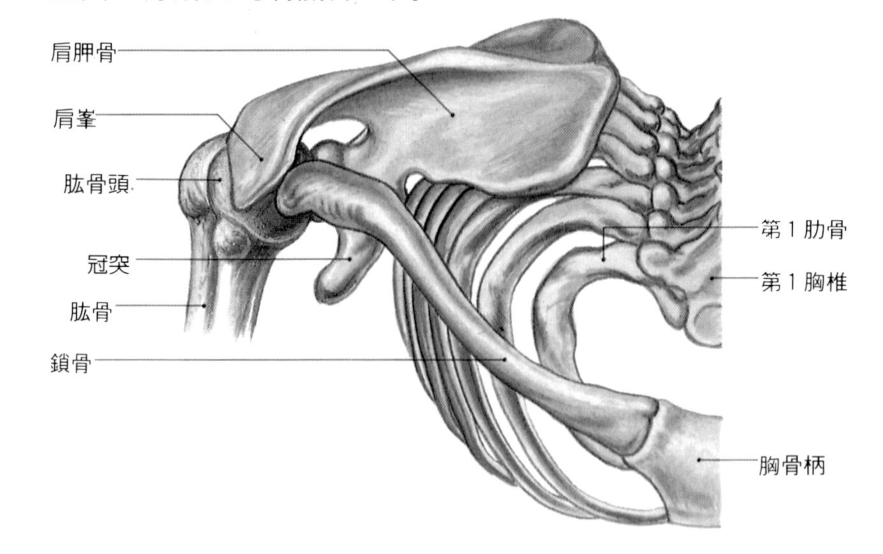

3 肩胛骨的構造

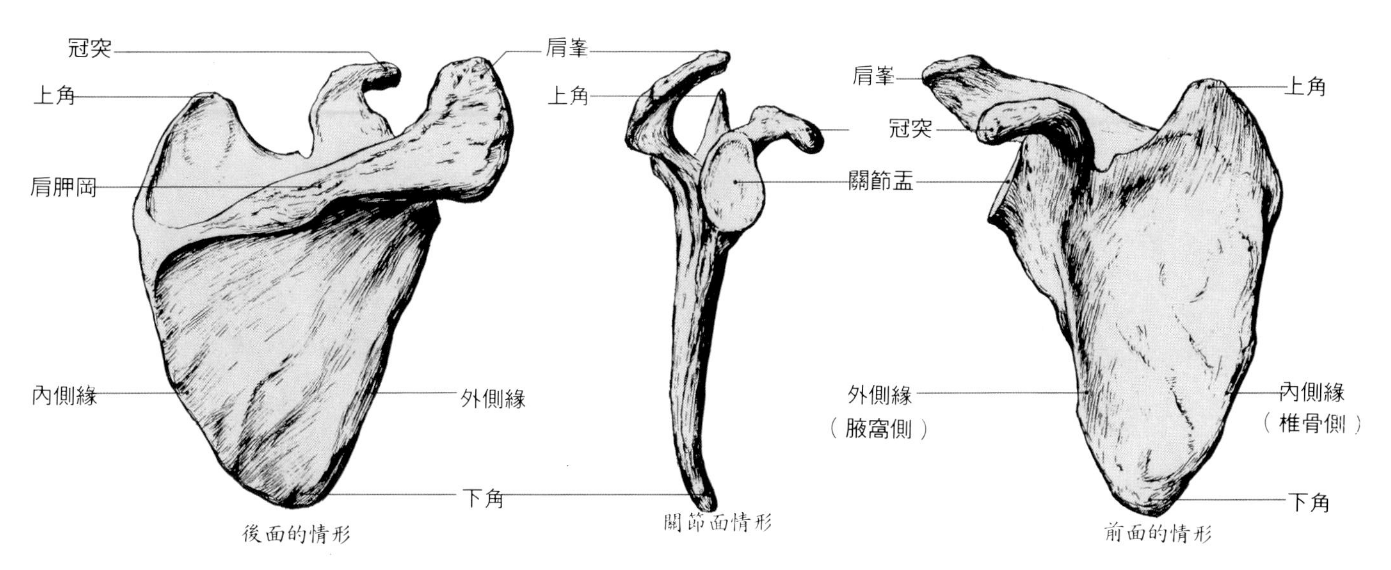

後面的情形　關節面情形　前面的情形

4 上肢的上舉與肩胛骨、鎖骨的活動

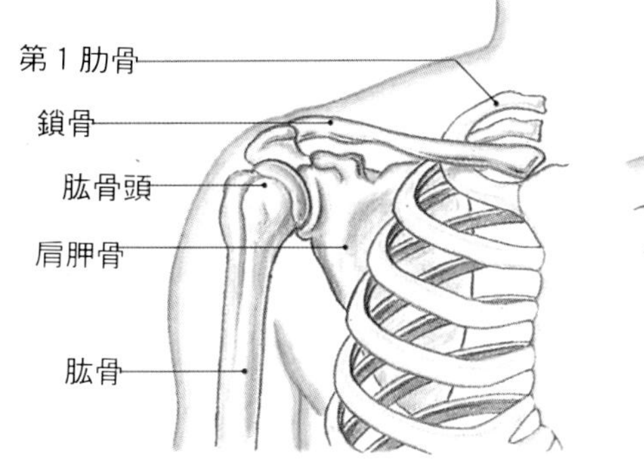

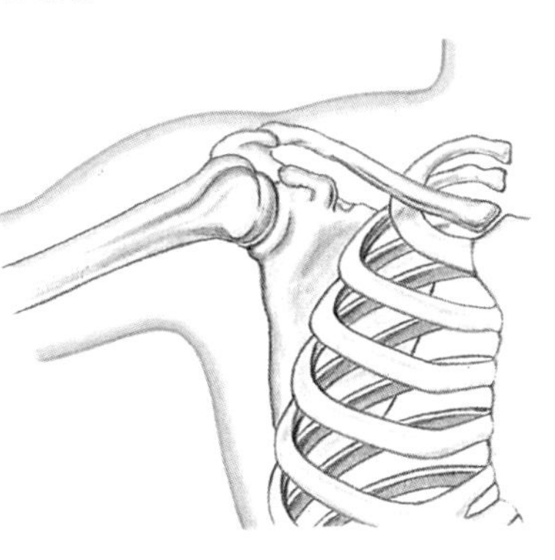

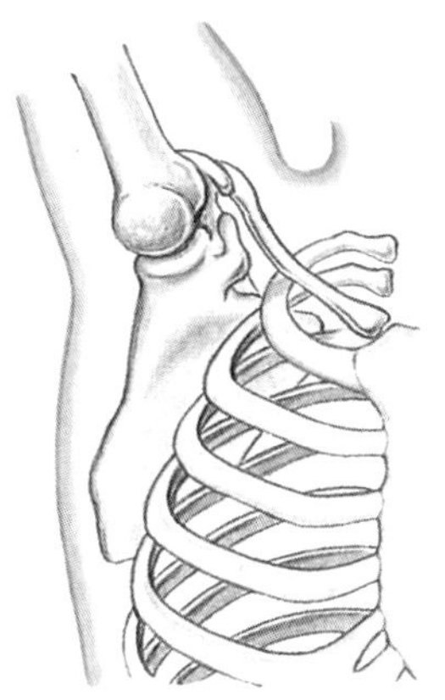

肩部為人體最可以自由活動的部份，如手臂橫向平舉時，手臂可連續移動也可筆直向上直舉，這是利用了肩胛骨與鎖骨。

開始步行的人類爲了活用手而將「支持的器具」，分成上肢與下肢。肩關節則是活動的主要器官之一。

【構造】 幾乎呈完全球形的肱骨大頭骨，與位在肩胛骨外側較小而淺的關節窩，構成肩關節。肩胛骨有如肩關節的遮陽棚，有肩峯與啄突，連接這些突出物的是韌帶（具彈性的帶狀組織）彌補了關節窩太小的缺點。

【功能】【上肢的工作位置】 連接肱骨的肩胛骨關節面，從身體正面來看，並非在身體面向後垂直的切面上（矢狀面），而是朝向斜外前上方，因此肩關節與此方向爲軸時最易活動與工作，此位置就稱爲上肢工作位。拿筆寫字時的肱骨位置，在無意識下皆採此位置。

【運動範圍】 肩關節是球窩形的肱骨頭鑲在圓形下凹的肩胛骨關節窩裏的「球關節」，因此看起來好像可朝所有的方向運動，但因受到周圍骨骼的限制所以並不能自由活動。例如將手臂往正後方舉時，只能舉到與垂直線相交50°處，而肩關節的運動，將手臂向前方舉時似乎只可舉至90°，但實際上可舉成180°。這是由於配合肩關節的活動，獲得肩鎖關節與胸鎖關節的協助所致。

這種上肢運動不只是肩關節，除了肩胛骨與鎖骨，及鎖骨與鎖骨之間的關節外，還需製造鎖突與肩峯的拱門與肱骨的組合（第二肩關節），以及肩胛骨向後活動的動作來協助。

【肩關節脫臼】 肩關節的外面是與關節運動有關的肌肉，用來加强關節囊。這些肌肉在肩的頭側面（上方）與背面特別發達，關節的腹側面（下方）則較弱，若外力由此方向用力，會導致骨骼脫離節窩就稱爲脫臼。

●主要疾病 五十肩、頸肩背症候羣、肩手症候羣、肩內旋腱板損傷、棒球肩、棘上肌症候羣。

肘關節與手關節

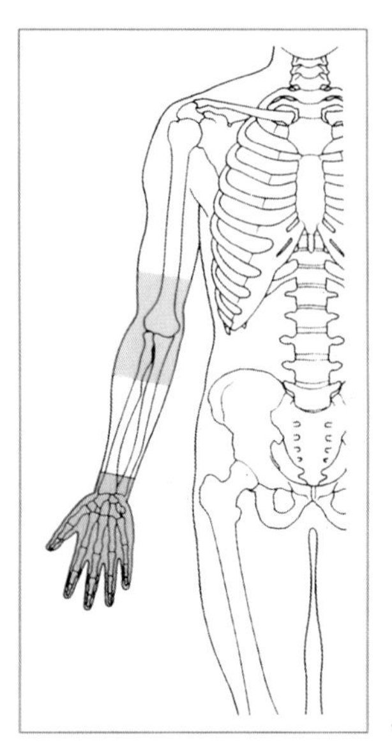

□1 肘關節（屈戌關節）的構成（右肘）

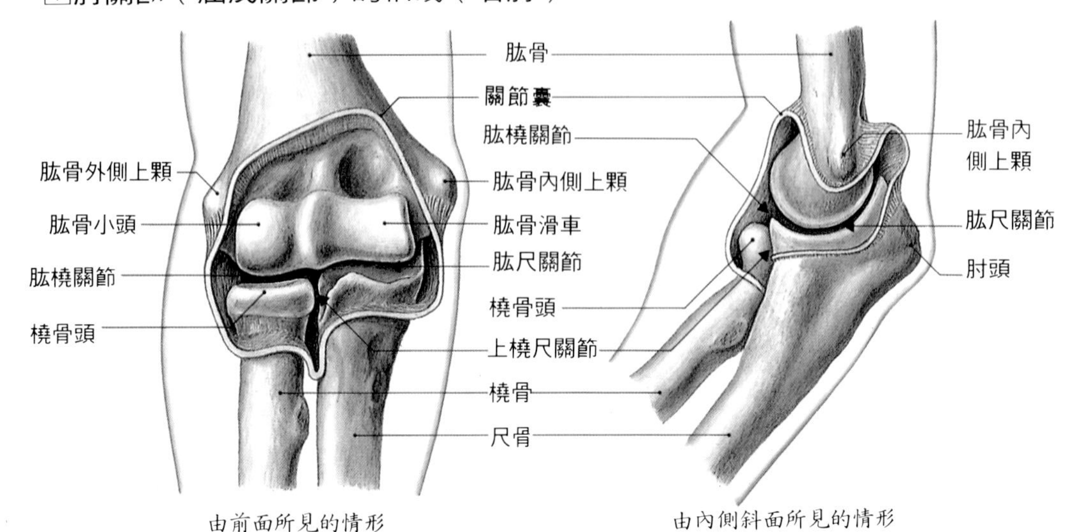

由前面所見的情形

由內側斜面所見的情形

□2 肘關節的韌帶（右肘）

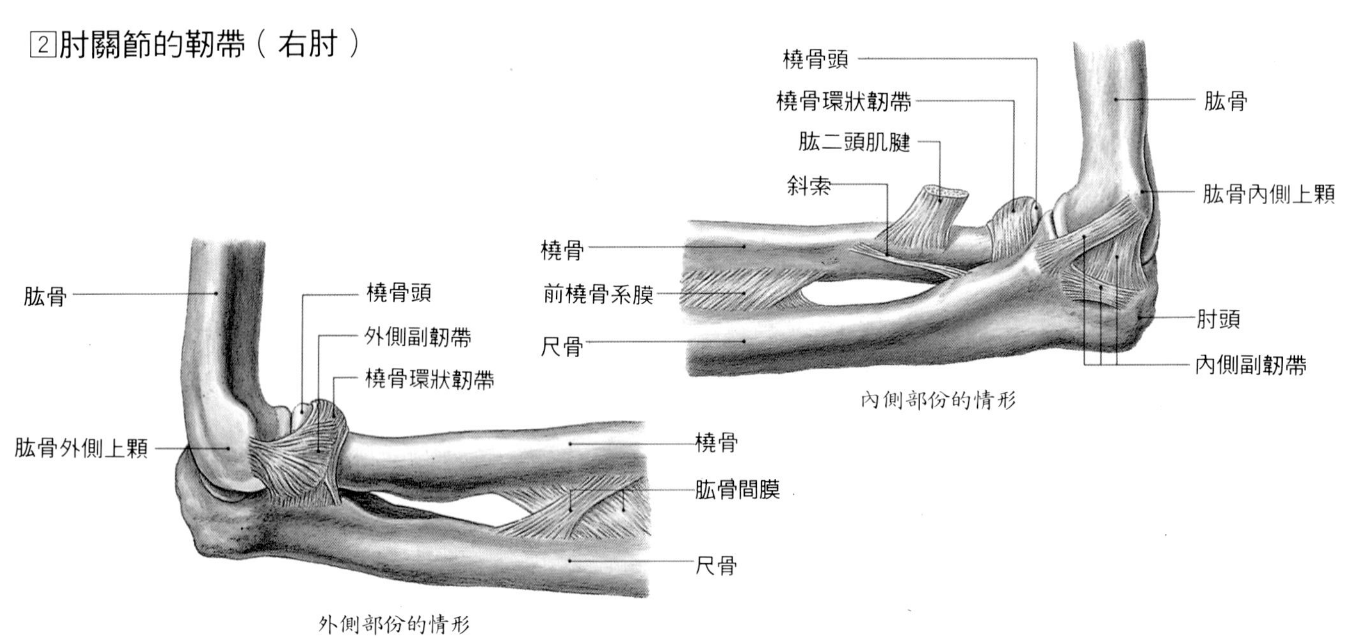

內側部份的情形

外側部份的情形

●肘關節

肘關節是肱與前臂的連接器官，具備有讓手自由活動的功能。

【構造】　是肱骨與前臂橈骨、尺骨間的關節，包裹著共同的關節囊而形成肘關節，這便稱爲「複關節」。肱骨的末梢端（手側端）的軸對著骨的長軸，向前傾約 45°，因此肘關節的彎曲要比伸展來得容易且完整。

【功能】　肘的彎曲與伸展是利用肱骨與尺骨間的臂尺關節來進行。橈骨與尺骨所形成的上橈尺關節，可以立正的姿勢將手掌向前向後繞。此一上橈尺關節便是繞軸的車軸關節。此外內旋運動的軸並不是手臂的中心，而是連接橈骨的中樞關節與尺骨末梢端的連接線。

肘關節的運動範圍比肩關節要來得狹小，伸展肘的時候，能夠彎曲的範圍約 145°，相反的伸展的限度約 5° 左右。其次，內旋與外旋的範圍量最大爲 90°。人支撐著杖時是在伸展肘，洗臉時則是彎曲肘，寫字時是內旋肘，拿碗時則是外旋肘，所以肘關節對人類的日常生活而言是很重要的角色。

●主要疾病　肘內障、內反肘、外反肘、棒球肘、網球肘等。

3 手的骨骼與關節（右手）

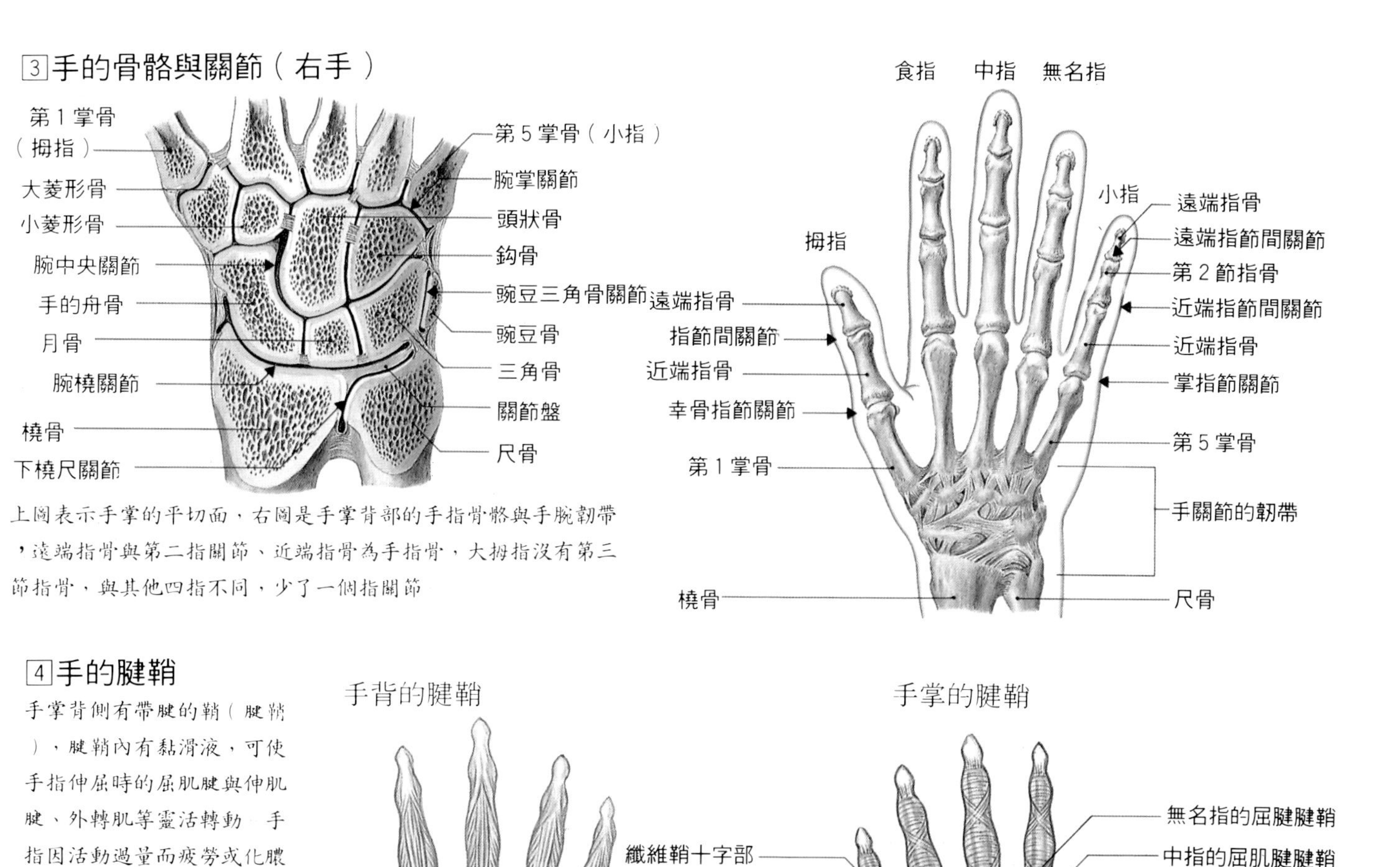

上圖表示手掌的平切面，右圖是手掌背部的手指骨骼與手腕韌帶，遠端指骨與第二指關節、近端指骨為手指骨，大拇指沒有第三節指骨，與其他四指不同，少了一個指關節

4 手的腱鞘

手掌背側有帶腱的鞘（腱鞘），腱鞘內有黏滑液，可使手指伸屈時的屈肌腱與伸肌腱、外轉肌等靈活轉動。手指因活動過量而疲勞或化膿時，可能是腱鞘發炎因而手指的活動受到限制。

伸肌支帶、屈伸支帶、纖維鞘環狀部份等在手指屈伸之時可防止肌腱向上。

手背的腱鞘

拇長伸肌腱腱鞘
拇長外展肌腱與拇短屈肌腱鞘
展肌支持帶
長短橈側展腕肌腱腱鞘
纖維鞘十字部
纖維鞘環狀部
腱間結合
屈小指肌腱腱鞘
展小指肌腱腱鞘
展總指肌腱與展食指肌腱的腱鞘
尺側展腕肌腱鞘

手掌的腱鞘

無名指的屈腱腱鞘
中指的屈肌腱腱鞘
食指的屈肌腱腱鞘
屈拇長肌腱腱鞘
屈總指肌腱腱鞘
屈肌支持
橈側屈腕肌腱滑液鞘

●手關節

手是人類最能進行精巧活動的部份，有彎曲、伸展、回轉手腕的關節，以及使各個手指彎曲伸直的小關節。

【構造】【手關節】 這是由手臂的橈骨與手腕周圍的8個腕骨所構成的。手關節通常是指腕骨與橈骨中的三個（手的舟形骨、月狀骨、三角骨）構成橈腕關節，以及位於腕骨、手臂附近腕骨間的S狀腕中央關節，另外也包括位在小指邊的豆狀三角骨關節。

【手指關節】 這是位在末節骨、中節骨、基節骨、掌骨之間的關節，能夠巧妙的活動手指。其中以人類爲首的靈長類，其特徵是拇指能自由活動，這是藉拇指的掌骨與腕骨的大菱形骨之間的腕掌關節的功能所致。

【功能】 手掌主要的功能是用來觸摸東西與抓東西，當手觸及物體時會有感覺，而抓東西是其最主要的功能。而將感情與思想傳達給對方時，是利用手背上的柔軟線來表示。

手關節可行使手腕的彎曲、伸展、內轉、外轉等動作。拇指的腕掌關節除了能使大拇指彎曲伸展，還可以使大拇指內轉與外轉，增加手功能的有用性。而當作潤滑作用的腱鞘可使這些功能順利發揮。

髖關節與膝關節

1 髖關節的構造

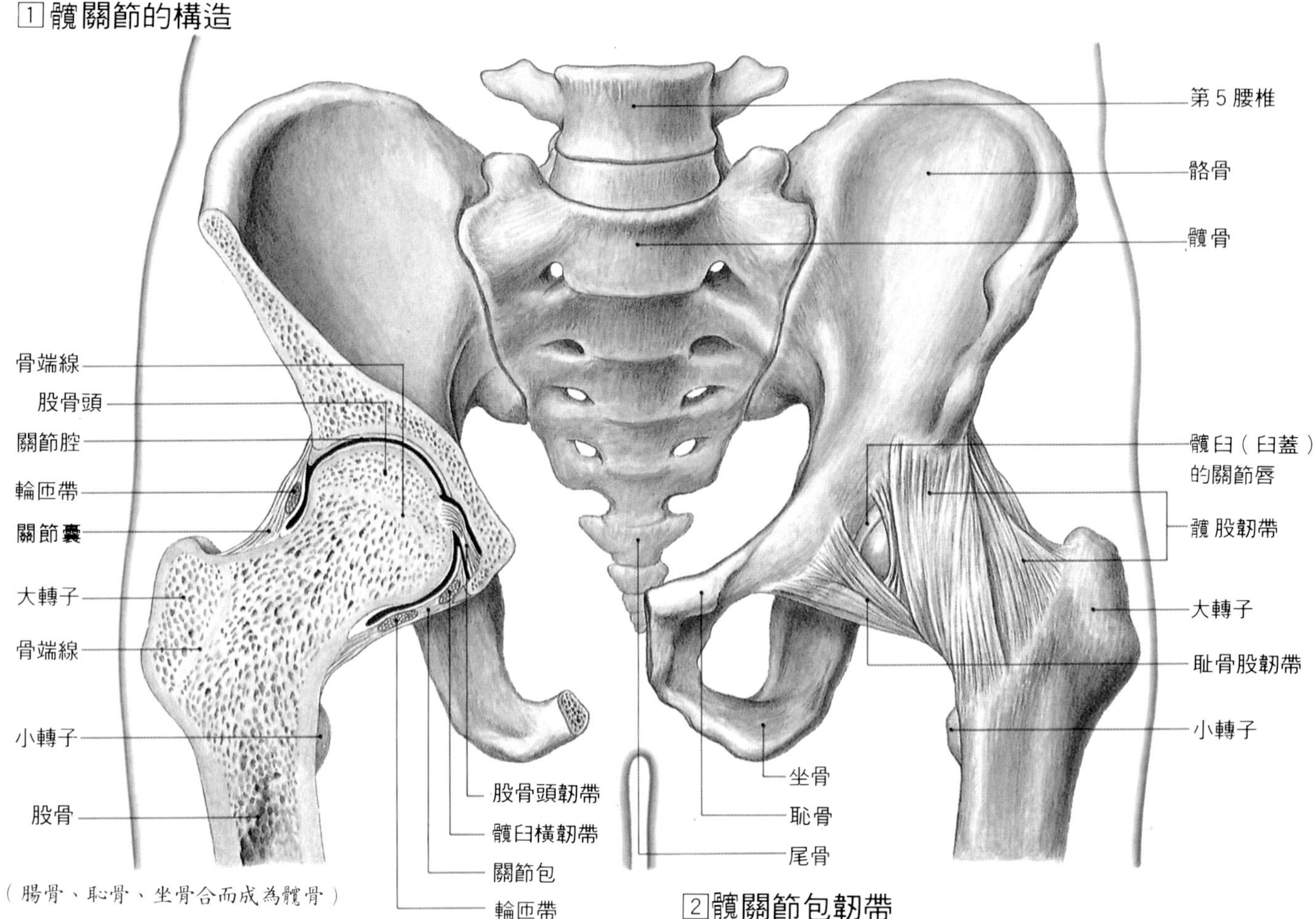

（腸骨、恥骨、坐骨合而成為髖骨）

2 髖關節包韌帶

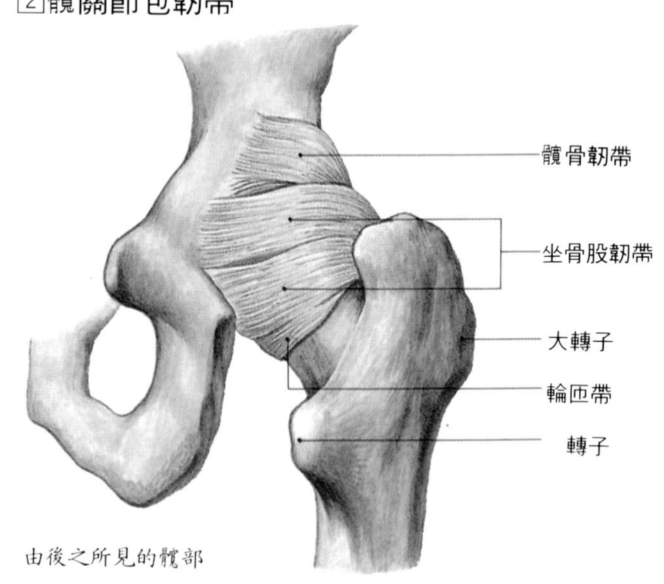

由後之所見的髖部

為了減低肌肉緊張，肌肉約增大兩倍。

●髖關節

這是連接下肢與身體的關節，在使人用雙腳走路方向具有很重要的功能。

【構造】 髖關節是由構成骨盤的髖臼（臼蓋）與大腿骨所構成。髖臼大約是呈42°朝向外側、尾側（下方）、腹側伸展，並嵌入股骨頭（關節頭）構成關節。

髖關節與肩關節一樣，是屬於球窩關節，髖臼很深，納入骨頭約三分之二，接在關節囊外面用來增强前後的三條韌帶强而有力，而且關節囊廣泛的包裹著股骨頭。髖關節不同於容易脫臼的肩關節，其關節窩很深，而正因爲如此，所以通往股骨頸部（骨與轉子之門的狹窄部份）的血管就受到限制，導致高齡者的股骨頸部容易骨折。

【功能】 關節頭深入關節窩內不易脫臼，但卻因此使得球窩關節在運動範圍上受到限制。人類將重心放於下肢開始用兩腳走路之後，髖關節就逐漸失去其精巧能力而增强其堅固力。其次髖關節的運動範圍，在彎曲膝關節與伸展膝關節時，大腿肌肉的緊張感會略爲減少，因此運動範圍約增大2倍。

●主要疾病 股骨壞死，先天性髖關節脫臼，培戴斯病、髖臼形成不全（臼蓋形成不全），外反髖，內反髖，變形性髖關節症。

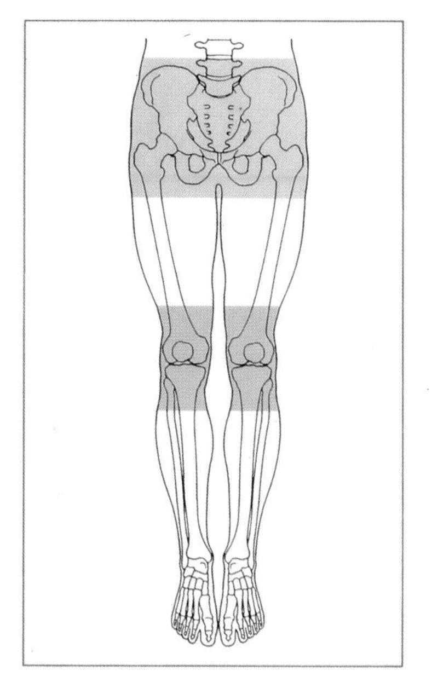

③膝關節的縱切面（右膝）

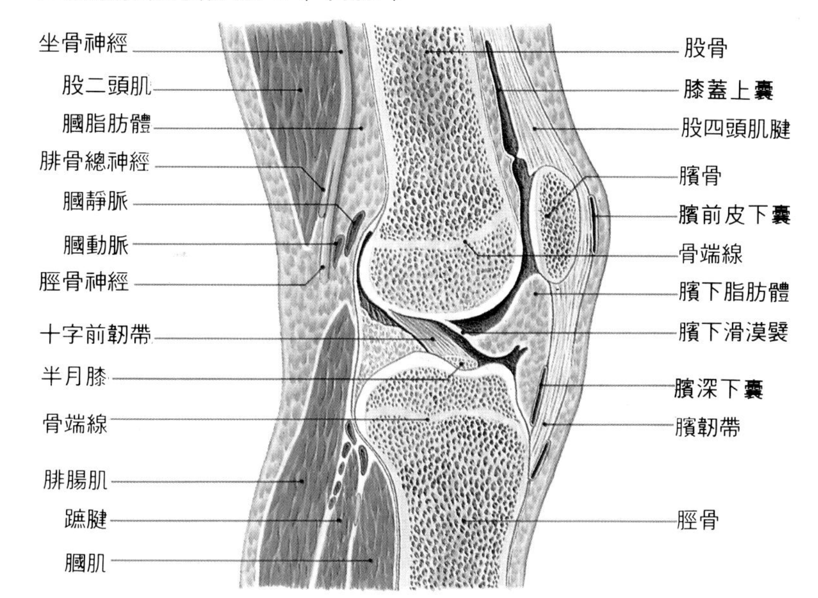

④膝關節的韌帶（右膝）

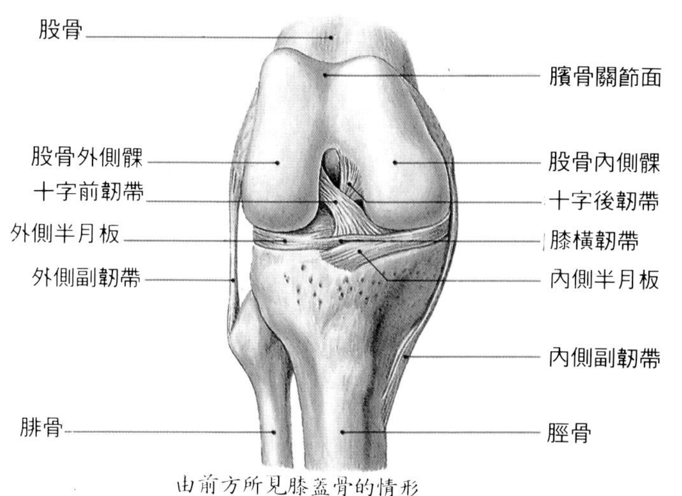

由前方所見膝蓋骨的情形

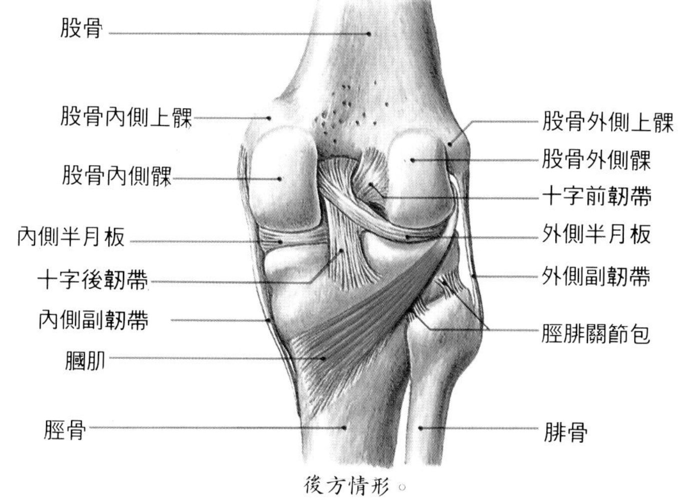

後方情形。

●膝關節

連接大腿與小腿的關節。

【構造】 這是連接人體最長的大腿骨與第二長的脛骨的關節，大腿前面的股四頭肌的肌腱（連接肌肉與骨頭具有彈力的帶狀組織）之膝蓋骨，在膝關節的構造上也是主角之一。股骨膝蓋側的骨端上，由前面來看有一個如兩輪胎呈縱向橫排般的股骨顆部，若從側面來看，則關節呈凸形。

另一方面，與膝關節相對的脛骨關節，其外面呈凸形內則呈凹形，由於兩者的形狀並不吻合，所以關節空隙（關節腔）就很大。而在脛骨關節方面的空隙，長著由纖維軟骨形成的環狀半月瓣。其次，還有從**關節囊**生長的含有脂肪的膜襞。在關節腔內所有骨骼的活動全由關節內韌帶（前十字韌帶與後十字韌帶）所控制。

【功能】 膝關節位在髖關節與腳關節之間，它主掌了曲膝、坐下、直立等廣泛的彎曲伸展運動，同時它也承受了整個身體的重量，所以是一個要求高安定性的關節。膝關節在用力伸展時最爲安定，所以股四頭肌的緊張即使消除了，也還能保持站立的姿勢。

膝關節的外圍，前面有膝蓋瓣，內側與外側有側副韌帶、膝蓋支帶等，用以加强關節防止脫臼。

用手去觸摸膝蓋骨時，會發現它是一個會動的圓盤狀骨，當膝蓋在進行伸彎運動時，就是利用膝蓋骨來減輕骨頭與肌肉之間的摩擦。

●主要疾病 膝蓋內障礙、變形性膝關節症、膝蓋軟骨軟化症、膝關節水腫、先天性膝關節脫臼。

腳的關節

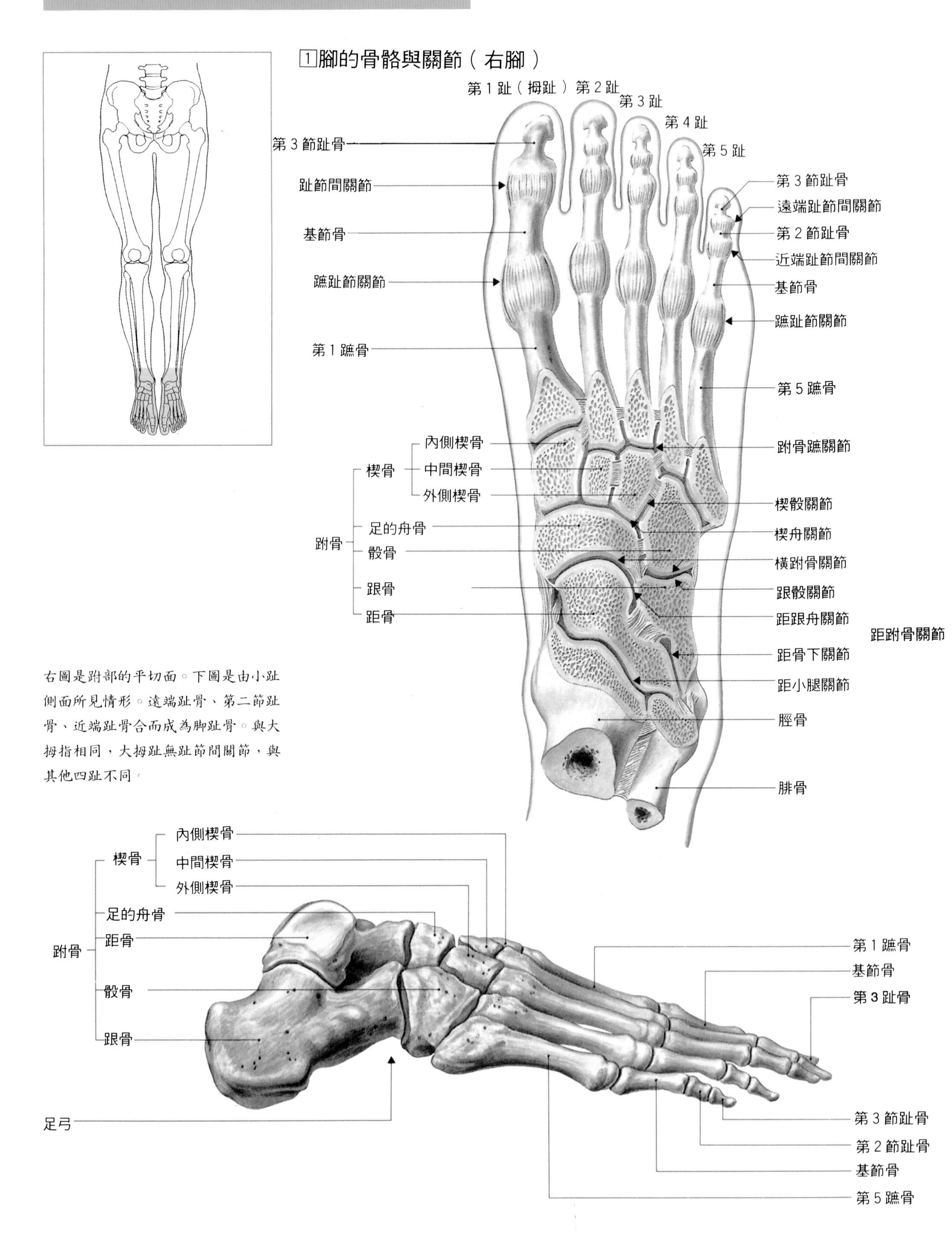

右圖是跗部的平切面。下圖是由小趾側面所見情形。遠端趾骨、第二節趾骨、近端趾骨合而成為腳趾骨。與大拇指相同，大拇趾無趾節間關節，與其他四趾不同。

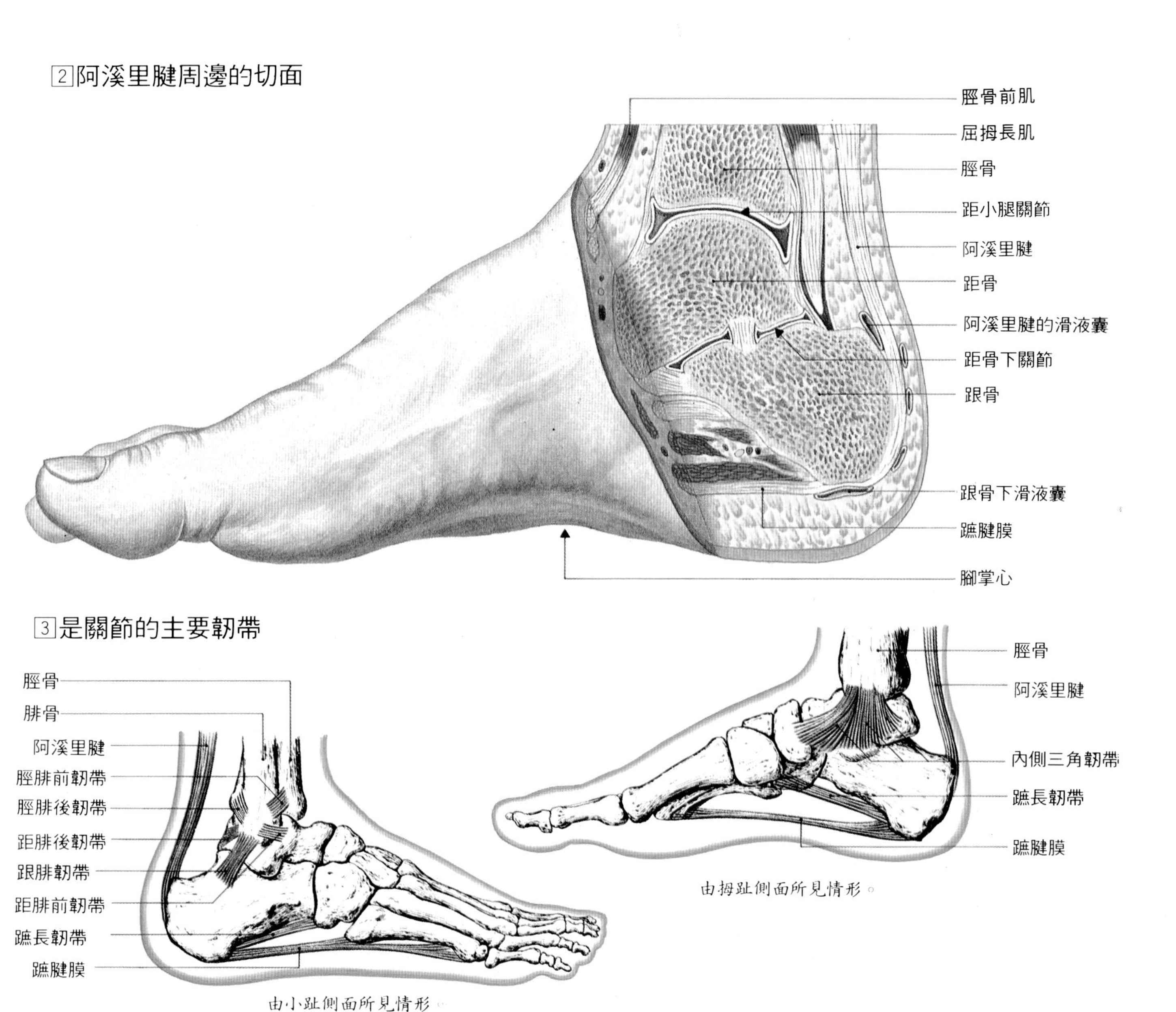

由拇趾側面所見情形。

由小趾側面所見情形。

腳的關節內有連接小腿與腳的關節，以及腳趾的關節等。

【構造】【腳關節】 這是小腿的脛骨、腓骨與足踝周邊的7個跗骨所構成的關節，它連接了小腿與腳，主要的關節是創造脛骨與腓骨、距骨的距小腿關節（上踝關節），以及創造距骨與其他跗骨，分成前後兩部份的距足跟關節（下踝關節）。另外還有構成各蹠骨與跗骨的跗蹠關節，跗蹠關節利用强力的關節韌帶彼此相連接而形成强而有力的關節，跗蹠關節具有緩衝作用，有如彈簧一般將身體支撐在地面上。

【腳趾關節】 腳趾關節的彎曲伸展不如手指般的廣泛，腳拇趾的活動也較遲鈍。但是在步行時，腳趾關節能與其他腳關節配合協調，使步行順利。

【功能】 比較上肢與下肢的構造可發現，腳並沒有從其本來基本設計上做變化，而人與一部份靈長類的腳與四腳動物的腳，卻仍有很大的差別。這個大差別是因爲人具有能以腿的長軸垂直站立的水平支持板機能。跗骨與蹠骨隆起在腳背上製造出細長的圓蓋，周遭則環繞著腳趾伸肌腱、血管及淋巴管等。腳底爲了應付整個體重的重量，所以形成縱橫的拱形（足拱），並利用韌帶、肌腱及肌肉羣來支持拱形構造，這便是所謂的腳掌心。腳掌心的形成在出生之後會隨著年齡增長而逐漸發達。其次，在活動腳趾的多數肌肉及內外側的兩邊緣上，都附著有特殊的固有肌。

腳關節中的上踝關節，是具有橫軸的屈戌關節，主要功能是進行小腿與腳之間的腳踝彎曲伸展。針對此項功能，下踝關節則以傾斜線爲軸，而能直立於腳的外側緣，或內側緣。

●主要疾病 先天性腳變形（內反足、外反足、內轉足、外轉足）、扁平足、痛風、腳底腱膜炎等。

上肢的血管

1 上肢的動、靜脈分支與走向

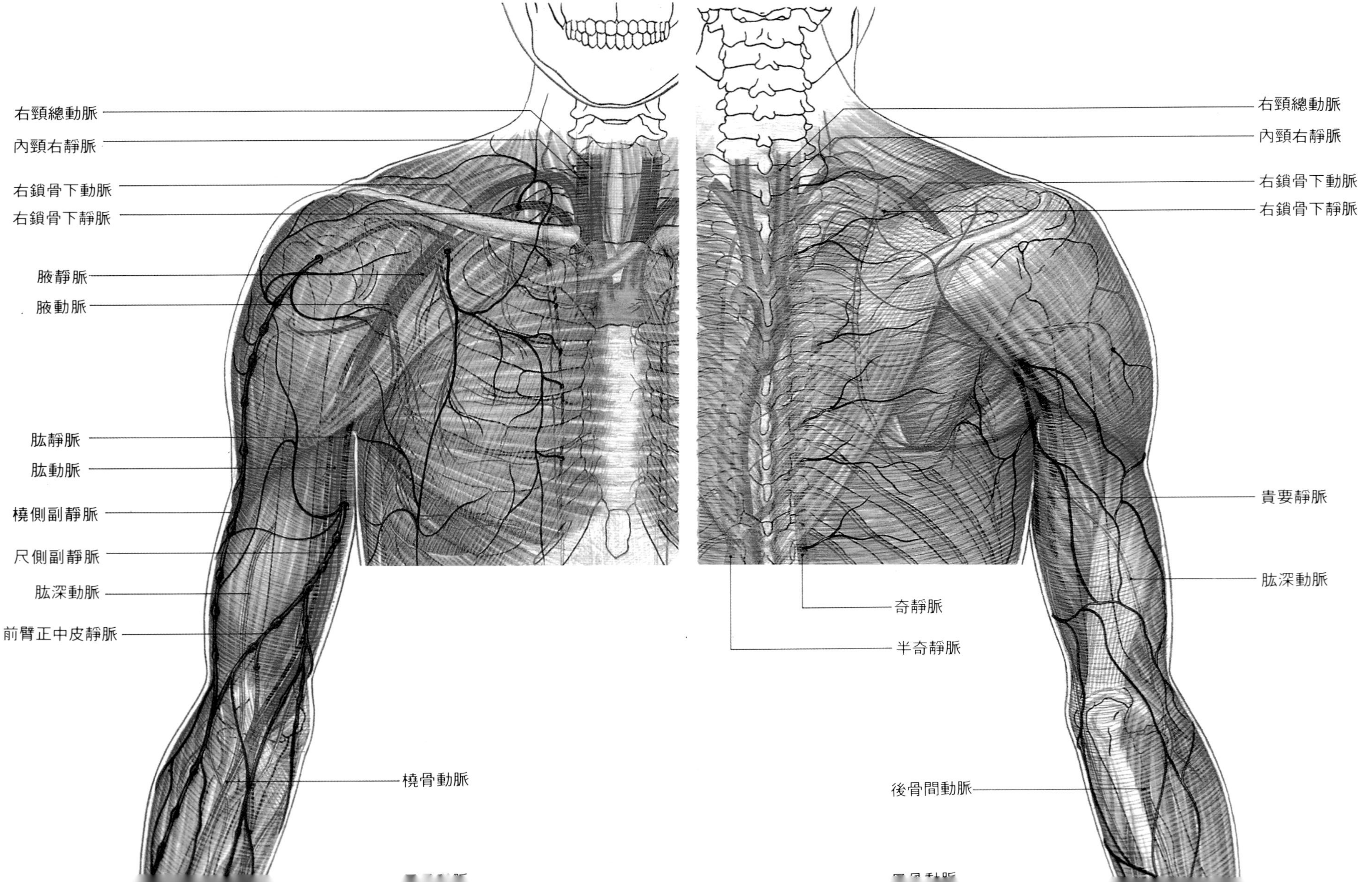

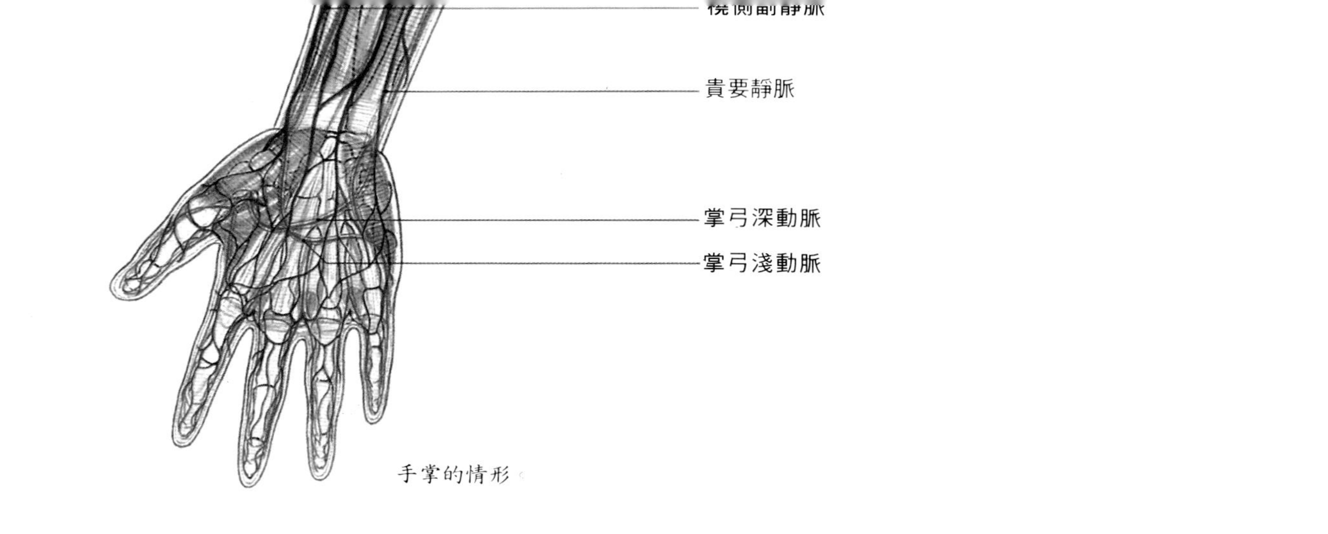

手掌的情形。

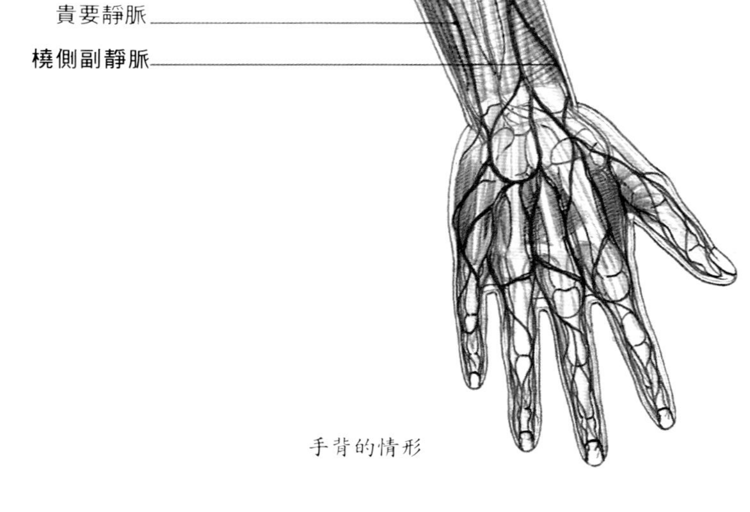

手背的情形

2 手深處的動脈

固有掌側指動脈
掌側總指動脈
掌淺動脈弓
掌深動脈弓
正中神經
尺骨動脈
橈骨動脈
尺骨
橈骨

右手手掌的血管分布情形。

3 手淺處的靜脈

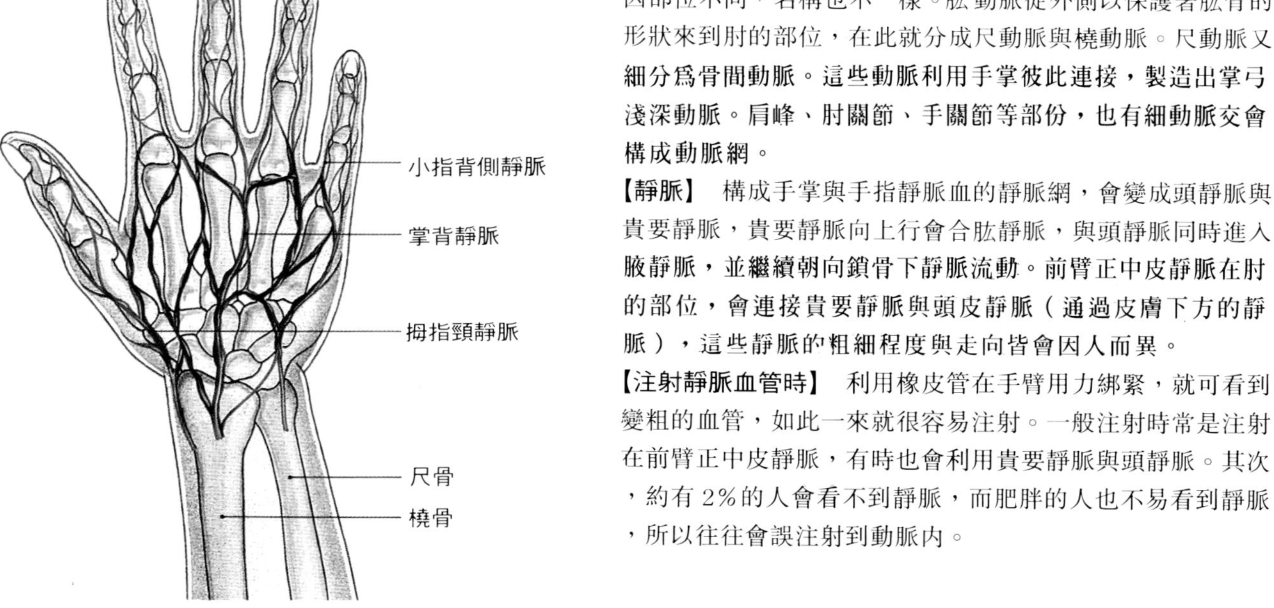

右手手臂的血管分布情形。

【動脈】 鎖骨下動脈是上肢動脈的主源，當它進入腋下即成爲腋動脈，進而又變成肱動脈而進入手臂。一條相同的動脈因部位不同，名稱也不一樣。肱動脈從外側以保護著肱骨的形狀來到肘的部位，在此就分成尺動脈與橈動脈。尺動脈又**細分爲骨間動脈。這些動脈利用手掌彼此連接，製造出掌弓淺深動脈。肩峰、肘關節、手關節等部份，也有細動脈交會構成動脈網。**

【靜脈】 構成手掌與手指靜脈血的靜脈網，會變成頭靜脈與貴要靜脈，貴要靜脈向上行會合肱靜脈，與頭靜脈同時進入**腋靜脈，並繼續朝向鎖骨下靜脈流動。前臂正中皮靜脈在肘的部位，會連接貴要靜脈與頭皮靜脈（通過皮膚下方的靜脈），這些靜脈的粗細程度與走向皆會因人而異。**

【注射靜脈血管時】 利用橡皮管在手臂用力綁緊，就可看到變粗的血管，如此一來就很容易注射。一般注射時常是注射在前臂正中皮靜脈，有時也會利用貴要靜脈與頭靜脈。其次，約有 2% 的人會看不到靜脈，而肥胖的人也不易看到靜脈，所以往往會誤注射到動脈內。

下肢的血管

1 下肢動、靜脈的分支與走向

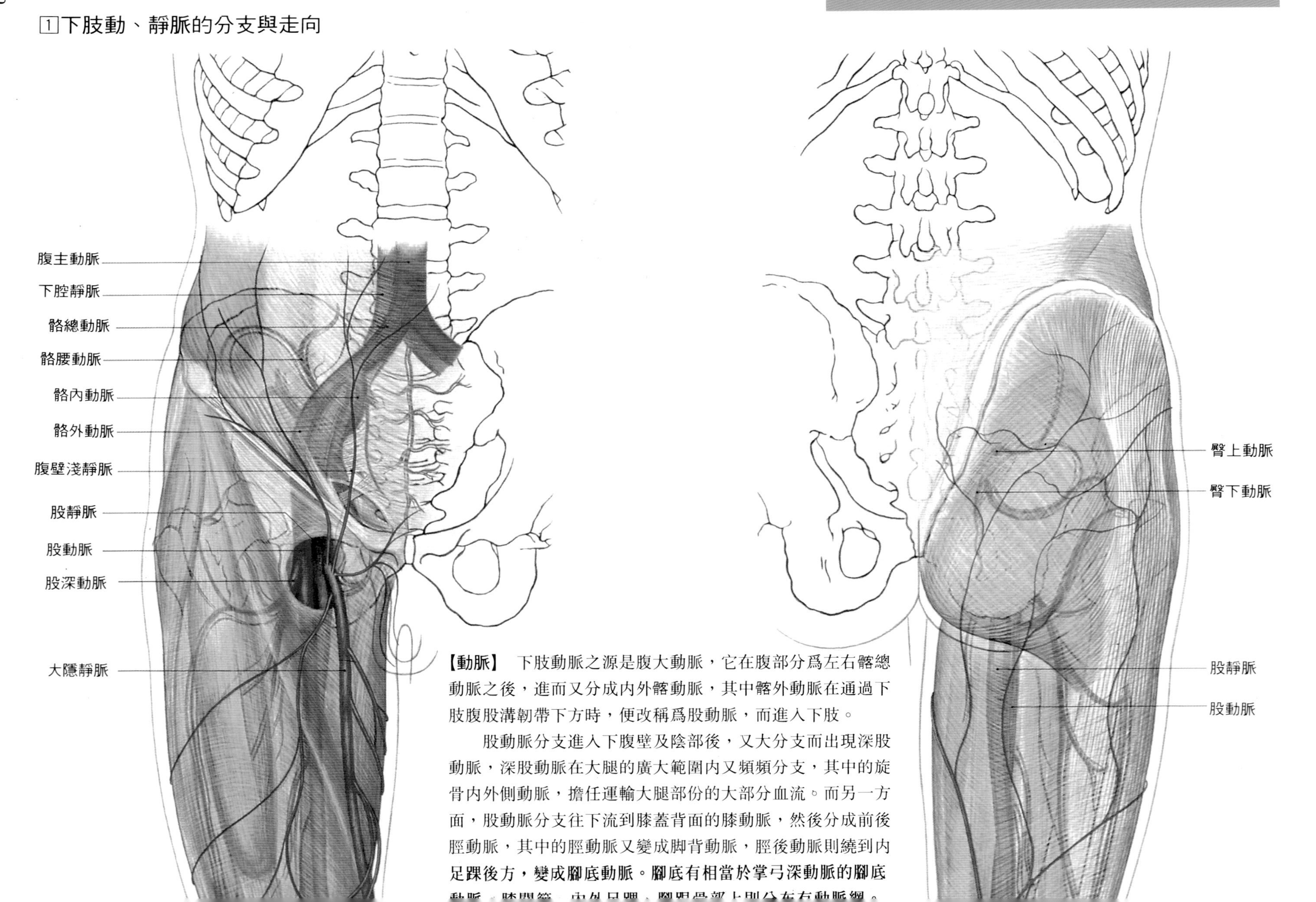

【動脈】 下肢動脈之源是腹大動脈，它在腹部分爲左右髂總動脈之後，進而又分成內外髂動脈，其中髂外動脈在通過下肢腹股溝韌帶下方時，便改稱爲股動脈，而進入下肢。

股動脈分支進入下腹壁及陰部後，又大分支而出現深股動脈，深股動脈在大腿的廣大範圍內又頻頻分支，其中的旋骨內外側動脈，擔任運輸大腿部份的大部分血流。而另一方面，股動脈分支往下流到膝蓋背面的膝動脈，然後分成前後脛動脈，其中的脛動脈又變成脚背動脈，脛後動脈則繞到內足踝後方，變成**腳底動脈**。**腳底有相當於掌弓深動脈的腳底**

【靜脈】 脚的主要靜脈集結成大隱靜脈，此靜脈是全身的皮靜脈（通過皮下附近的靜脈）中最大的。大隱靜脈在大腿部與股靜脈會合。小腿的背面有來自於脚背外側邊緣的小隱靜脈，小隱靜脈在膝蓋背側與膝靜脈會合，往大腿部上升後變成股靜脈。隱靜脈的靜脈瓣，在血液停止流通後，瓣膜會如佛珠一般的鼓起，所以隱靜脈又稱爲佛珠靜脈。

●主要疾病 雷諾症候羣，小腿靜脈瘤，帕克思威巴症候羣，克里培爾特雷諾症候羣、血栓性靜脈炎、閉塞性動脈硬化症，閉鎖性血栓性血管炎。

2 蹠（足底）靜脈

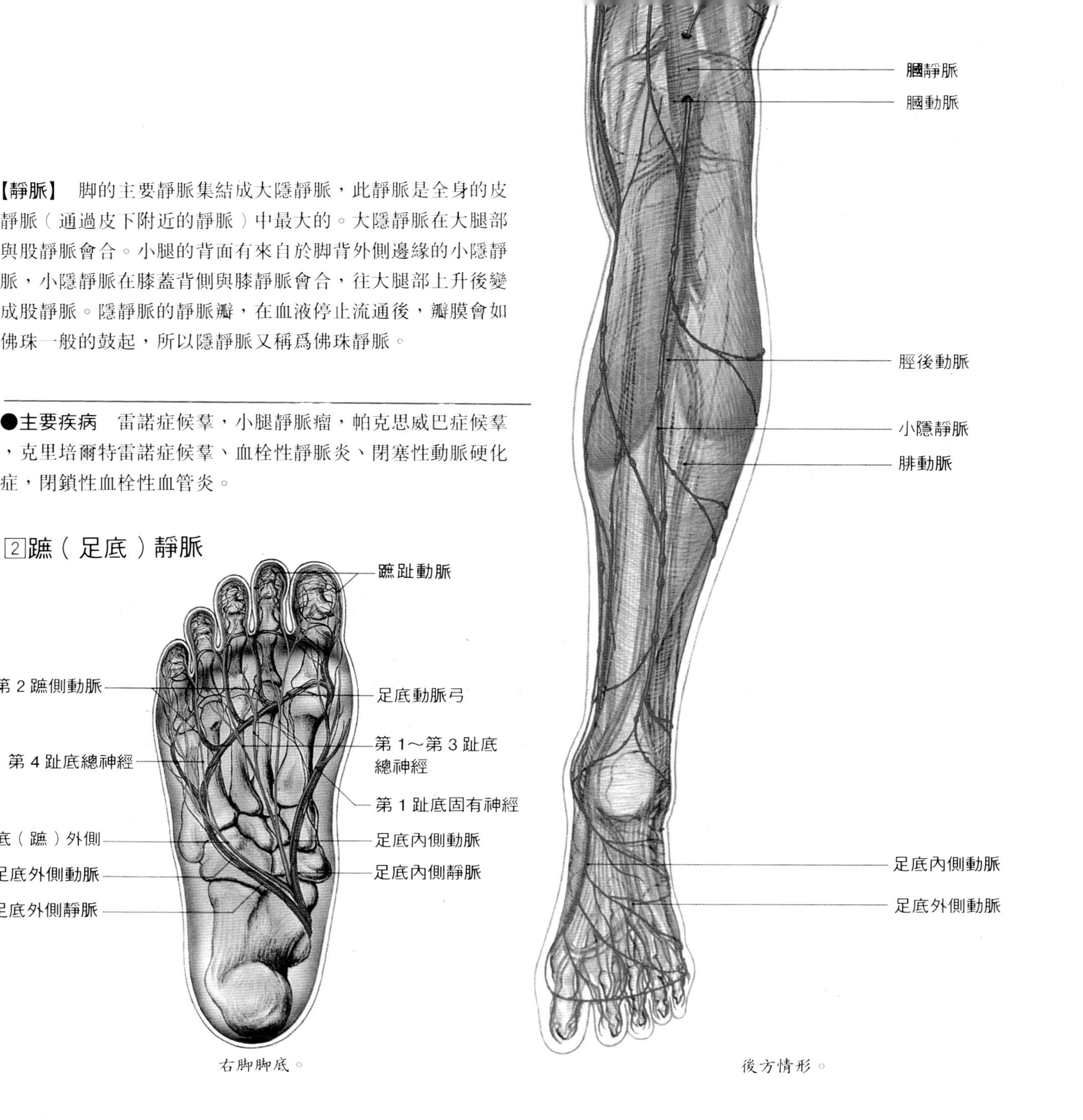

前方情形。

右脚脚底。

後方情形。

上肢的神經

1 上肢神經的分支與走向

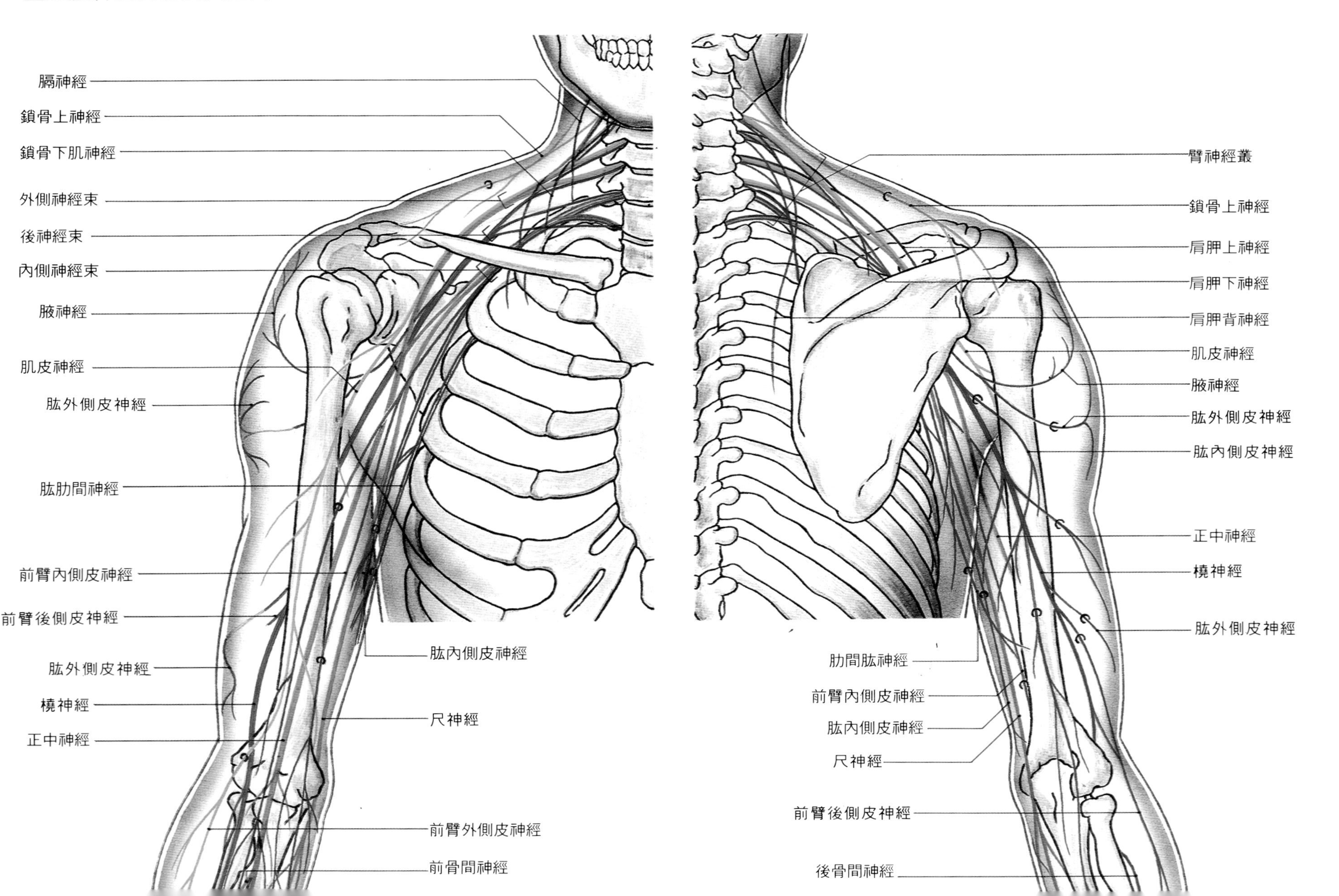

手掌神經分布情形

手背神經分布情形

上肢與身體的其他部位一樣，分布著對上肢運動肌肉下指令的運動神經，與將皮膚所感覺到的送到中樞的感覺（知覺）神經。

控制肩膀與上肢的神經是由位在頸根的臂神經叢延伸而來。臂神經叢由頸部的神經，與一部份來自胸椎的神經結合而成，而在此處分成通往肩的神經與通往上肢的神經。

通往上肢的神經經過鎖骨背後之後會分成內側、外側、後神經束三條，分布於上肢各部位，擔任著運動與知覺的任務。尺神經、橈神經、腋神經、正中神經、肌皮神經等是上肢的主要神經。

手肘前端碰到物體時，小指會有如被電到一般，這是因爲分布於肘關節後面小指方向的尺神經直接受到撞擊的關係。另外，若橈神經受損，會導致手下垂，手指無法動彈，再者，正中神經受傷，會導致接近拇指的手掌失去感覺，而無法彎曲拇指。

製造臂神經叢的主要神經由頸脊髓通過狹窄的頸椎而出來，因此當發生車禍，頸部被用力拉扯時，往往會導致神經斷裂。

2 指甲的構造

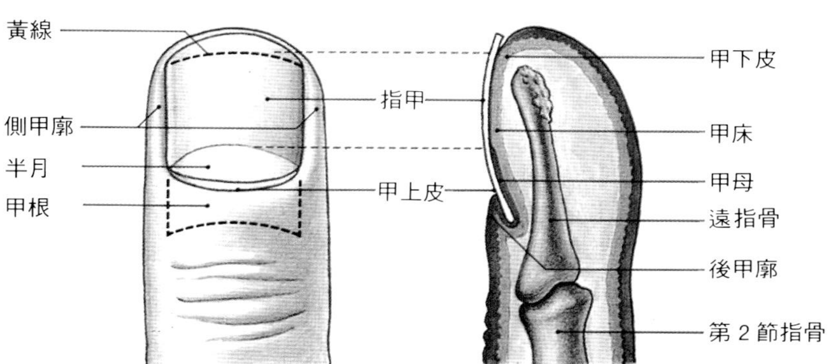

指甲是皮膚的一部份，是經過高度分化而成，指甲除了可保護手指末端之外，對於觸覺也有關連。無指甲時則手指的感覺會退化。指甲附著於爪牀上，一天約生長 0.1～0.4mm 當爪牀遭到傷害而使組織受損時，指甲則無法再生長。

下肢的神經

下肢的神經分支與走向

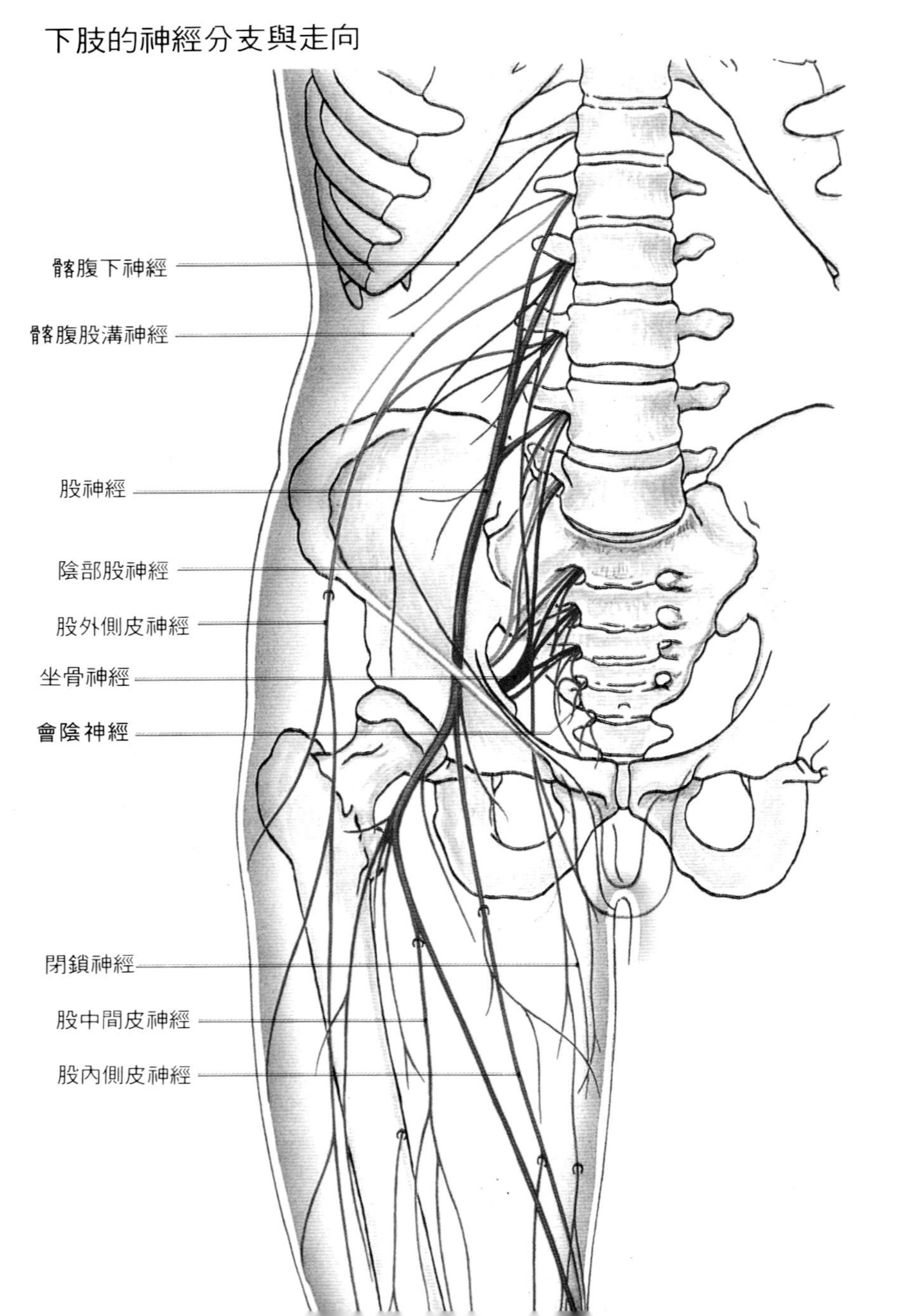

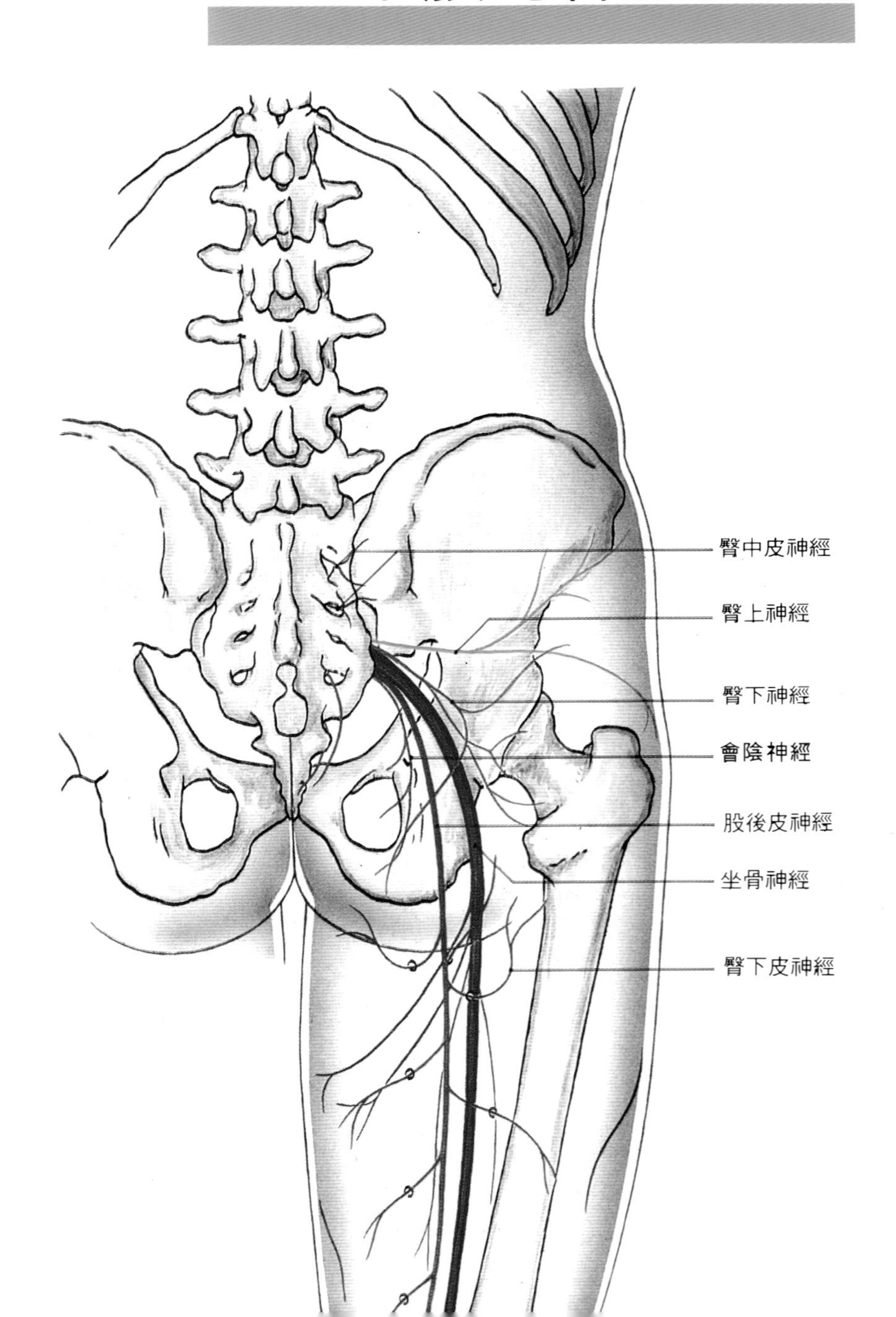

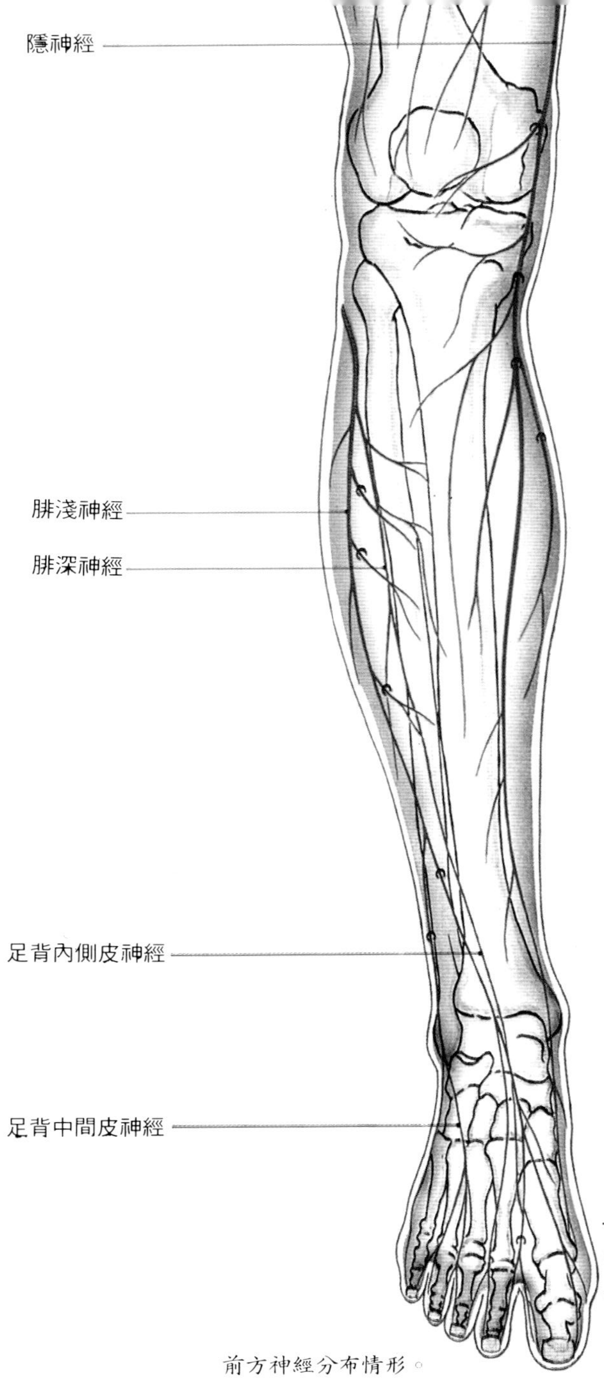

隱神經
腓淺神經
腓深神經
足背內側皮神經
足背中間皮神經

前方神經分布情形。

【關係到下肢的神經叢】 通往下肢的神經是由腰神經叢與骶骨神經叢分出來的。腰神經叢是來自脊椎中的腰椎（第1～第4）之神經集合體，在腰部肌肉分支後，分成股神經、閉鎖神經、外側股皮神經等，來負責下肢運動與知覺的任務。

骶骨神經叢則是來自連接第4到第5腰椎，與接其尾側的骶骨神經集合體。除了坐骨神經之外，又在臀部肌肉分支。

【股神經】 除了控制恥骨肌、縫合肌與股四頭肌之外，還分出前皮神經、隱神經。股神經麻痺之後，大腿便無法彎曲，或無法坐起、無法走樓梯，另外站立與走路時，膝蓋也無法保持筆直。

【閉鎖神經】 控制閉鎖肌、內轉肌、恥骨肌的神經，此神經一旦麻痺，大腿便無法閉合，而麻痺的脚也無法放到正常的脚上。

【坐骨神經】 是身體最精細的神經，位在大腿後面膝蓋稍下方處，分爲脛神經與腓總神經，控制著大腿的彎曲肌與大內轉肌。坐骨神經痛時，伸展下肢或壓迫神經正上方便會感到疼痛。

【腓總神經】 神經一旦麻痺，脚外側邊與脚前端便會下垂。

●主要疾病 正中神經麻痺、尺神經麻痺、橈神經麻痺、臂神經叢麻痺、坐骨神經痛、周期性四肢麻痺、脛前肌症候羣。

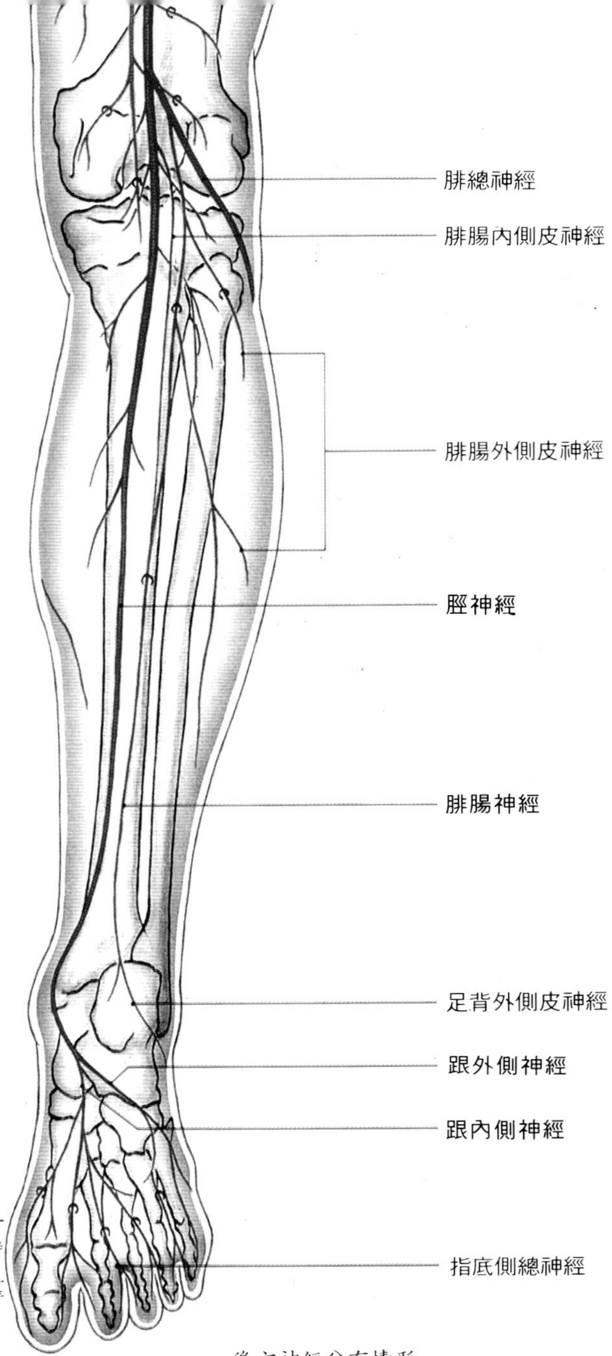

腓總神經
腓腸內側皮神經
腓腸外側皮神經
脛神經
腓腸神經
足背外側皮神經
跟外側神經
跟內側神經
指底側總神經

後方神經分布情形

手與脚的主要疾病

【肌肉】

肌肉攣縮症 ——肌肉纖維變質，變成堅硬的瘡疤，肌肉失去伸縮力的症狀。此症狀常見於肩三角肌、下肢股四頭肌、臀肌等處。其發生原因大多是因肌肉注射所引起，患此病會導致肌肉關節運動障礙，而下肢在步行時也會出現奇怪的形態。

【肩關節】

肩迴旋腱板損傷 ——構成肩關節的肌肉之一發生裂痕或斷裂的狀態，便稱爲肩迴旋腱板損傷。以40～50歲的患者居多，常發生於突然出力或劇烈運動時，患此症會有劇烈疼痛，手也無法向外迴旋。

棘上肌症候羣 ——肩關節的棘上肌發生障礙，引起疼痛或痙攣等症狀。反覆過度使用肩部肌肉是患此症的主因，以運動選手患病率最高。

頸肩臂症候羣 ——患此症的確切原因不明。患此病時從頸、肩到手指皆會感到疼痛，並發生運動機能障礙等症狀。發病的原因有許多種，基本上是因頸椎及其周圍發生障礙所致。

五十肩 ——肩膀關節疼痛，肩膀運動不順暢的狀態，以40～50歲的人易患此症，因各種原因引起的肩關節異常是造成此症的主要因素。

【肘關節】

肘內障礙 ——肘關節的橈骨頭稍微脫離環狀韌帶的狀態。當父母用手用力拉小孩手臂時，便常造成此病。

網球肘 ——因打網球、高爾夫球時，劇烈運動前臂的結果，致使肘關節發生障礙的疾病。患此病時肘關節甚至整個手臂都會不斷的疼痛，無法用力。

內反射、外反射 ——手臂的上臂肘與前臂肘沒有與肘關節呈一直線，由前方來看，前臂朝向內側的是內反肘，朝向外側伸展的是外反肘。常因骨折、骨髓炎等外傷而導致此症狀，會有疼痛與麻痺的現象，但一般皆不會防礙到手臂的功能。

棒球肘 ——肘關節持續受到强烈的衝擊，致使關節變形、變性的狀態。棒球投手、鏢槍選手便常患此症，患此症時手肘會發炎紅腫，只要活動手臂就會痛。

【手關節】

腱鞘炎 ——化膿、外傷、慢性疲勞、痛風、風濕等原因所引起的肌腱及周圍發炎症狀。常發生於手指、手掌、脚趾、脚背、手脚的關節上。

德標依特菌攣縮 ——手掌的腱鞘纖維化，手指呈彎曲的病，其原因不明，常發生於中年以上的男性。

彈簧指 ——環繞著彎曲手指肌腱的腱鞘周圍收縮，致使手指無法順利彎曲的狀態，如果勉强彎曲，手指會如彈簧般彈開並會發出聲音。

風濕→慢性關節風濕（P.130）

【髂關節】

臼蓋形成不全 ——製造髂關節的髖臼形成不完全之症狀。患此症後容易脫臼，或是大腿骨的臼蓋容易脫離，以先天性居多。

先天性髖關節脫臼 ——由於構造上的缺陷，與生俱來的關節脫臼症狀，以女性居多。患此症的人在幼兒時走路就稍有異狀，隨著成長髖關節會痛，在日常生活上造成不便。治療方法上與其勉强將脫臼拉回，不如採取使之自然恢復的方法。

大腿骨頭壞死 ——髖關節的大腿骨發生病變而壞死之病，有些原因不明，有些是因血管病所引起的。患此症者髖關節會痛，運動受到限制。

培戴斯病 ——大腿骨因血行障礙而壞死之病，主要症狀是疼痛、走路不便。症狀慢慢出現者是屬慢性症，以4～7歲的男孩羅患率最高。

變形性髖關節症 ——髖關節的血液供給減少、關節軟骨變薄等病態，主要症狀是疼痛與關節運動受限制，以五十歲以上患病率較高。

【膝關節】

歐斯格特休拉達病 ——下肢脛骨的結節部突出，筆直坐立或活動膝關節時會痛。

膝蓋軟骨軟化症 ——膝關節的膝蓋軟骨紅腫病變，運動時會感到疼痛的症狀。膝蓋骨的形狀異常，對膝蓋强施壓力是致此病的原因。

膝內障礙 ——形成膝關節形狀的半月、韌帶、關節包、肌肉外部因外力而受損，致關節遭阻礙的症狀。患此症的同時還會發生輕度或重度的脫臼，主要症狀有疼痛、運動受限、關節積水等。

【脚的關節】

脚底的腱膜炎 ——創造脚底形狀的肌腱與足踝骨骼的接著部附近發炎，站立或步行時會感到疼痛的症狀。過度站立或步行是致病原因。

痛風 ——血液中的尿酸發生異常（過多）而導致下肢關節特別是脚的拇趾跟會感到劇烈疼痛的疾病。發病時用秋水仙鹼治療特別有效，若要根治，則須降低尿酸。

內反足・外反足 ——脚內側天生就上舉稱爲內反足，而向反側上舉則稱爲外反足。致病原因不明，以男孩患病率較高。

扁平足 ——脚底無拱門形，也就是沒有脚掌而脚底呈平坦狀的症狀稱爲扁平足。扁平足者長時間走路或站立會感到疲累。

【血管】

血栓性靜脈炎 ——靜脈壁因某種原因而損傷，在該處積（血栓）妨礙血流循環所致，主要發生於下肢靜脈。除了會紅腫疼痛之外，還會出現發燒等全身症狀。

閉塞性血栓性血管炎 ——血栓堵住四肢的動、靜脈內部而引起之疾病。常會慢性發生，以年輕男性患者居多。症狀輕微時手指會冰冷變白、疼痛、症狀嚴重時手指會壞死。

閉塞性動脈硬化症 ——因上肢或下肢的動脈硬化，致使動脈血流受阻而引起的症狀。致病原因有精神壓力、抽菸、代謝異常等。以40歲以上的男性、老人居多。主要症狀有手脚冰冷蒼白，進而潰瘍、壞死。

雷諾症候羣 ——因受寒致使手脚指頭發紫變白或麻痺的疾病。發生的原因以輸送血液到手指的小血管强力收縮爲主。長期使用振動工具而引起的職業病、神經疾病、膠原病也容易引起雷諾症候羣。

【神經】

坐骨神經痛 ——腰部、臀部、大腿部有壓迫感、疼痛感的疾病。原因由脊柱疾病所引起，也有的是因內腋疾病所引起，還有是因心理因素所引起的。

週期性四肢麻痺 ——手脚肌肉麻痺，經數小時或數天後會自然痊癒的疾病，以夜間發作較多，有些是遺傳性的，有些是副腎皮質功能減退所造成。

正中神經麻痺 ——控制上肢神經中的正中神經受到外傷、骨折、脫臼而受損，致有各種程度的麻痺狀態。

前脛骨肌症候羣 ——往下肢對面脛骨前肌流動的血液受阻，而產生强烈疼痛、紅腫，致有脚趾頭無法移動的狀態。主要是因前脛骨肌肉輸血動脈阻塞，或因受傷出血所致。

橈神經麻痺、尺神經麻痺 ——橈神經、尺神經因外傷、骨折、強烈的跌打損傷，致有上肢麻痺的狀態。橈神經麻痺時，手腕會彎曲（垂手），尺神經麻痺時，抓東西手指會如鷹爪一般。

臂神經叢麻痺 ——控制上肢神經的臂神經叢受損，致有上肢麻痺的症狀。麻痺的程度與範圍各有不同，發生車禍時頸部突然向反側甩，容易導致此病。

5 全身

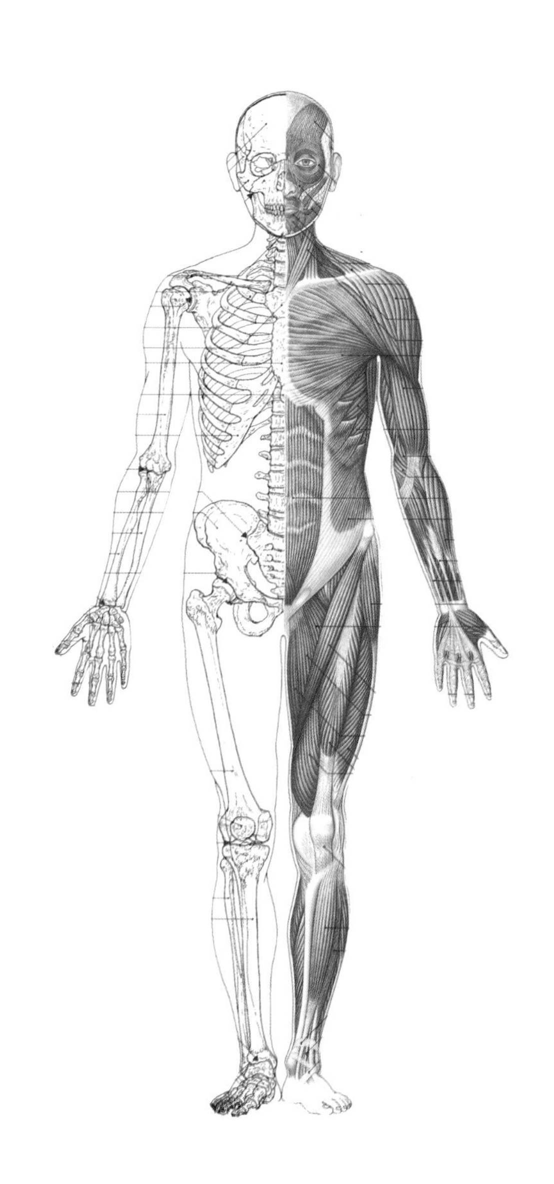

肌肉

1 全身的肌肉與骨骼

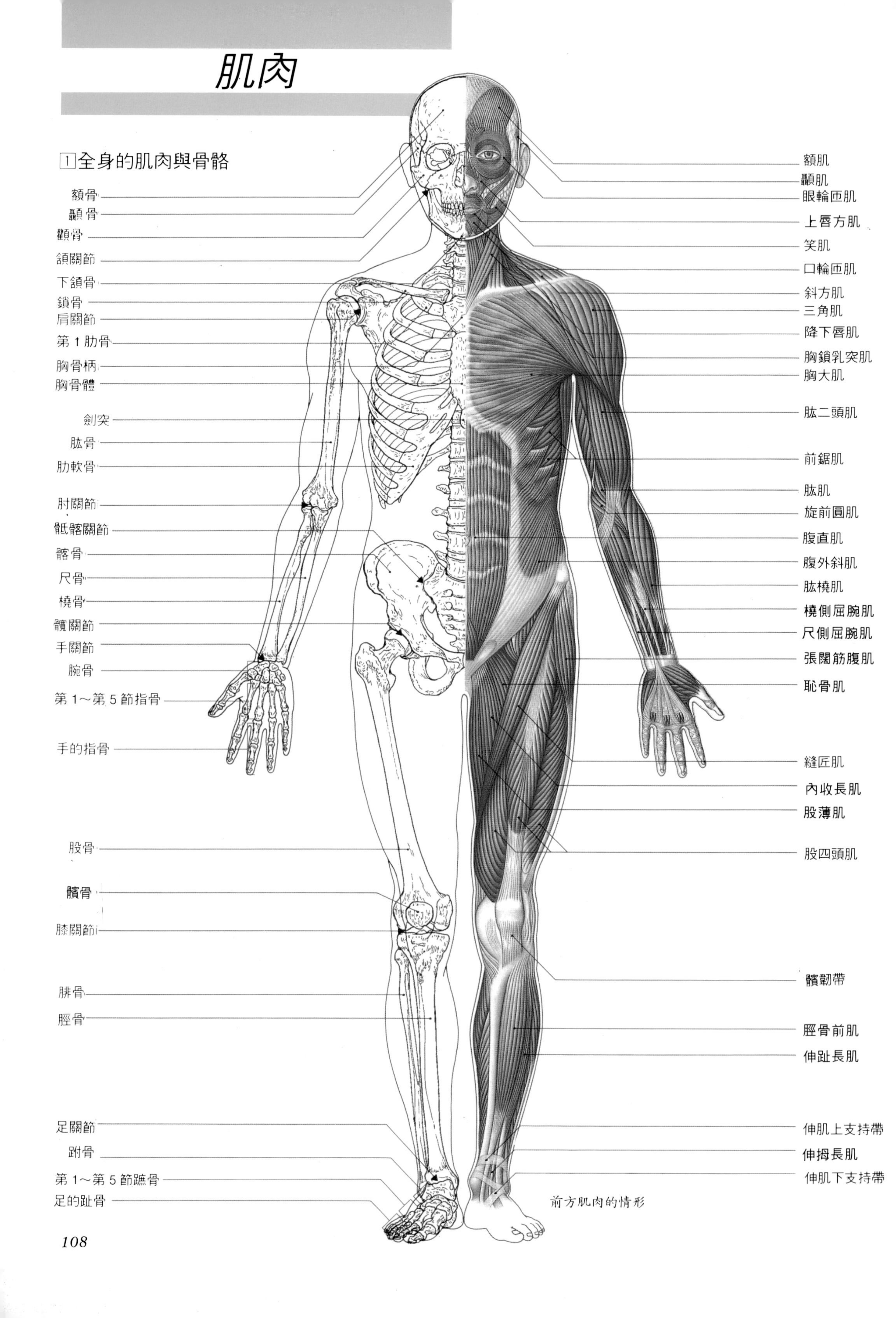

前方肌肉的情形

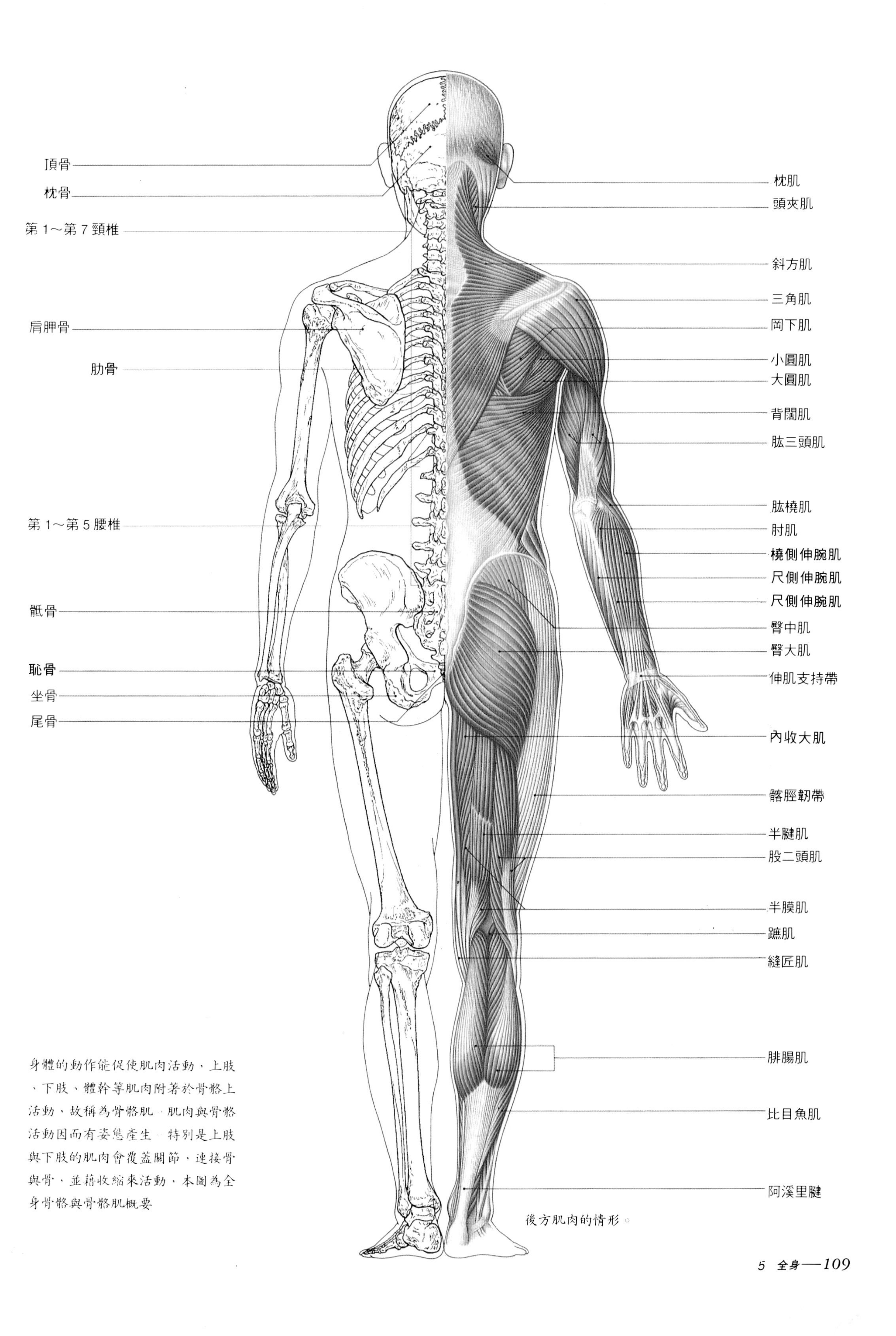

身體的動作能促使肌肉活動，上肢、下肢、體幹等肌肉附著於骨骼上活動，故稱為骨骼肌。肌肉與骨骼活動因而有姿態產生。特別是上肢與下肢的肌肉會覆蓋關節，連接骨與骨，並藉收縮來活動，本圖為全身骨骼與骨骼肌概要

後方肌肉的情形。

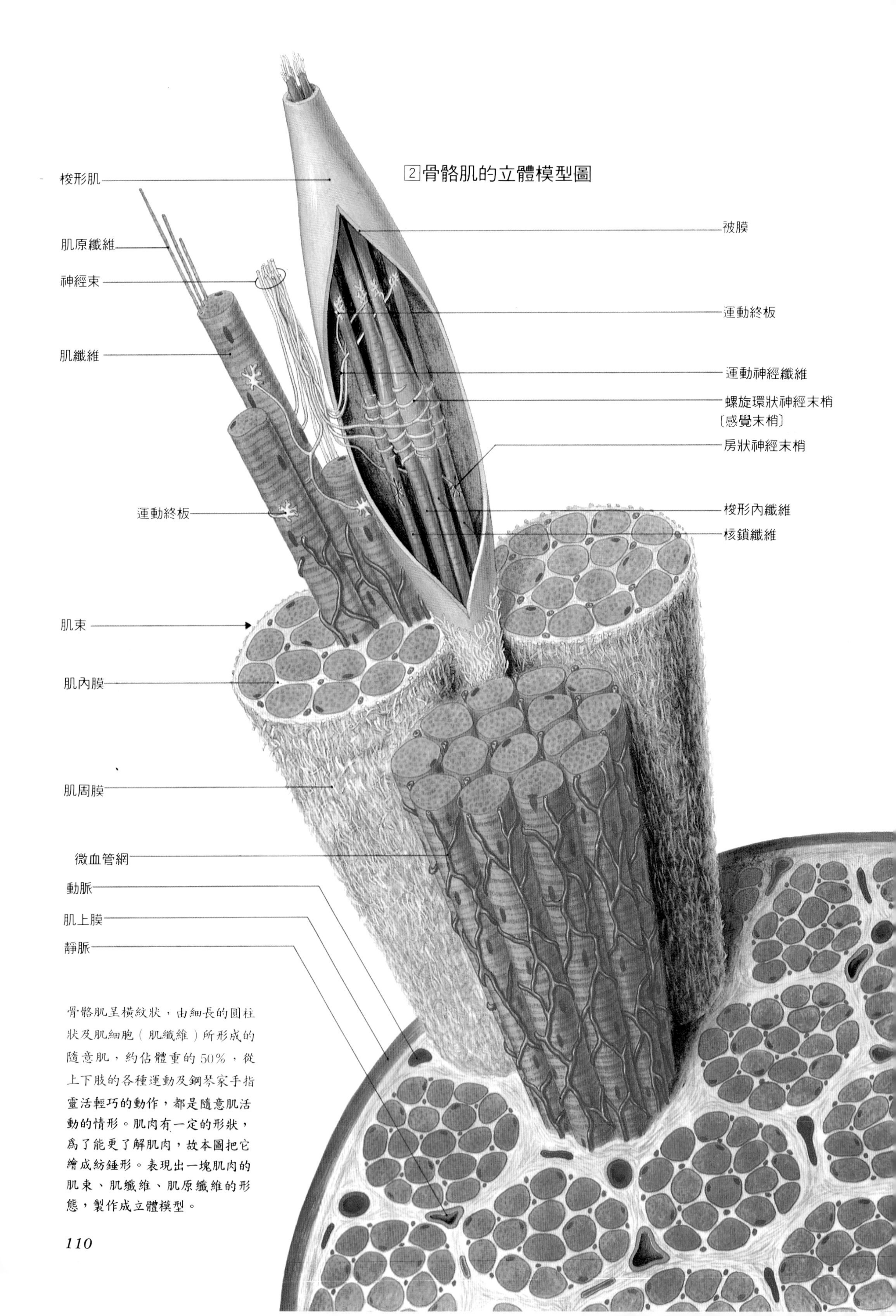

骨骼肌呈橫紋狀，由細長的圓柱狀及肌細胞（肌纖維）所形成的隨意肌，約佔體重的50%，從上下肢的各種運動及鋼琴家手指靈活輕巧的動作，都是隨意肌活動的情形。肌肉有一定的形狀，爲了能更了解肌肉，故本圖把它繪成紡錘形。表現出一塊肌肉的肌束、肌纖維、肌原纖維的形態，製作成立體模型。

3 平滑肌的構造

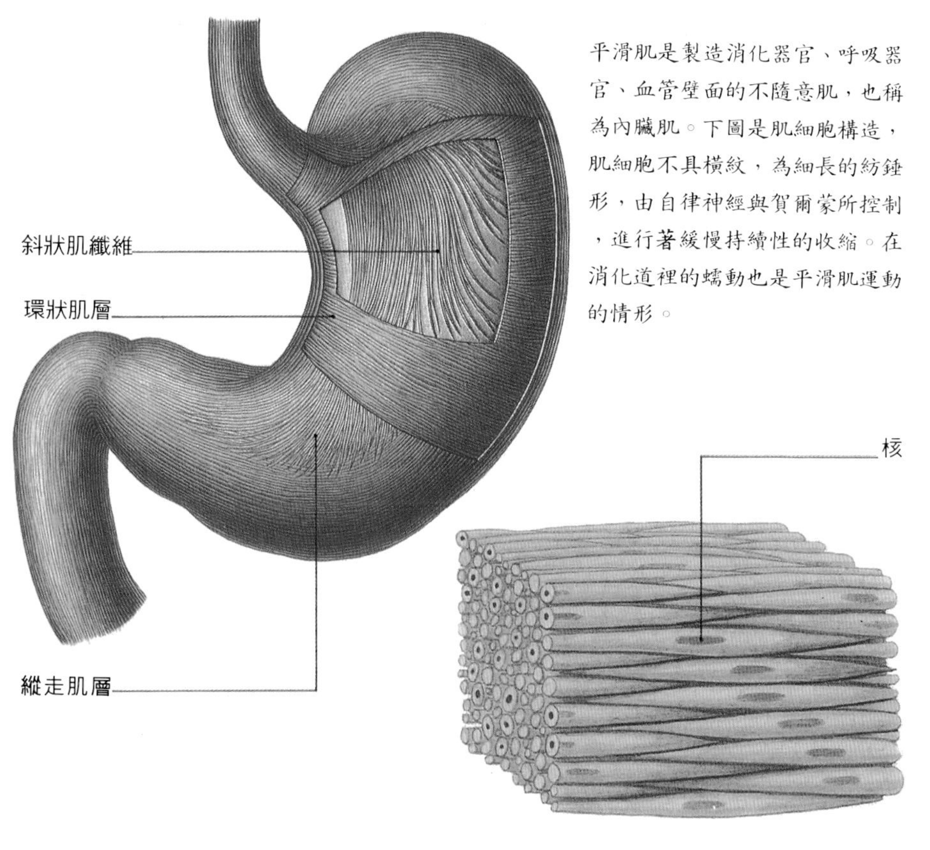

平滑肌是製造消化器官、呼吸器官、血管壁面的不隨意肌，也稱為內臟肌。下圖是肌細胞構造，肌細胞不具橫紋，為細長的紡錘形，由自律神經與賀爾蒙所控制，進行著緩慢持續性的收縮。在消化道裡的蠕動也是平滑肌運動的情形。

4 心肌的構造

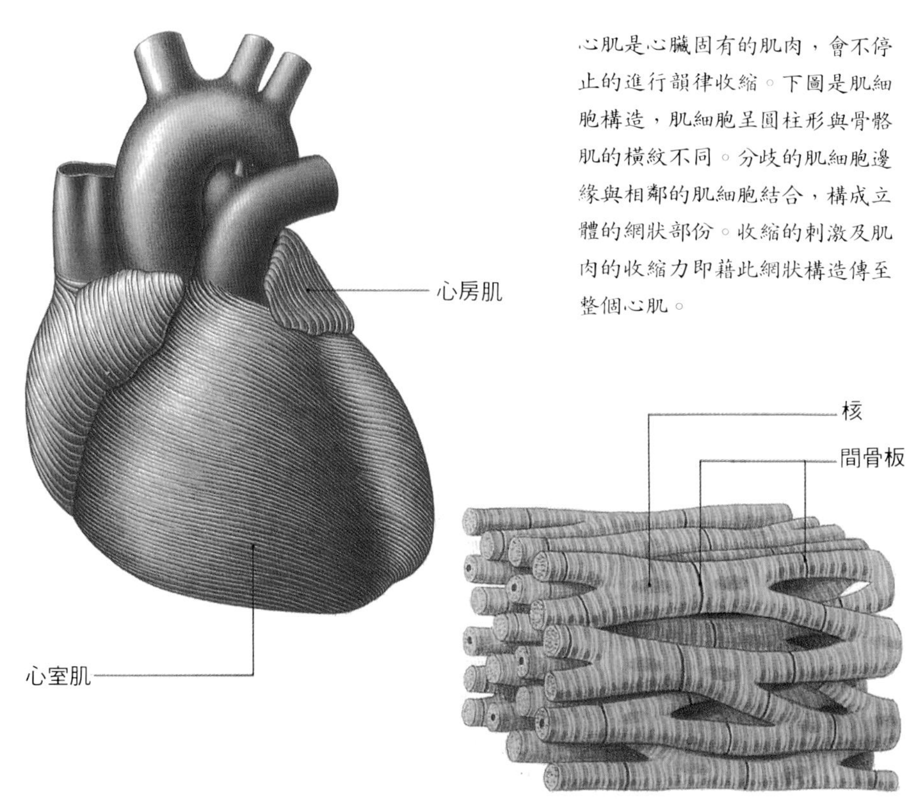

心肌是心臟固有的肌肉，會不停止的進行韻律收縮。下圖是肌細胞構造，肌細胞呈圓柱形與骨骼肌的橫紋不同。分歧的肌細胞邊緣與相鄰的肌細胞結合，構成立體的網狀部份。收縮的刺激及肌肉的收縮力即藉此網狀構造傳至整個心肌。

【肌肉的種類與特徵】 肌肉分爲橫紋肌、平滑肌與心肌三種。橫紋肌附著在具有活動功能的骨骼上，亦稱骨骼肌。橫紋肌本身有橫紋，可在自由意志下收縮或舒張，屬於隨意肌，相對的平滑肌與心肌則不能依意志來活動，屬於不隨意肌，而必須藉由自律神經來控制其活動。

平滑肌主要是製造血管、腸管、氣管、尿道或胃、膀胱等袋狀器官以及子宮壁的肌肉。平滑肌的肌肉收縮力比橫紋肌慢，伸展肌力的張力也不會增加。進行有規律的收縮是平滑肌的特徵。心肌是構成心臟的肌肉，具有橫紋肌與平滑肌的雙種特徵。

【構造】【橫紋肌】 其肌細胞因呈細長的纖維狀，所以也稱「肌纖維」。**肌細胞**主要是由橫紋的肌原纖維所構成。每一條肌纖維都包裹著肌周膜，而集結多數肌纖維構成肌束的外側再包裹著肌周膜，此肌束進而再集結形成包裹著肌上膜的肌肉。

【平滑肌】 平滑肌的肌纖維比橫紋肌肌纖維的直徑小、長度也較短且無橫紋。

【心肌】 心肌的肌纖維有橫紋，但比骨骼肌細且短。心肌會呈橫向分支並彼此結合，對於外來的刺激呈整體性細胞的反應。

【功能】 透過運動神經纖維的神經興奮，傳達到神經與肌纖維的結合部份（運動端板或神經肌末端），而在該處達一定水準之後，橫紋肌便產生收縮。進行快速收縮的眼肌皮下肢腓腹肌，其紅色素（肌紅蛋白）少，故稱爲「白肌」，它會因收縮快速而容易感到疲勞，而其他的骨骼肌紅色素多爲「赤肌」，其收縮速度緩慢，所以不容易感到疲勞。

●主要疾病 進行性肌肉營養不良症，多發性肌炎，嚴重性肌無力症、皮膚肌炎、肌性斜頸。

骨骼與關節

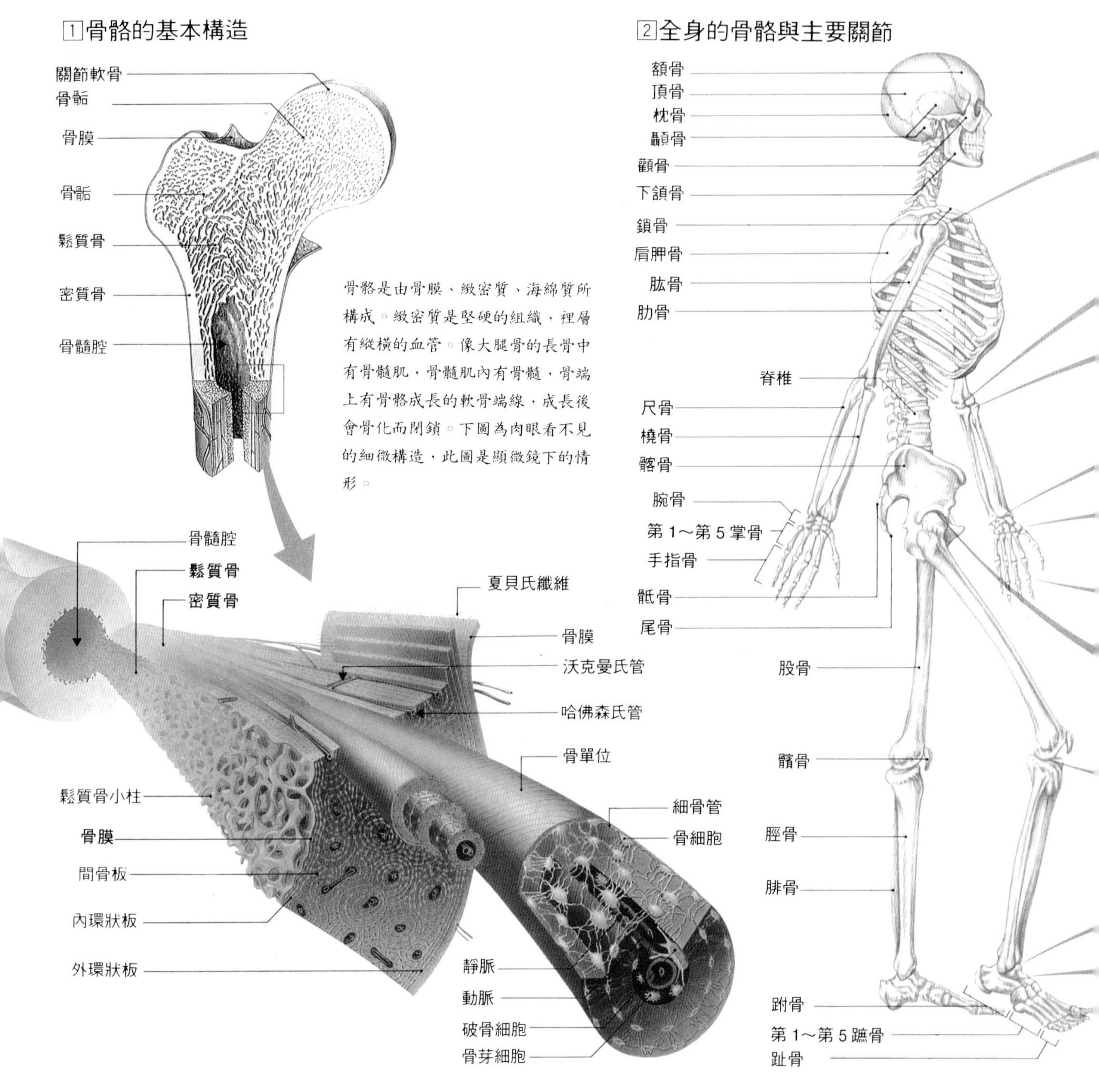

●骨骼

【種類】 骨骼從其外形上可區分爲長骨、短骨、扁平骨、含氣骨、額骨等五種。長骨爲四肢等較長的骨骼，短骨則爲手指（手腕部）、脚背（脚踝部）等小形骨。扁平骨是構成頭蓋骨的這種薄板狀骨，含氣骨則爲如下巴、上顎骨的那種具有中空性質的骨骼，而額骨雖然是屬於扁平骨，但它有厚的部份也有中空的形狀，所以應將它視爲混合骨。

【構造】【基本構造】 長骨的管狀骨幹部份以及短骨、扁平骨的表面，是由含有多量磷酸鈣的硬性緻密質所構成的。在緻密質的內部爲網狀構造（海綿質）。

海綿質的網狀與網狀之間的脊髓腔內存在著柔軟的骨髓。人剛出生時骨髓製造血球爲紅色的（赤色髓），長大之後製造血球的能力減退，並會滲入脂肪，於是黃色的黃色髓日益增加。

【緻密構造】 長骨的硬性緻密質內，就如同將許多的長蔥縱形併列一般。其中間有小血管通過，這些有豐富血液的小血

3 關節的基本構造

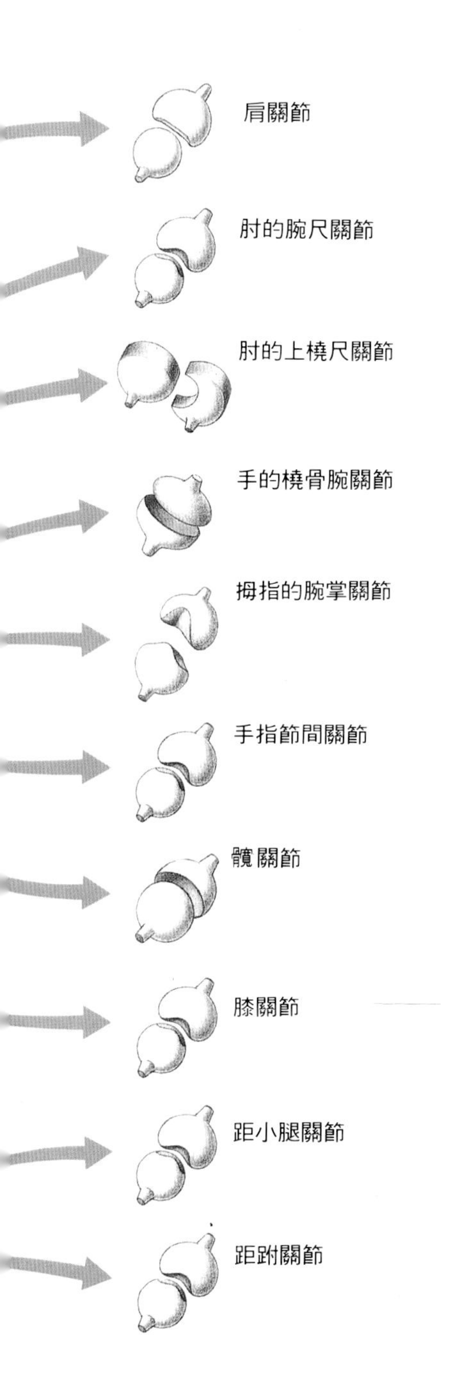

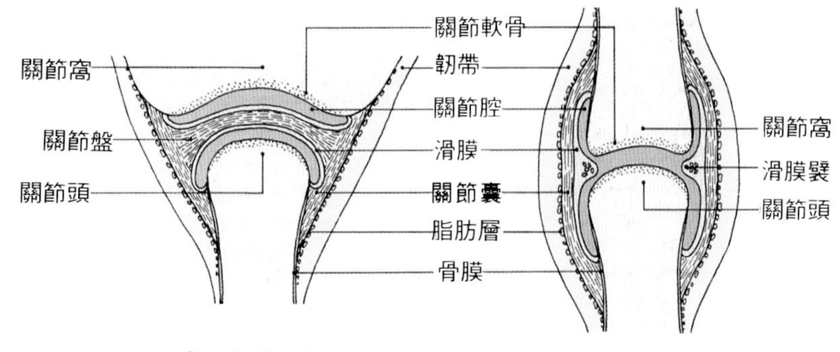

顳下頜骨關節的情形。　　膝關節的情形。

關節是關節頭與容納關節的關節窩相向的構造。兩者有包裹在關節囊內的組織，相向的部份被平滑軟骨所覆蓋。關節囊內能分泌使關節靈活活動的滑膜。關節腔的空隙裡有滑膜、滑膜襞（膝關節等），空隙較大的部份（如顳下頜關節）會對關節圓板起作用，使動作趨於緩和。

管會供給骨骼營養。而骨骼內則藉由破骨細胞的破壞，及骨芽細胞（造骨）建造新骨的不斷反覆進行，使骨骼不斷的更新。

【功能】 骨骼除了具有支持整個身體的任務之外，也會保護腦部及各種內臟器官，而骨髓除了可生產血球之外，同時還擔任著儲存身體重要養份鈣的任務。

●關節

【依軸數分類】 關節根據運動的軸數可分爲1軸關節、2軸關節及多軸關節等三種。

1軸關節如肘關節般，只用1個軸來活動，是只能進行伸展彎曲運動的關節。2軸關節則如手腕關節般，具有彼此可呈現直角相交的兩方向軸的關節。2軸關節順著順序進行4方向的運動，便能做出畫圓的運動（環繞運動），但是如果將手腕固定住，那手就無法做向外側或向內側回轉的運動。多軸關節是如肩關節般有許多的回轉軸，可向許多方向回轉的關節。

【依關節面形狀來區分】 關節從關節面形狀可分成四種類。

球窩關節是關節頭爲球形，而容納此關節頭的關節窩也呈球形凹入的形狀。此關節可向所有的方向運動，爲多軸關節。橢圓關節例如手腕的腕橈關節一般，其關節面接近橢圓形，能進行橢圓的長軸與短軸的雙肘運動。

屈戌關節如肘關節與膝關節一般，藉由軸戌的開閉來進行彎曲伸展的1軸關節。車軸關節也是1軸關節，但關節面因形成汽車車輪及護板的關係，所以能以通過車輪中心的軸爲中心，進行回轉運動。前臂的橈骨與尺骨間的關節（橈尺關節）便屬於此種關節，可使手掌向前或向後方轉動。

其次，屬於橢圓關節的是活動大拇指的鞍狀關節，其爲雙軸性，除了可伸展與彎曲之外，還可使拇指接近食指，以及使手掌水平向上或拇指往上翹。

4 脊柱的構成

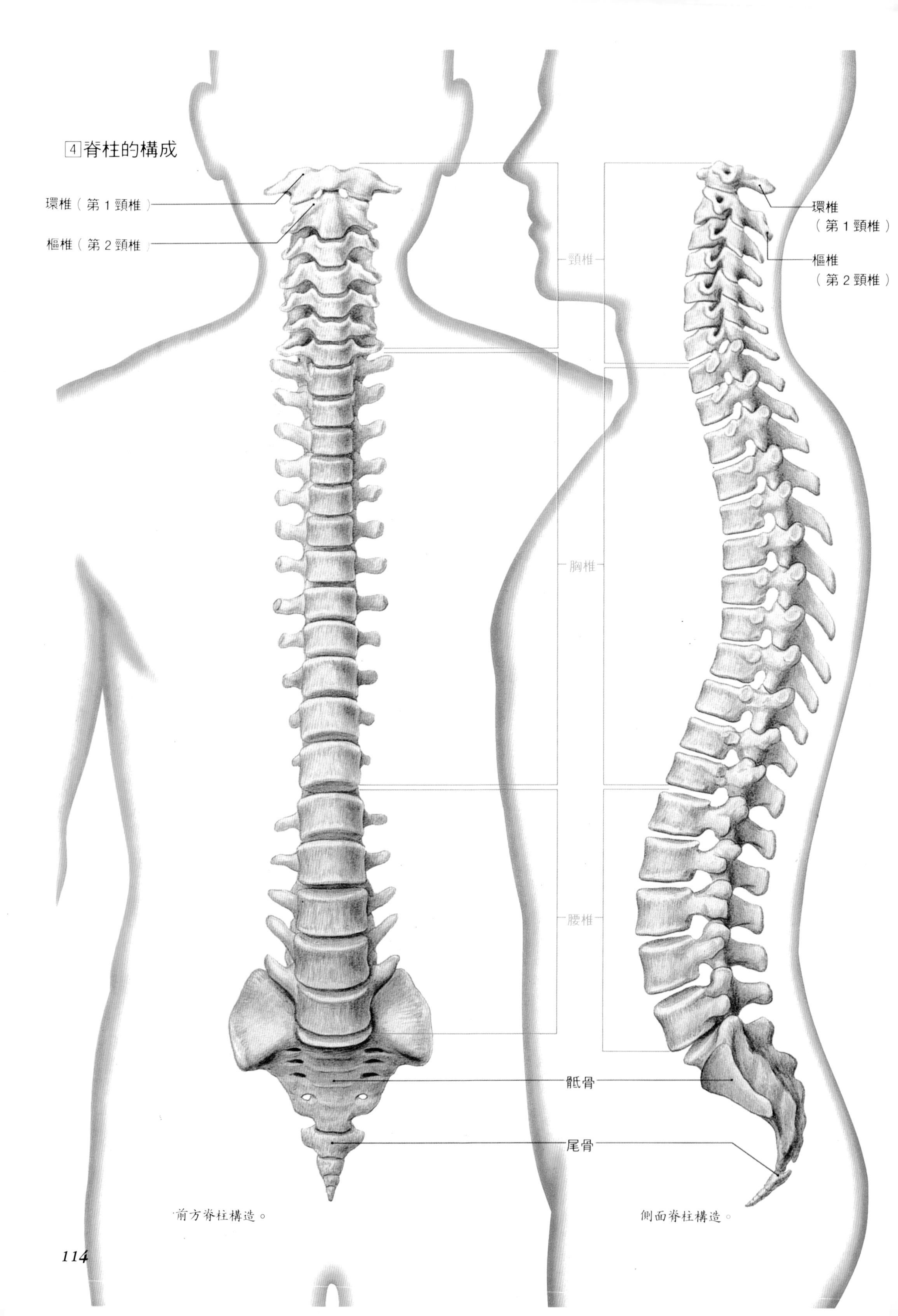

前方脊柱構造。

側面脊柱構造。

5 腰椎的構造

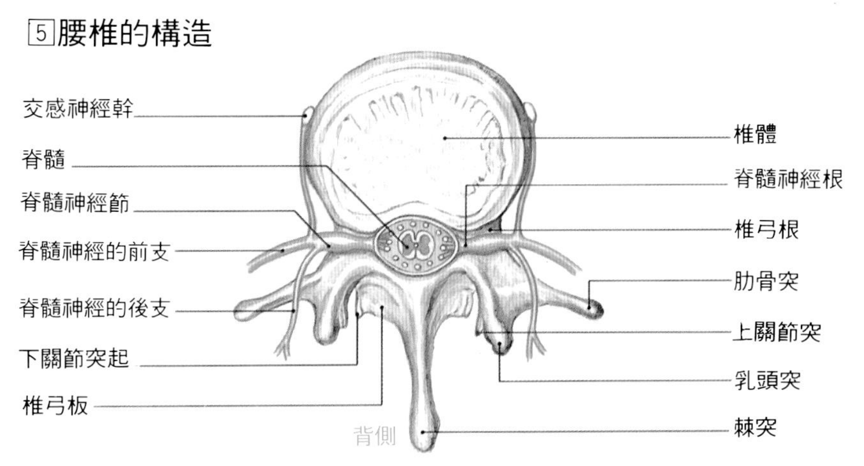

由正上方所見的貯藏脊髓的第一腰椎

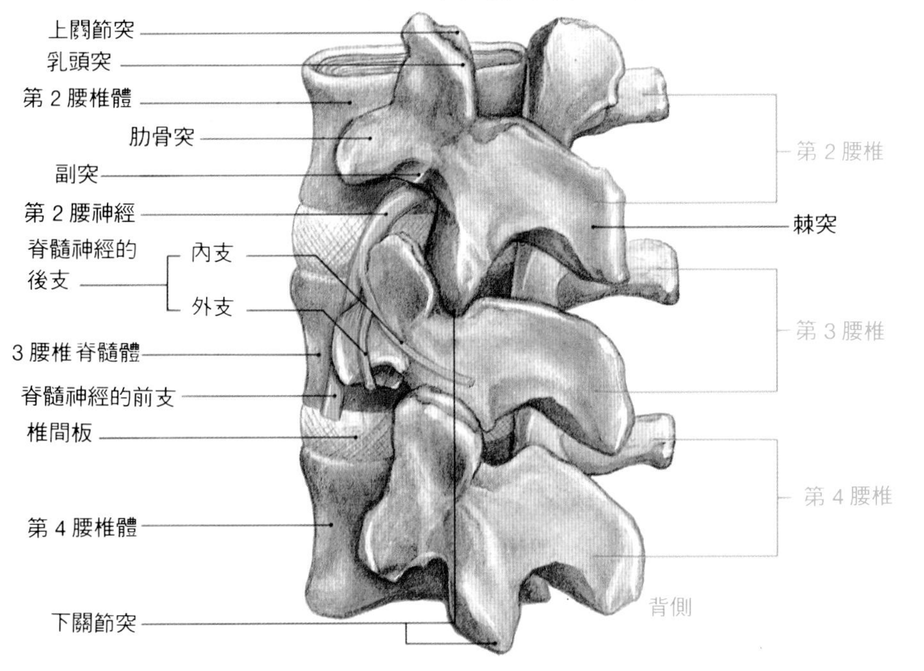

由後側方所見的第二至第四腰椎的構造。

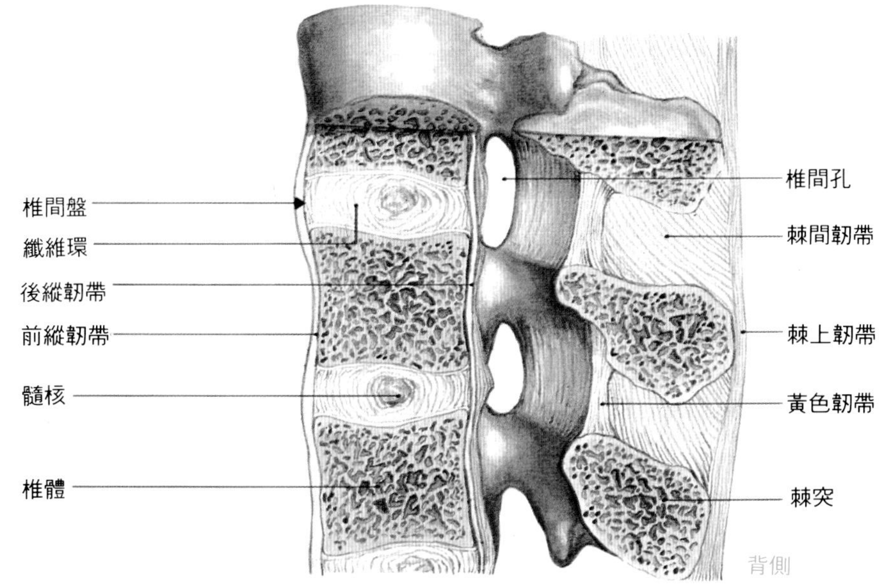

從縱切面所見的腰椎構造

6 椎間板疝氣的病態

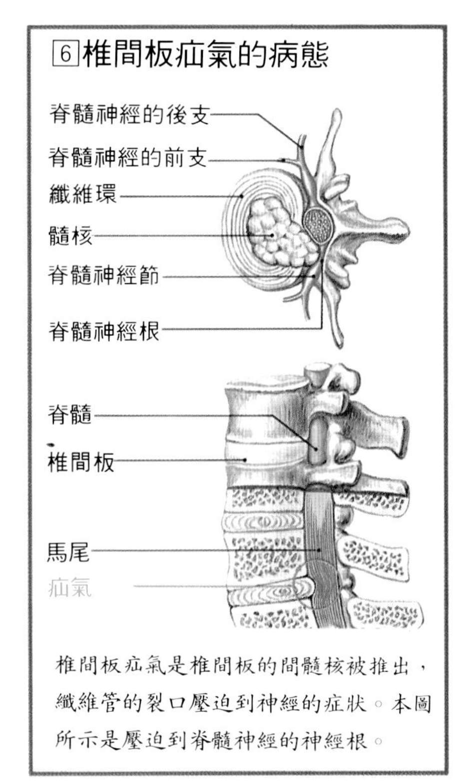

椎間板疝氣是椎間板的間髓核被推出，纖維管的裂口壓迫到神經的症狀。本圖所示是壓迫到脊髓神經的神經根。

●脊柱

【構造】 有形狀獨特的24塊椎骨，彼此之間墊著椎間板而逐漸堆高。在脊柱的尾側有骶骨與尾骨，合計是由26塊骨骼構成脊柱。每一塊脊椎骨的側面皆爲橢圓形的厚圓板形狀，而其背側則有輸送脊髓的孔（椎孔）。環繞椎孔的爲椎弓，椎弓背側有棘突，左右有橫突，上下則有關節突。

24塊脊椎骨中，頸椎有7塊，胸椎有12塊，腰椎有5塊。

【功能與特徵】 從正面來看脊椎呈筆直形，但由側面來看則彎成S形，此一彎曲是具有支持重量很重的頭部之彈性功能。椎孔的上下相連性，構成可容納脊髓脊柱管。構成脊柱的椎管數且因動物種類的不同而各異。四脚動物與人類的數目不一樣，椎體的大小也有差異。四脚動物脊柱的彎曲也很單純。

●重要疾病 骨頭疏鬆症、骨頭軟化症、關節炎、椎間板疝氣，變形性脊椎症，脊椎分離症。

皮膚與毛髮

1 皮膚的構造

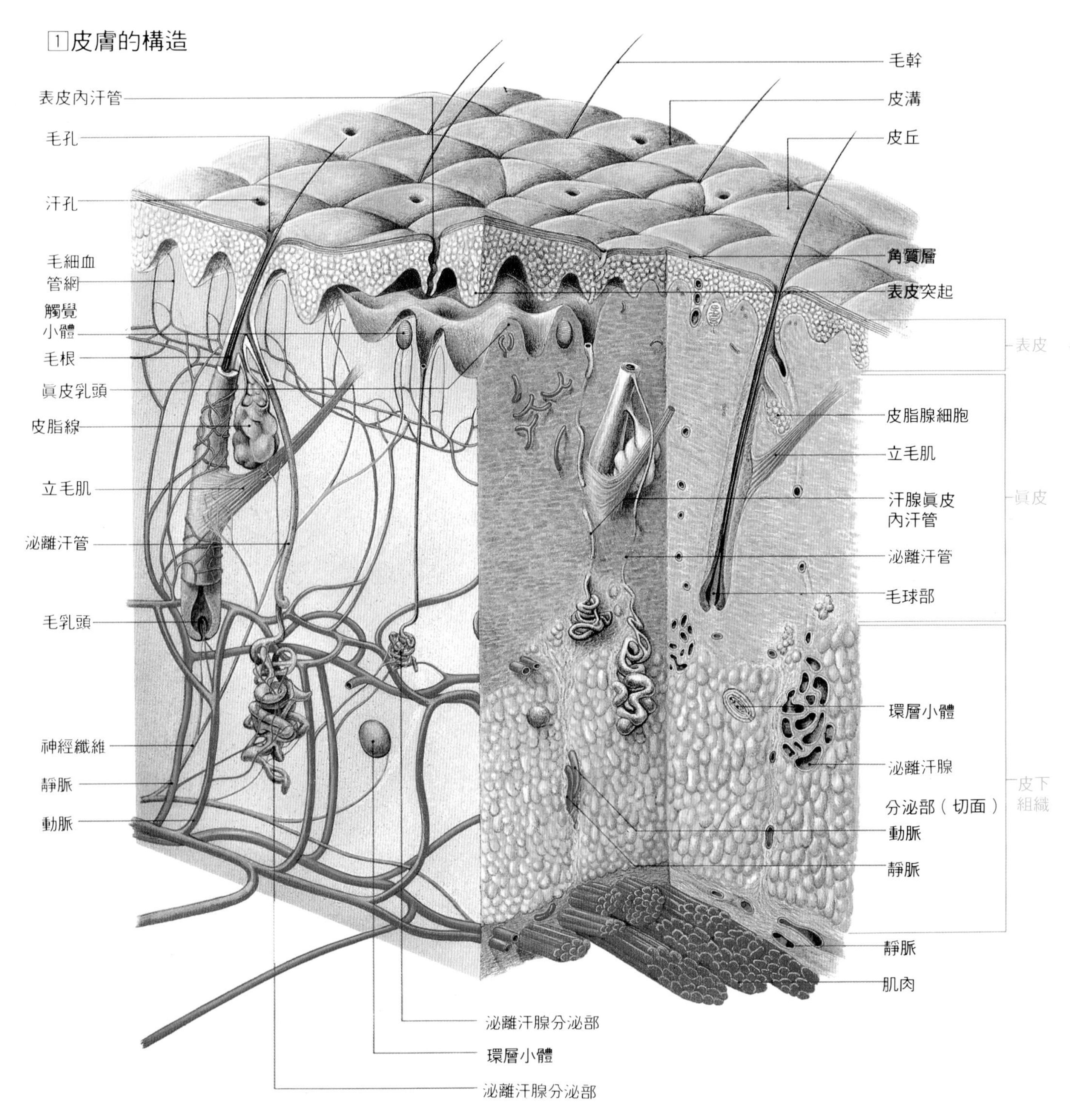

●皮膚

皮膚覆蓋在身體的表面，以一個成年男人而言，皮膚的表面積約爲 1.8㎡，重量約爲 4.8kg，約佔總體重的 8%。

【構造】 皮膚是由表皮及緊貼表皮的眞皮所構成的。皮膚內包含有汗腺、皮脂腺、毛根與毛　、血管、淋巴管、末梢神經等，以及有助於皮膚功能的皮下組織。

【表皮】 手掌、脚掌、手指、脚趾的背面含有 1mm 以上的角質層（在這些地方都是透明層），其他部份的厚度約爲 0.1～0.2mm。

表皮從外至內依序爲角質層、顆粒層、有棘層、基底層。基底層的圓柱細胞會不斷分裂製造出新細胞，並向外皮擠推。此細胞到達顆粒層需 2 週的時間，再到角質層又需 2 週的時間，所以合計約需 4 週的時間，可使表皮成爲污垢而脫落。

【眞皮】 眞皮分爲乳頭層、乳頭下層、網狀層等。主要是由膠原纖維所構成，另外還含有彈力纖維與細網纖維等物質。

2皮膚的角化

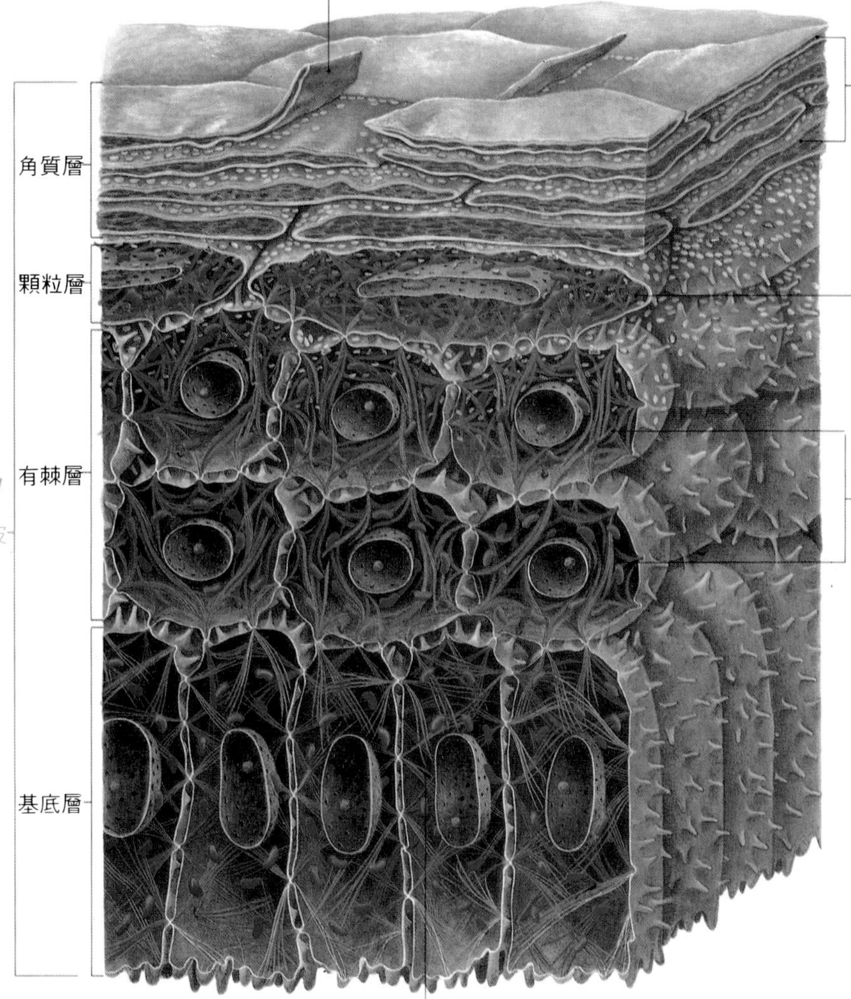

表皮底層對圓柱細胞分裂，細胞分裂後會形成新細胞，並會向表面擠壓，形成有棘層、顆粒層、最後會構成角質層，角質層經過一段時間後會形成污垢而剝落。

3掃瞄電子顯微鏡下的皮膚表面

看起來宛如枯葉，此為會剝落的角質細胞。

【皮膚附屬器官】 皮脂腺會將脂肪分泌物送向毛根，汗毛與表皮的表面被皮脂膜所覆蓋。大汗腺（別名臭體腺）是流出味道強烈成份複雜的汗之出處，在腋下，陰部等特定地方特多。小汗腺分布在表皮上，以手掌與腳掌等處分布最多。

【皮膚顏色】 基底層細胞的5%～10%是製造黑色素的細胞。黑色素包含於分裂所形成的上皮細胞裏。根據黑色素量的多少，皮膚顏色會有所改變。

【功能】 可防止寒暑、太陽光、摩擦等物理性刺激，及種種化學毒物侵害身體內部。皮膚是一很堅固的防禦設施，另外也具有疼感、寒溫及觸覺等的感覺承受器。汗腺除了可調節體溫之外，也會配合感情的變動而出現精神性發汗。

●**主要症狀** 特殊性皮膚炎、疥癬、汗疹，汗疹性白癬，尋常性痤瘡、凍瘡。

④毛髮的構造

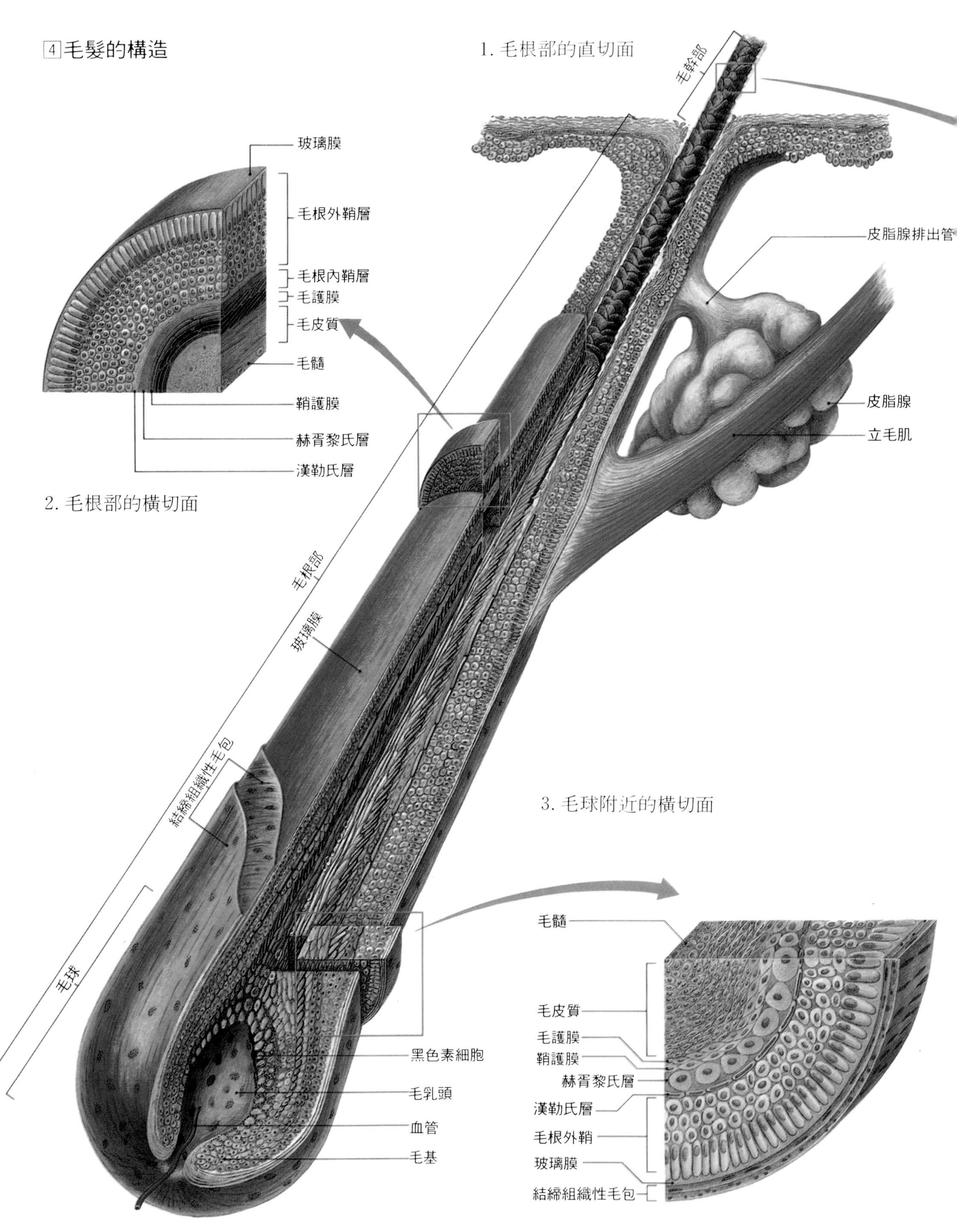

1. 毛根部的直切面
毛幹部
皮脂腺排出管
皮脂腺
立毛肌
2. 毛根部的橫切面
玻璃膜
毛根外鞘層
毛根內鞘層
毛護膜
毛皮質
毛髓
鞘護膜
赫胥黎氏層
漢勒氏層
毛根部
玻璃膜
結締組織性毛包
毛球
黑色素細胞
毛乳頭
血管
毛基
3. 毛球附近的橫切面
毛髓
毛皮質
毛護膜
鞘護膜
赫胥黎氏層
漢勒氏層
毛根外鞘
玻璃膜
結締組織性毛包

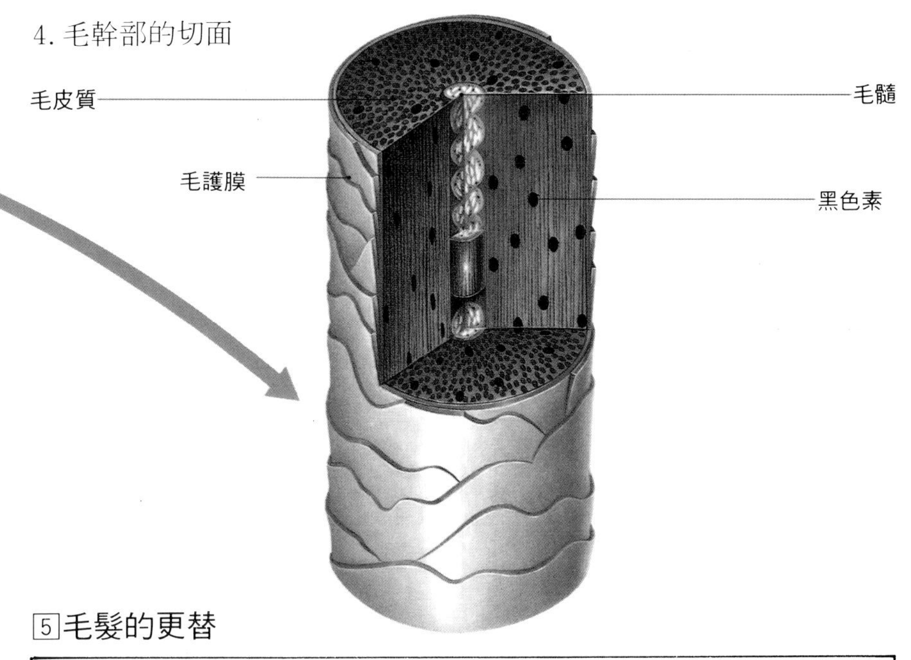

5 毛髮的更替

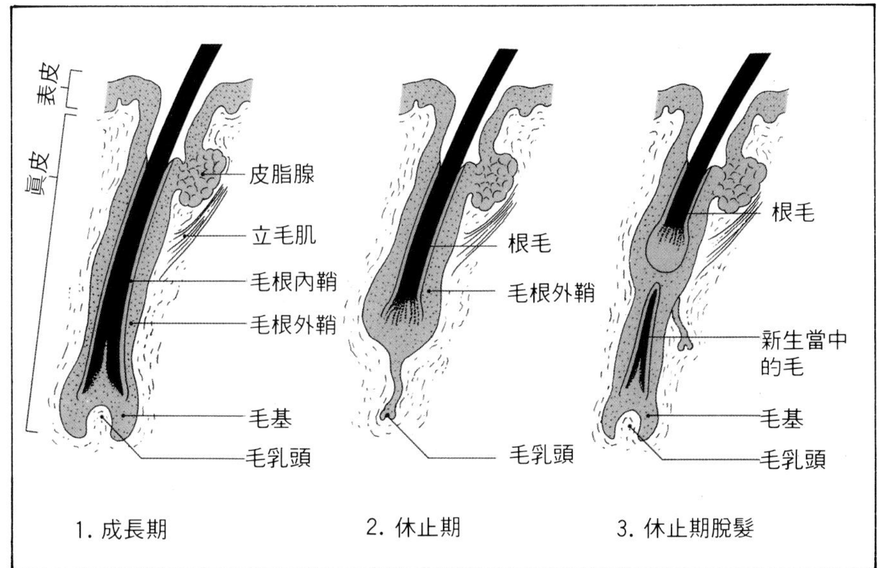

6 電子顯微鏡下的頭髮與頭皮

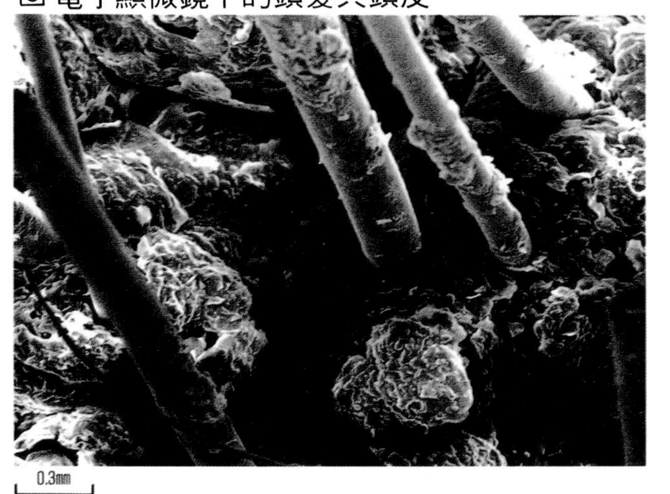

成長期間，毛髮的毛球裡有燒瓶狀的膨大部，該處的毛母細胞羣會快速進行細胞分裂而形成毛髮。在停止期毛根末端有角質突起，此會向毛根空隙生長，停止期毛根的長度大約是成長期的½～⅓，不久就會脫髮。

頭皮長出，而堆積在髮根處的是頭皮屑。

●毛髮

毛髮是皮膚的角質分化所形成的角質性附屬物。原本毛髮是爲了感覺功能、保溫、保護皮膚等，但現在美容上的目的已大於原來的目的。

【構造】 突出於皮膚表面的毛髮是毛幹的部份，藏在皮膚內的是毛根，毛根的根部被毛皮包住。毛根大約在皮膚表面下的 4～5mm 處，其邊端是成長期的毛髮，呈燒瓶狀的毛球，而停止期的毛髮則爲不鼓起的棒狀。

由毛髮的切面看中央部份有毛髓質，其周圍是毛皮質與毛護膜層。黃色人種的直線髮橫切面是圓形，白色人種的波浪狀捲髮則爲卵形，黑人的捲髮則呈蠶豆形。毛根內除了有可使毛髮直立的毛肌之外，也有皮脂腺的開口，會分泌油脂性的分泌物，覆蓋在頭髮的表面。

【成長期與停止期】 頭髮的毛囊，爲 2～5 年的活動期與 3～4 個月的休止期交互發生。在活動期毛髮每天長出 0.3～0.5mm，在停止時則會脫落，而人的頭髮之所以可一直長長，並非是因成長快速，而是因活動期長於停止期之故。

【髮色】 頭髮的髮色是根據包含在毛皮質裡的黑色素，與毛髮內的空氣量來決定。黑色素多呈黑色，少則呈褐色，只有一點點黑色素則呈金色，空氣越多的頭髮則越呈白色。

【種類】 毛髮自然生長達 10mm 以上稱爲長毛，以下者就稱爲短毛。短毛又分爲，過了青春期也不會發生變化的非性毛，與青春期後因男性賀爾蒙而有顯著變化的兩性共通毛（腋毛與陰毛的下半部），以及男性的毛（胸毛、陰毛的上半部）

【密度】 人類身上無毛髮的地方只有手掌、脚掌、手指前端的背面，嘴唇的紅色部份，性器的龜頭包皮內、陰核等處。而毛髮的密度因人而異，但頭皮的毛髮最密，一個成人約有十萬根左右。

●主要疾病

圓形脫毛症，壯年性脫毛症。

血液與淋巴管的流向

體內的液體成份中，血液擔任了製造身體養育細胞的功能。而淋巴液則擔任預防病原體感染的任務。

【血管系統的大小】 成人全部血管的重量約為體重的 3%，長度約 9 萬 km，血管內腔的表面積廣達 $6300m^2$。在此血管內，約有佔體重 1/13 的血液在流動。

【血液的肺循環與體循環】 藉心臟收縮的壓力，會給血液一定的速度，而進行肺循環。另外藉著循環身體其他部份的動脈，將血液送達微血管的區域，並在該區域進行氣體交換與物質代謝，然後再經靜脈回到心臟，這就是體循環。

【肺循環】 由心臟的右心室送出的靜脈血，經過肺動脈進入左右肺部，藉氣體交換變成擁有豐富氧氣的動脈血，然後藉各兩條的左肺靜脈與右肺動脈回到心臟，這就是肺循環，而在肺循環內動脈流的是靜脈血，而靜脈流的是動脈血。

【體循環】 從肺部回到左心房的動脈血，藉著大動脈從左心室將血液送到肺部以外的身體其他部份。在剛出心臟的部份（大動脈弓），首先分成朝向上半身的三條動脈。這些動脈再細分密布於頭部與整個上半身。其次，朝向下半身的動脈，會變成降主動脈（胸大動脈，腹大動脈），然後細分成各內臟器官的動脈，而分別分布於各器官與下肢。每一條動脈會細分成小動脈，再分為微血管，然後再依相反的順序將靜脈血管集合到大靜脈裏，而變成上下的主靜脈，也就是冠狀靜脈洞，最後再回到心臟的右心房，這就是體循環。

【淋巴液的流動】 淋巴液是因應防止體內感染的必要性，而是由微血管所滲出的。淋巴液集結到淋巴腺，淋巴腺略偏向於靜脈而分布於全身，最後變成胸腺等粗的淋巴腺，在頸部注入靜脈。淋巴腺裡的淋巴液藉身體的活動與肌肉的收縮來輸送。各處的淋巴腺都擁有淋巴結來擔任過濾淋巴液的任務。

1 全身動脈的分佈

1. 動脈的分佈

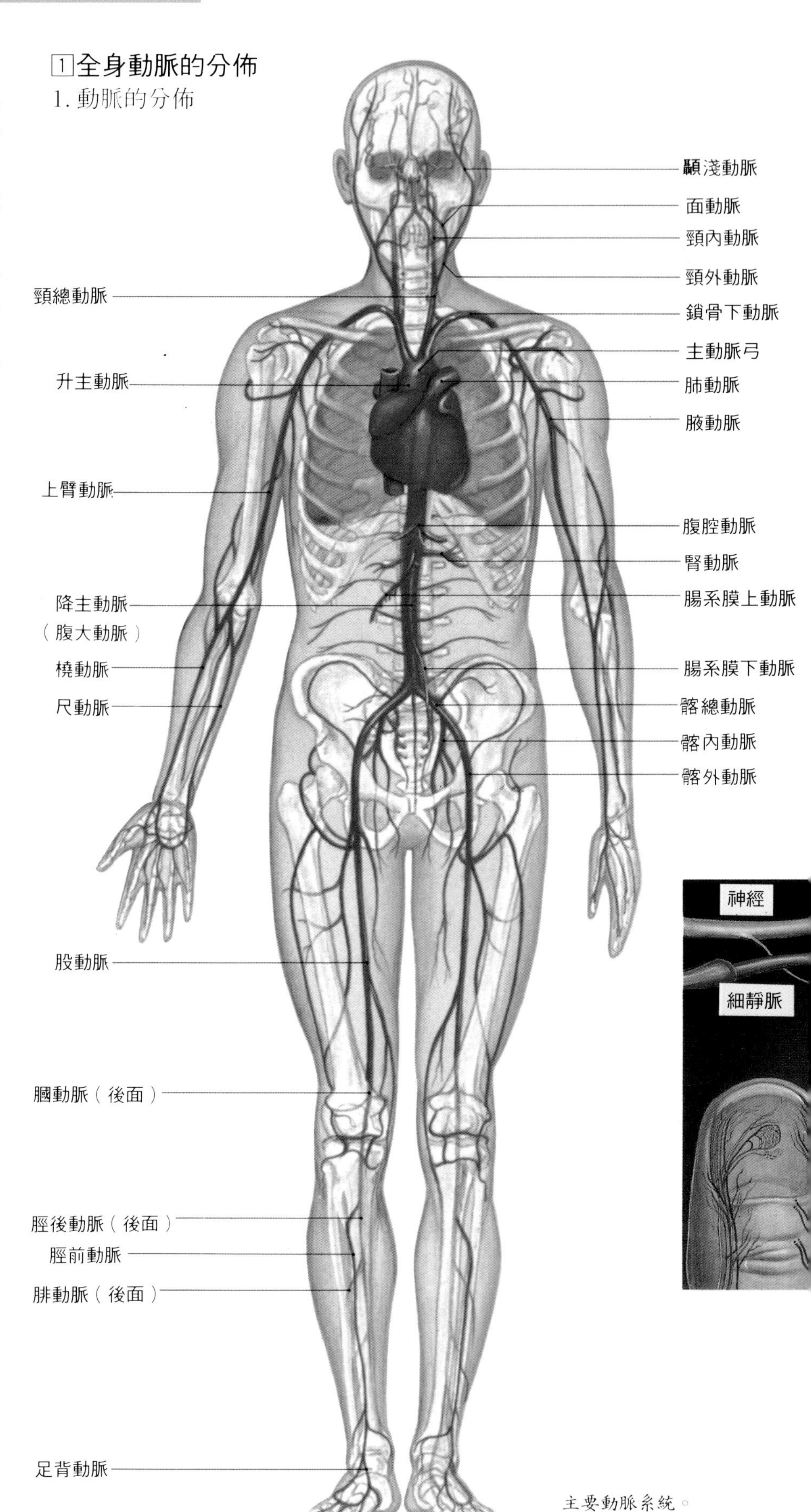

主要動脈系統。

2. 可摸到脈搏的動脈與部位

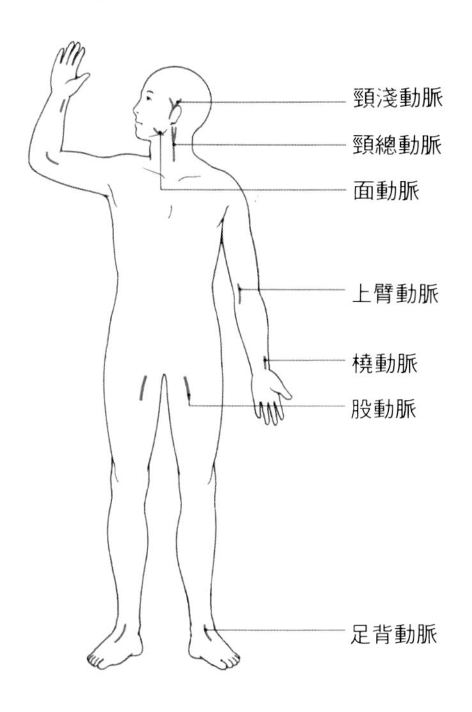

通過皮下組織的動脈，因位淺故用手能觸摸到脈動。動脈因位於骨膜組織上面，故末梢出血時，以手指壓住可止血。

3 動脈與靜脈的連繫方式

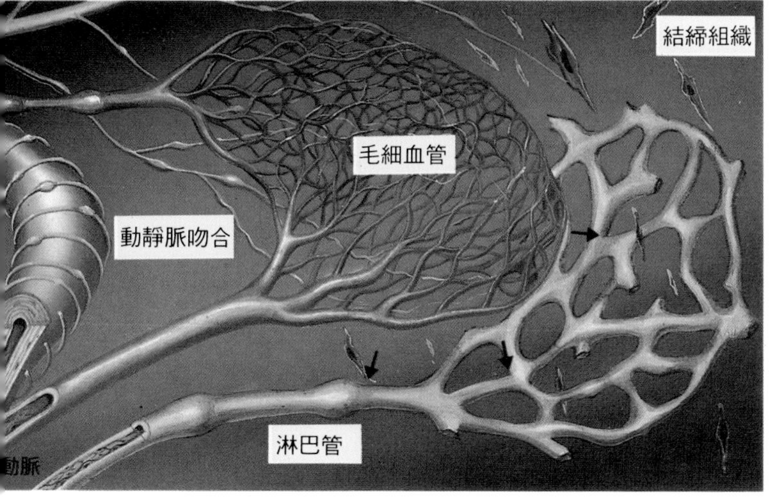

動靜脈的交合與動靜脈模型圖。通常動脈會逐漸變細而成小動脈，小動脈接微血管，微血管再與小靜脈相接。在消化道的黏膜與皮膚部份，特別是指尖處，小動脈與小靜脈直接連接的情形稱為**動靜脈吻合**。微血管是單層細胞（內皮細胞），彼此相鄰接而成小細管，從接縫處會流出血漿液（→）此漿液流經細胞之間而成淋巴液，淋巴液又形成淋巴管且逐漸變粗，最後流入靜脈內。

2 全身的靜脈與淋巴管的分佈

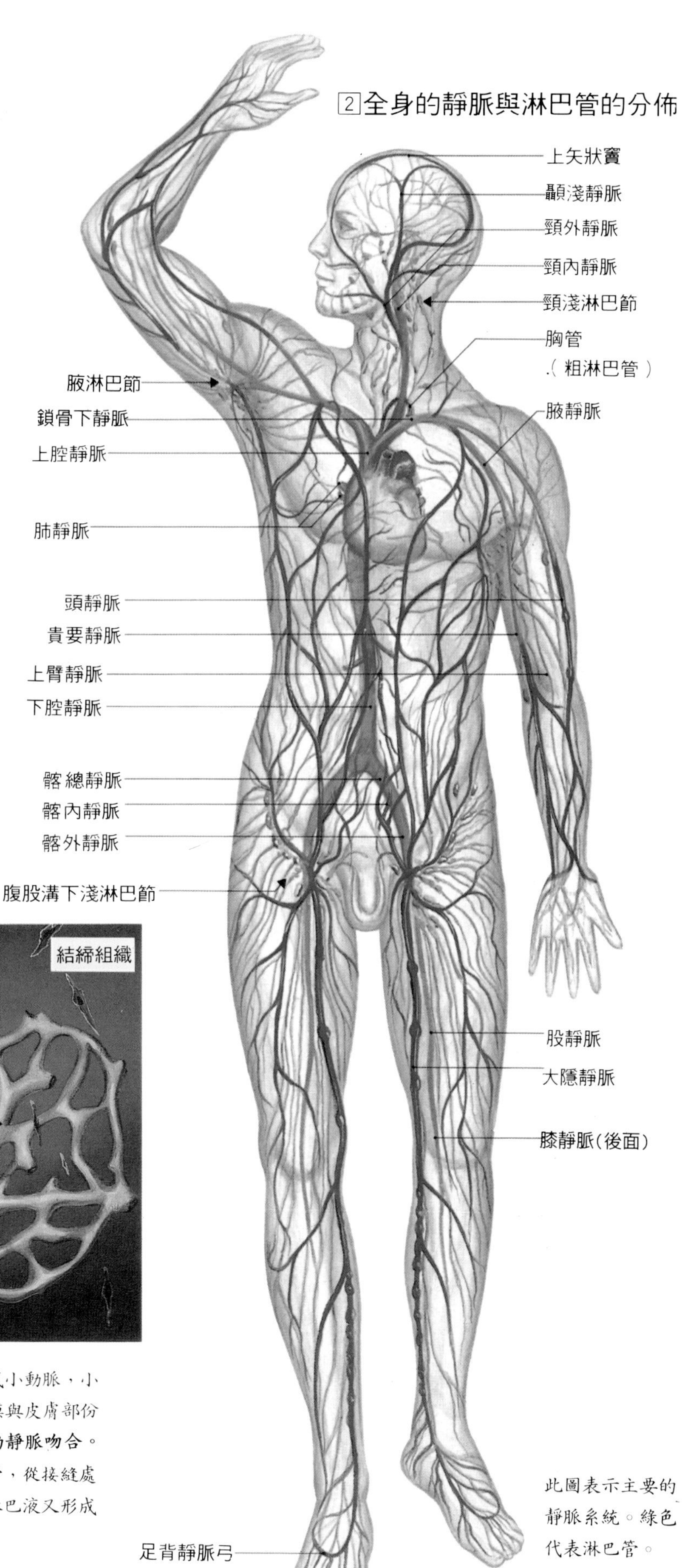

此圖表示主要的靜脈系統。綠色代表淋巴管。

【循環的雙重性】　血液循環時，在肝臟、肺與腎臟等處會出現「循環雙重性」。在肝臟裏有滋養肝的肝動脈，另外還有具特別任務的門靜脈，此一門靜脈會將來自消化道的養分送到肝臟。而在肺臟裏，除了有為了交換氣體而將靜脈血送到肺泡的肺動脈之外，還有滋養肺臟本身的氣管動脈。腎臟的腎動脈，是腺球體與尿細管變成微血管，而進行原尿的過濾與補給腎臟氧氣及營養。

【血管的構造】【動脈】　動脈壁是由內膜、中膜、外膜等三層所構成。動脈從其壁膜的構造，又可分為較多彈性纖維的彈性型動脈與彈性纖維較少而肌纖維較多的肌型動脈，與居於兩者中間的動脈等三種。

動脈內膜的內側覆蓋著具緩和表面的單層內皮細胞，中膜則是由輪狀併列的平滑肌層中混雜著彈性纖維及肌纖維。肌型動脈中在內膜與中膜間有內彈性膜（內彈性板），而彈性型動脈在中膜內，則重疊有多數的彈性層板。外膜是由堅固的結締組織所構成，外膜與中膜的外側皆有提供血管養分的營養血管。

【靜脈】　與動脈一樣是由內膜、中膜與外膜所構成。分為血管壁薄且缺乏彈力的肌膜下靜脈，與中膜、外膜內含有許多彈性纖維的肌膜上靜脈兩種。

靜脈內腔裏有半圓形狀的半圓形帶狀瓣，此瓣成對存在可防止血液朝末梢逆流。在手脚的靜脈裏有靜脈瓣，但頭、頸部與身體的靜脈中則無靜脈瓣。

【胎兒的血液循環】　在母體內的胎兒與出生後的胎兒其所進行的血液循環各自不同。在母體內胎兒並不進行肺循環，氣體的交換與養份的取捨皆靠胎盤來進行（85頁圖5），而在胎盤裏輸送胎兒動脈血的是兩條臍動脈，由胎盤將動脈血送回胎兒的是臍靜脈。當新生兒誕生的那一刻開始就進行肺循環了。

●主要疾病　動脈硬化症、靜脈瘤、高血壓症、白血病。

4 全身的血液循環

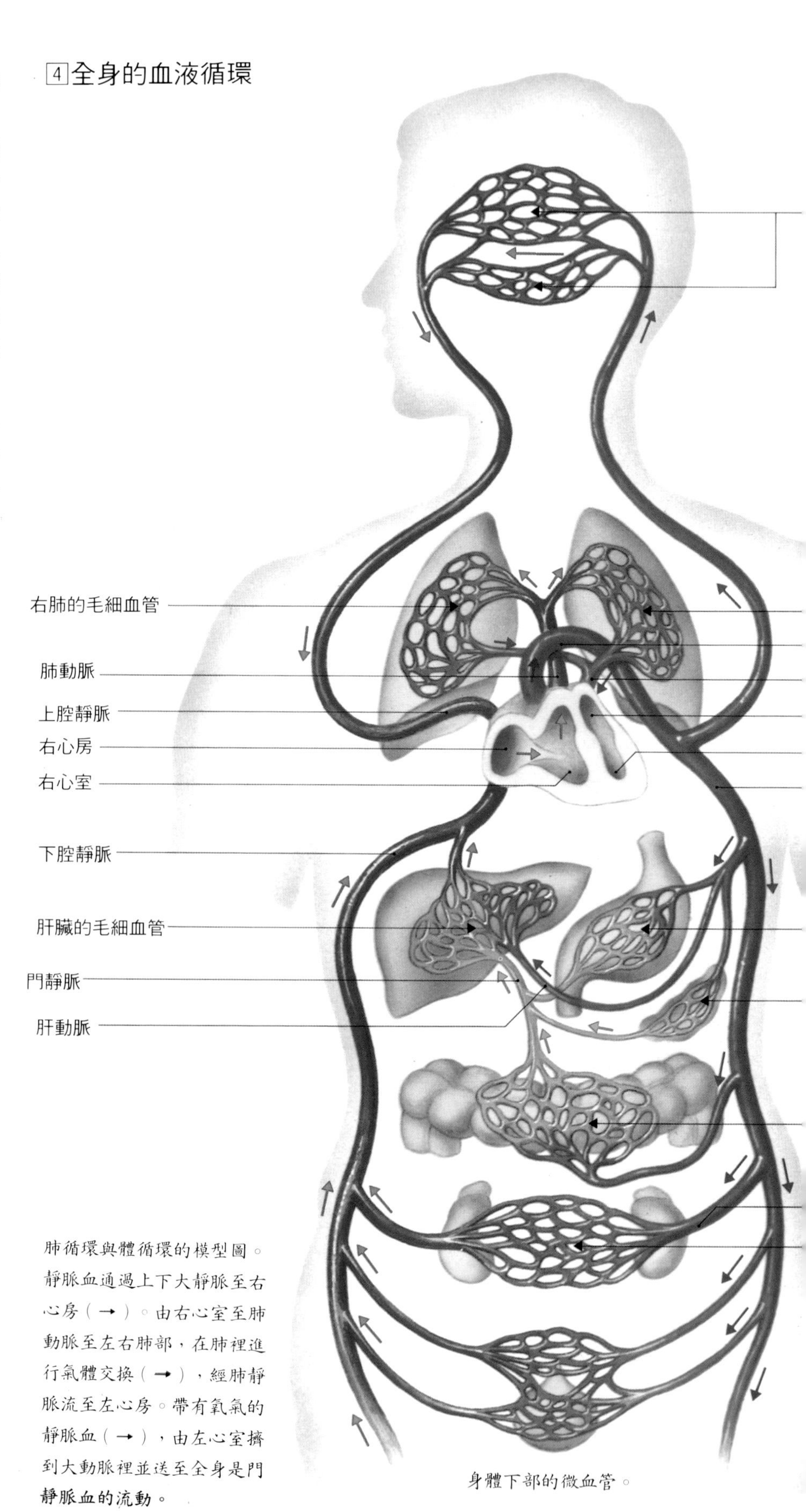

肺循環與體循環的模型圖。靜脈血通過上下大靜脈至右心房（→）。由右心室至肺動脈至左右肺部，在肺裡進行氣體交換（→），經肺靜脈流至左心房。帶有氧氣的靜脈血（→），由左心室擠到大動脈裡並送至全身是門靜脈血的流動。

身體上部的毛細血管
左肺的毛細血管
主動脈弓
肺靜脈
左心房
左心室
降主動脈
胃的毛血細管
脾臟的毛細血管
腸的毛細血管
腎動脈
腎臟的毛細血管

5 血管的構造

1. 動脈壁的構造

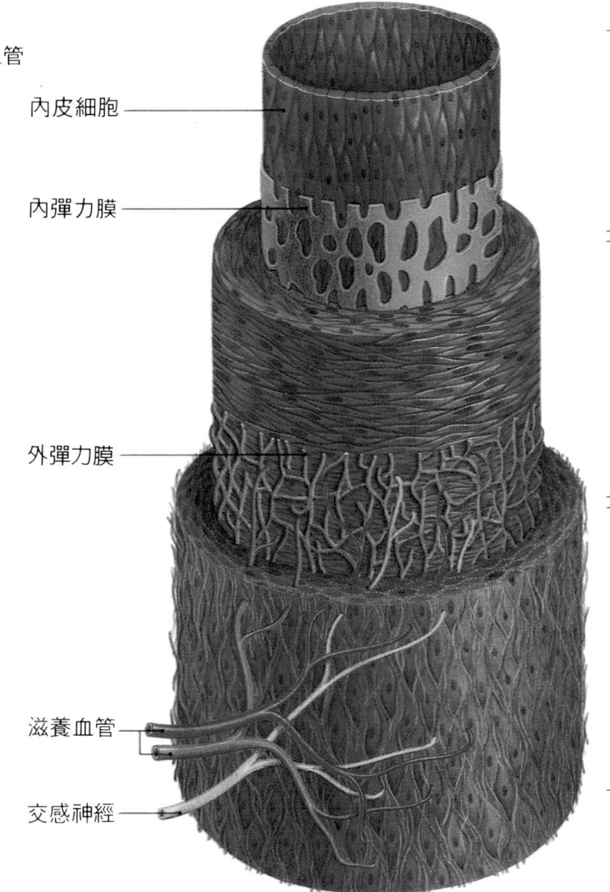

2. 動脈壁與靜脈壁的差異

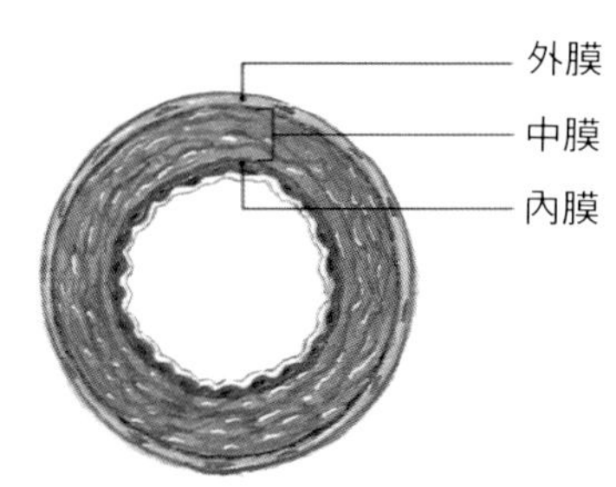

動脈壁

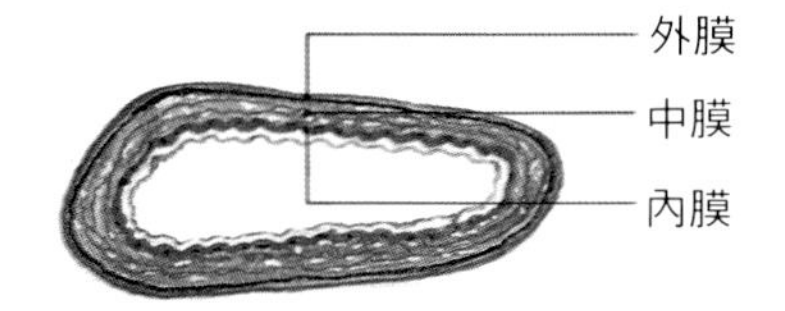

靜脈壁

接受由心臟強力推出血液的動脈與靜脈相比，其管壁較厚且富彈性及伸縮性。

靜脈的血流與瓣的功能

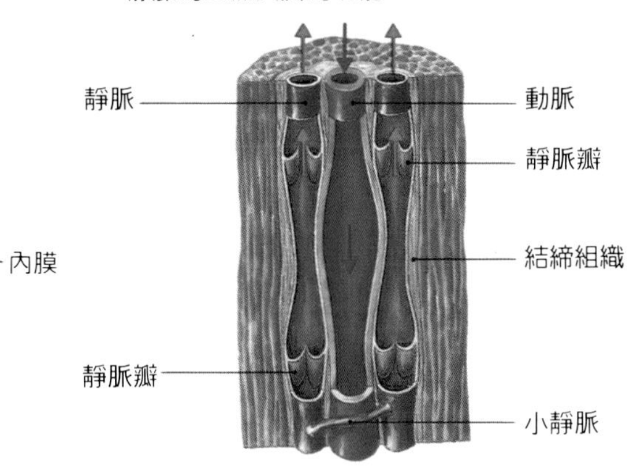

本圖是兩條靜脈與一條動脈並列的情形，在手腳（四肢）的深處及身體前面大都有此情形，這種伴行靜脈藉著動脈的脈動及肌肉收縮，靜脈壁會受到壓迫，而使靜脈血液陸續推開瓣膜（靜脈瓣）往心臟流動，瓣的功能會阻止血液往末稍方向逆流，位在稍低於心臟的末稍靜脈血會阻止血液逆流。

6 胎兒的血液循環

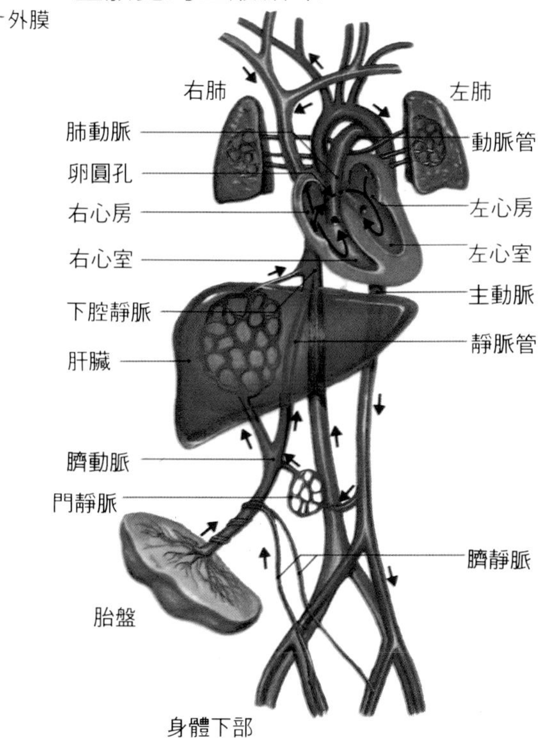

身體下部

在胎盤裡，被動脈血化的胎兒血液經由靜脈管與肝臟進入下腔靜脈，此時與身體下部的靜脈血會混合而流入右心房。此一混合血立刻通過稱為卵圓孔的心房中隔的洞送入左心房。來自身體的靜脈血則從右心房送至右心室再流到肺動脈，其中一部份會流至肺部，大部份則經由動脈血管流至大動脈。

淋巴系統

1 頭、頸與胸部的淋巴結

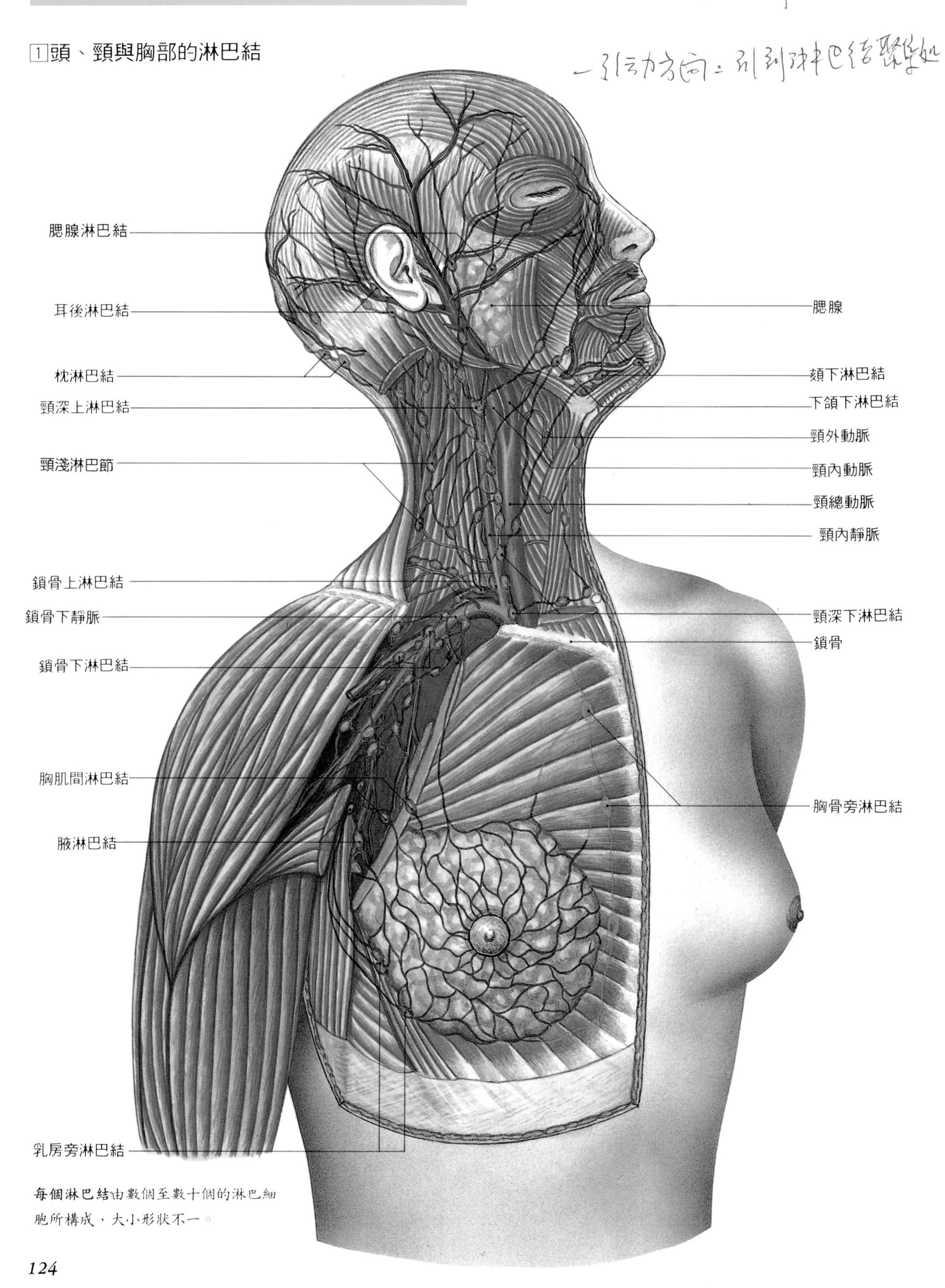

每個淋巴結由數個至數十個的淋巴細胞所構成，大小形狀不一。

2 淋巴結的構造

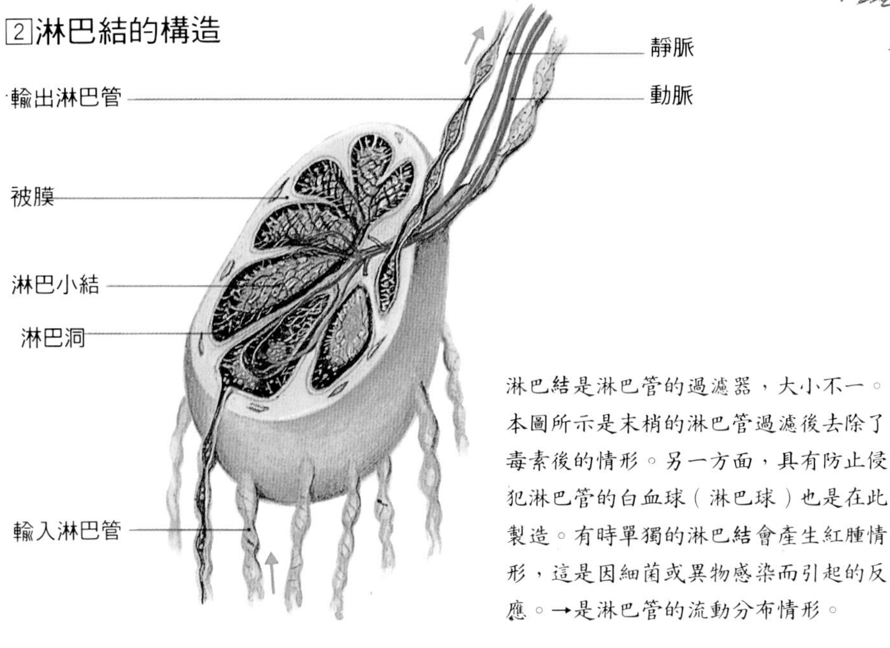

淋巴結是淋巴管的過濾器，大小不一。本圖所示是末梢的淋巴管過濾後去除了毒素後的情形。另一方面，具有防止侵犯淋巴管的白血球（淋巴球）也是在此製造。有時單獨的淋巴結會產生紅腫情形，這是因細菌或異物感染而引起的反應。→是淋巴管的流動分布情形。

3 下肢的淋巴結

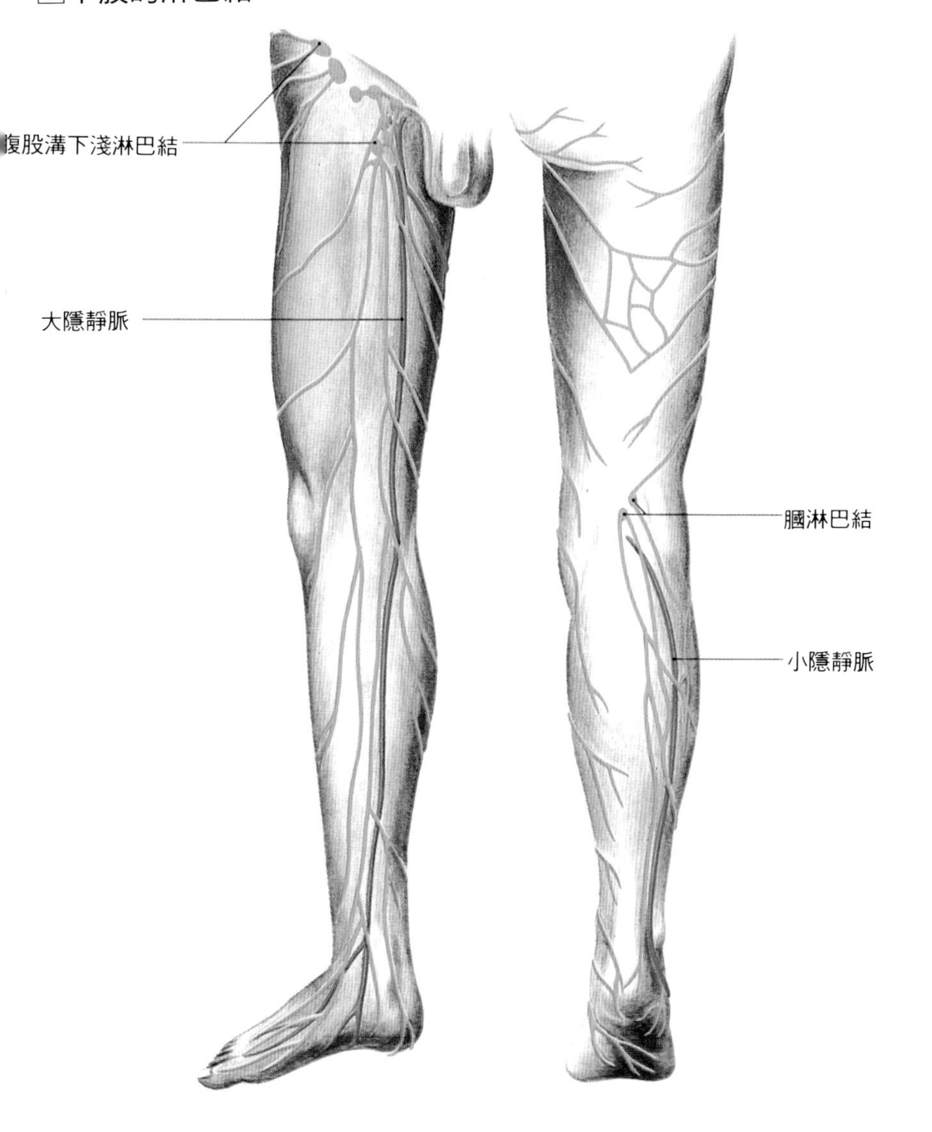

【淋巴腺】 淋巴系統是由淋巴腺與淋巴結所構成的。淋巴腺的源頭就如同河源一般，是個邊端閉塞的管，而後呈網狀彼此連絡。而流經其中的淋巴液是近似由微血管所溢出的血漿一般（血液中的液體成份），淋巴液是負責運送細胞裏所排出的代謝物之最後分解物，以及死細胞、血球、細菌等。淋巴液中還含有可防止外來異物侵襲身體的淋巴球。

接近淋巴腺前端的細小淋巴腺中有許多瓣，細小淋巴腺不斷結合之後就變成粗淋巴腺，而在沿途還有許多具有過濾淋巴液功能的淋巴結。

淋巴腺在頭、頸部是集中於側頸部，而在上肢與胸部的淋巴腺則成爲腋下淋巴結羣，其次由下腹部及下肢的淋巴腺則集中於腹股溝部的淋巴結羣的方向上，在形成淋巴主幹的胸管之後，便流入靜脈。而體內無淋巴管的地方只有上皮與軟骨，眼球、中樞神經系統、脾臟等。

【淋巴結】 淋巴結形狀大小各不同，在顯微鏡中所看到的有的比豆子小，有的比豆子大，形狀有長橢圓形與蠶豆形，它具有大小粗細不同的輸入與輸出管。

頭與脚部接近表面的淋巴結比位於深處的淋巴結多，在頸部則深淺處的淋巴結一樣多，而身體內與內臟裏深處的淋巴結較表面的多。淋巴結並非永久的器官，會反覆的退化新生。

【淋巴系統的功能】 淋巴系統具有防止身體受病原體感染的功能。當手指受傷感染細菌時，會導致淋巴腺發炎，使前臂屈側上出現紅色的條紋，這就是淋巴結紅腫。罹患癌症時，進入淋巴腺的癌細胞便會進入淋巴結，製造擴散巢，當細菌的力量比淋巴結力量大時，淋巴結就會遭到破壞。

●主要疾病　淋巴結炎，淋巴腺腫。

神經

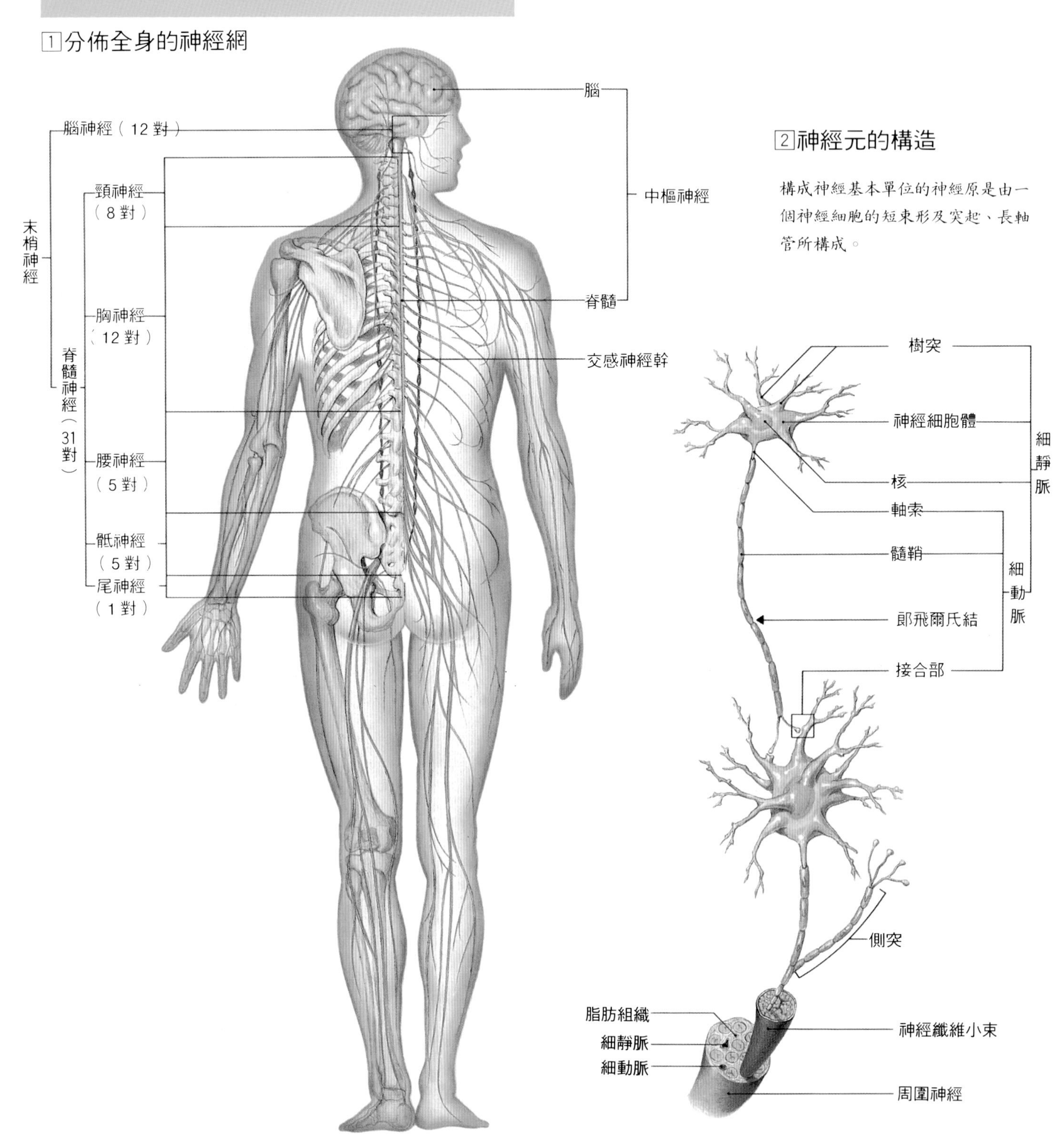

神經系統分爲中樞神經與末梢神經。中樞神經系統是腦與脊髓，腦是精神活動的場所，與脊髓同爲維持生命的中樞。末梢神經是連接中樞神經系統與身體各部位末梢的情報連絡路線。末梢神經系統分爲進出腦部的腦神經，以及進出脊髓的脊髓神經，也稱爲「腦、脊髓神經系統」。

腦神經具有控制著臉部知覺，肌肉、眼、耳、鼻等臉部與頭部功能。脊髓神經是將來自腦的各種信號傳給四肢、軀幹，並將來自身體各部位的情報傳到中樞的路線。

其次，末梢神經系統（腦、脊髓神經系統）從其功能的性質可分爲，承受來自體表的情報控制意志運動的「體性神經系統」（運動、感覺神經），與非意志性控制內臟與器官的「自主神經系統」。自主神經系統藉著彼此相抗衡的交感神經系統與副交感神經系統，來施行調整身體內部環境的功能。

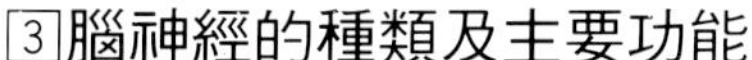

③腦神經的種類及主要功能

各種神經從腦底生成左右對稱的神經，並由特定的區域來控制。此圖表示左側腦神經的支配區域（ ）內的羅馬字為神經號碼。

●腦神經

這是進出腦部末梢神經，主要具有控制頭、臉部的功能，全部有 12 對。

嗅覺神經主司嗅覺，視覺神經主司視覺，內取神經主司聽覺與平衡感覺，舌咽神經與顏面神經的部份分支主司味覺。與眼球活動有關的三對腦神經（動眼神經、滑車神經、外轉神經），可充份的活用視力。

舌咽神經控制舌根部到咽部的感覺、運動與分泌。舌下神經則控制著舌頭的運動，三叉神經控制著臉部感覺及下巴運動，其次，迷走神經則控制著口蓋、咽頭、喉頭的運動與消化管，調整取食、攝取養份及維持生命必備的基本工作。

顏面神經控制著表情肌，副神經控制著頸部與肩部，擔任著在團體生活中表現人類感情的任務。

●主要疾病　顏面神經痛、三叉神經痛、顏面痙攣。

4 上肢脊髓神經的控制部位

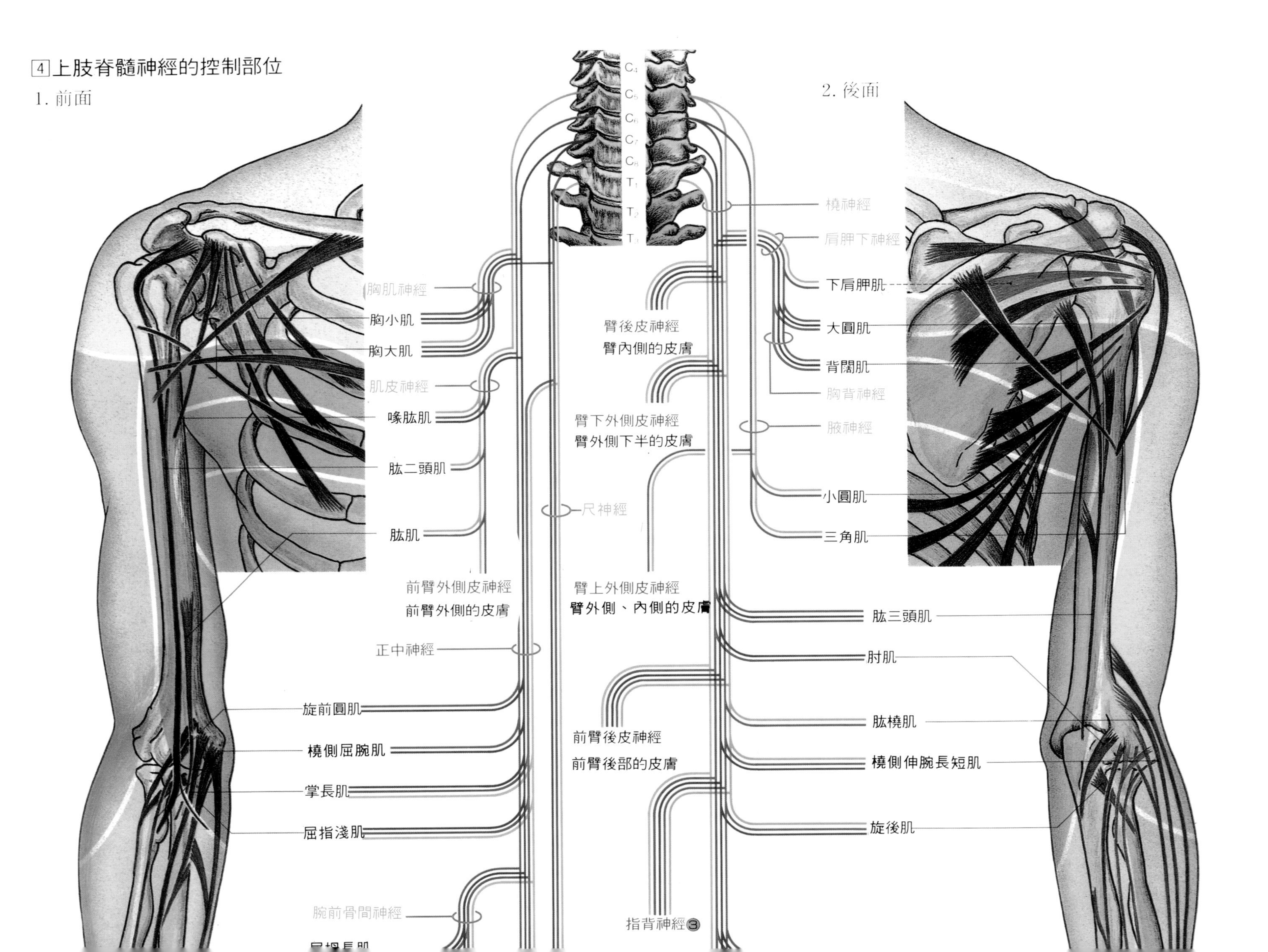

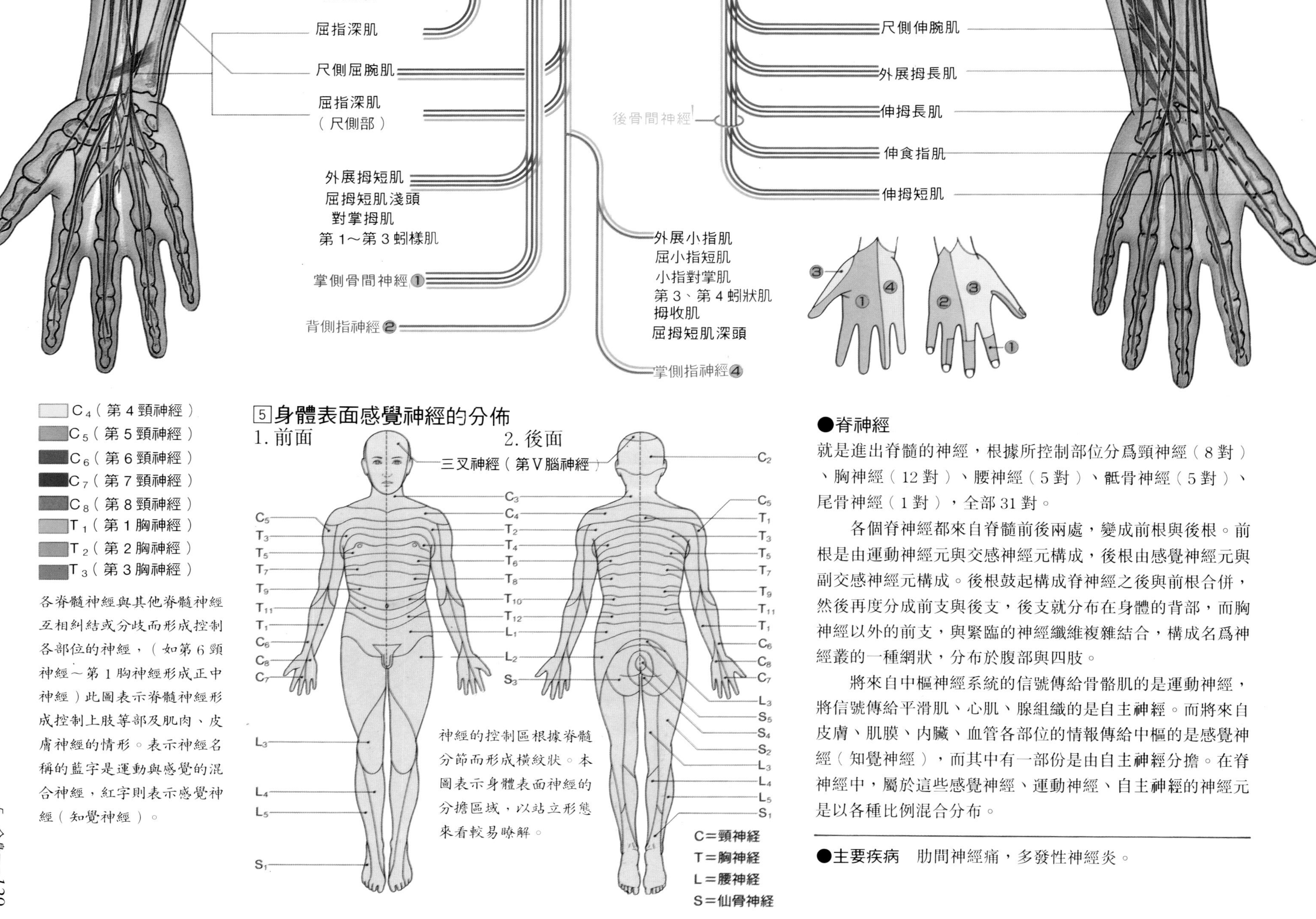

各脊髓神經與其他脊髓神經互相糾結或分歧而形成控制各部位的神經，（如第6頸神經～第1胸神經形成正中神經）此圖表示脊髓神經形成控制上肢等部及肌肉、皮膚神經的情形。表示神經名稱的藍字是運動與感覺的混合神經，紅字則表示感覺神經（知覺神經）。

5 身體表面感覺神經的分佈

神經的控制區根據脊髓分節而形成橫紋狀。本圖表示身體表面神經的分擔區域，以站立形態來看較易瞭解。

●脊神經

就是進出脊髓的神經，根據所控制部位分爲頸神經（8對）、胸神經（12對）、腰神經（5對）、骶骨神經（5對）、尾骨神經（1對），全部31對。

各個脊神經都來自脊髓前後兩處，變成前根與後根。前根是由運動神經元與交感神經元構成，後根由感覺神經元與副交感神經元構成。後根鼓起構成脊神經之後與前根合併，然後再度分成前支與後支，後支就分布在身體的背部，而胸神經以外的前支，與緊臨的神經纖維複雜結合，構成名爲神經叢的一種網狀，分布於腹部與四肢。

將來自中樞神經系統的信號傳給骨骼肌的是運動神經，將信號傳給平滑肌、心肌、腺組織的是自主神經。而將來自皮膚、肌膜、內臟、血管各部位的情報傳給中樞的是感覺神經（知覺神經），而其中有一部份是由自主神經分擔。在脊神經中，屬於這些感覺神經、運動神經、自主神經的神經元是以各種比例混合分布。

●主要疾病　肋間神經痛，多發性神經炎。

6 下肢上脊髓神經的控制區

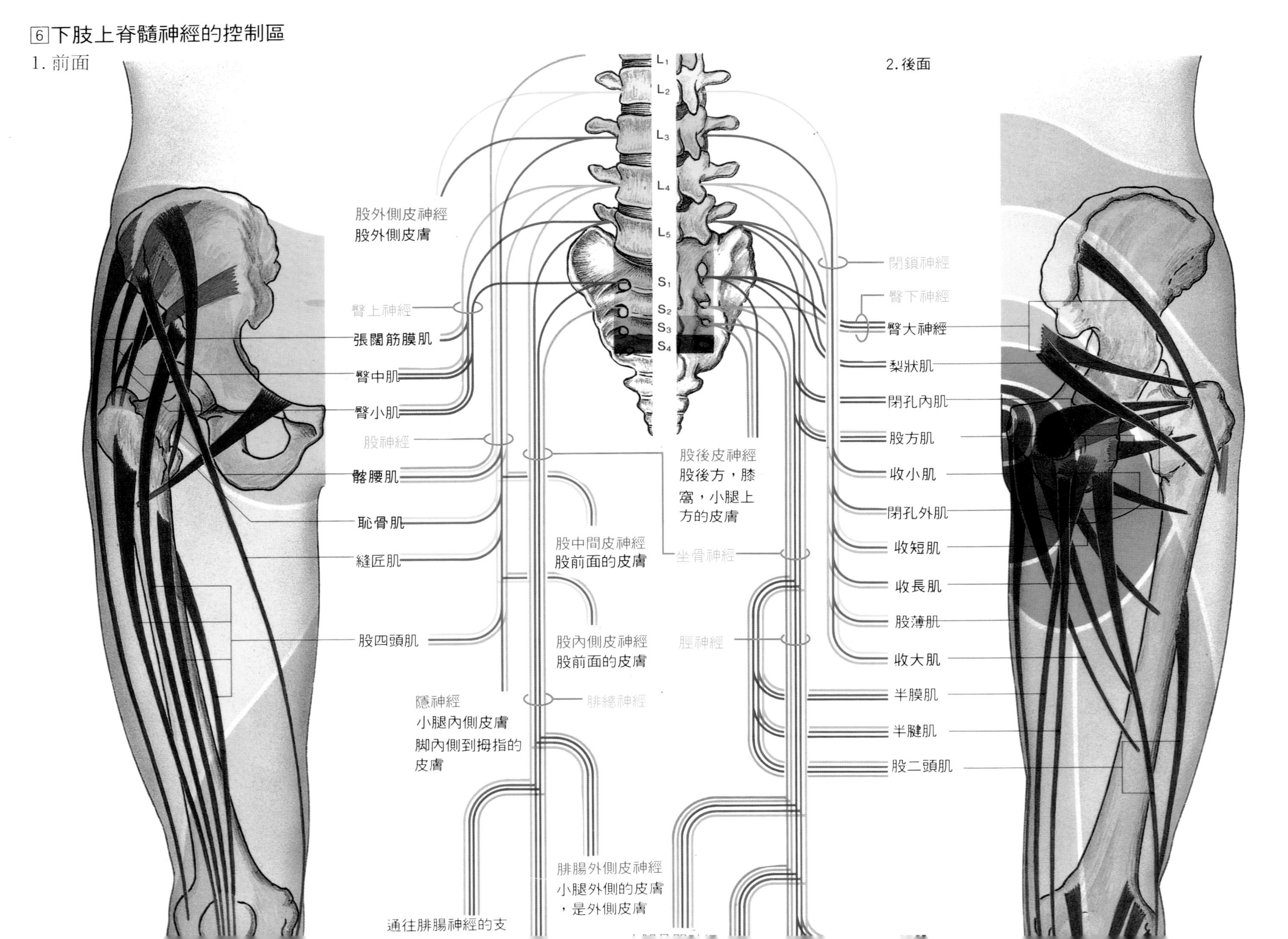

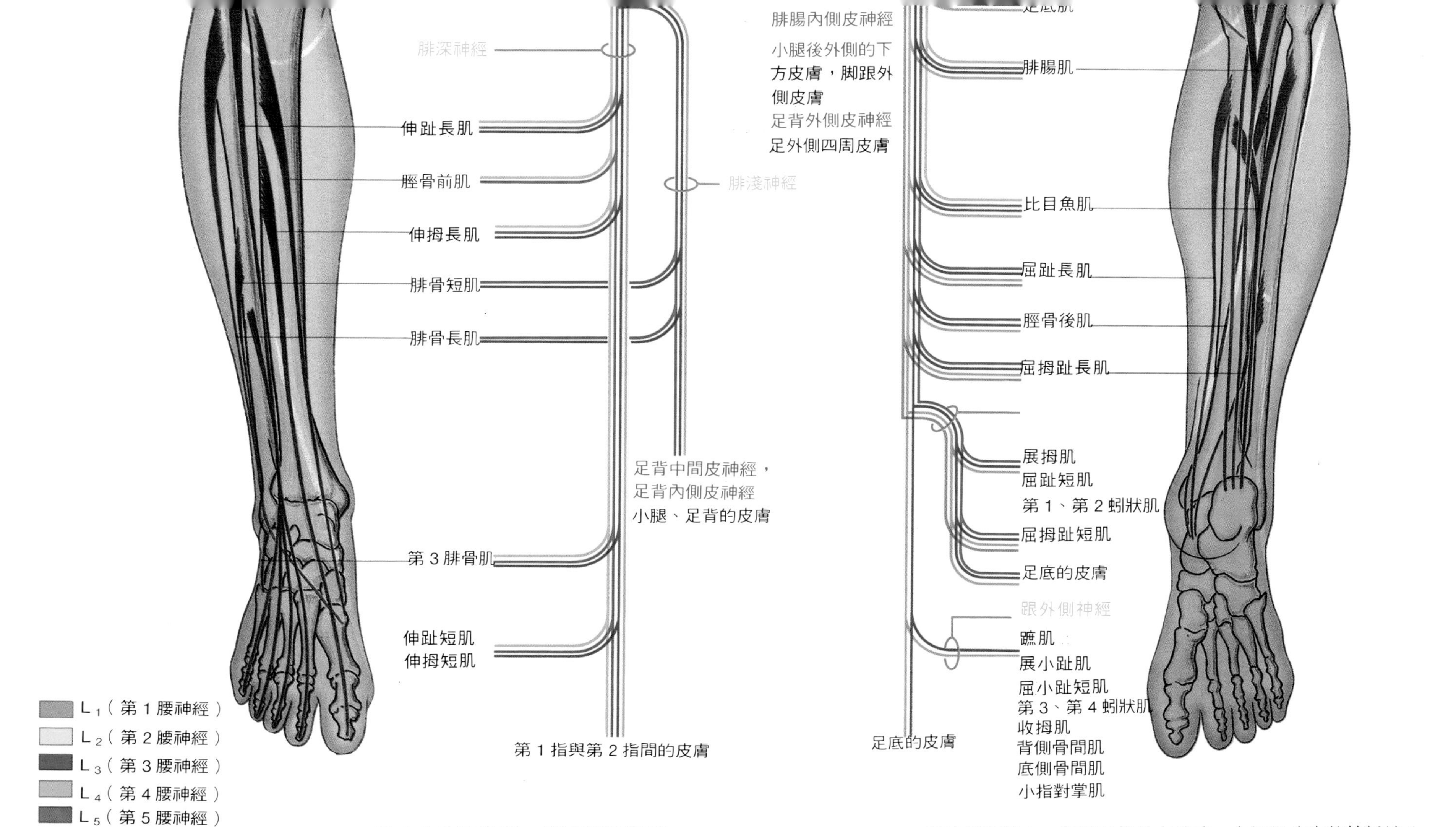

本圖表示某一脊髓神經控制下肢一部份的肌肉、皮膚。藍字表示運動與感覺神經的混合神經，紅字表示感覺神經（知覺神經）。

●自主神經與腦、脊神經的關係

心臟與全身血管，皮膚的立毛肌與汗腺，內臟器官的腺組織與平滑肌等的活動，可由非意志性的神經調整，這些神經就稱自主神經。體性神經系（運動、感覺神經）可控制身體內外的反應，而自主神經系統則擔任調節體內環境的工作。這些神經都可說是腦、脊神經的一部份。

自主神經系統的中樞部份（神經元的細胞體），位在中樞神經系統內，將信號傳給末梢時，會經過途中的轉播站（神經節）。連接中樞與神經節的神經元，稱爲前節纖維，而從神經節到末梢器官的神經元則稱爲後節纖維。在交感神經系統裏，由神經節彼此相連的交感神經幹以及從自主神經叢到其所控制的器官，其間的距離相當遠，所以後節纖維很長，相對的，副交感神經系統，其神經節很接近所控制的器官，所以後節纖維很短。

●自主神經系統

【自主神經系統的中樞】自主神經系統的最高中樞位在間腦的丘腦下部。在被命名爲a、b、c的神經細胞層裏，a與c是副交感神經系統的中樞，b是交感神經系統的中樞。由此所發出的信號會傳到中腦、延髓、脊髓的前節纖維神經元（126頁），與神經節的連接部（**觸突**），在新的神經元內進行交接，然後再以後節纖維傳到末梢器官。

【交感神經系統的分布】 脊髓的灰白質內有交感神經細胞，而由此處的**前節纖維**中延伸到頭部、胸部器官的是交感神經幹中的神經節，而延伸到腹部內臟的是腹腔神經節，腸系膜下神經節層改變各神經元變成後節纖維，並分布於各自控制的區域中。

【副交感神經的分布】 中腦、延髓、脊髓中有神經細胞，而來自此的前節纖維，會在所分布器官的神經節內改變神經元，依不同的目的進入各器官。

屬於副交感神經的迷走神經（腦神經），從頸部經胸部進入腹部，廣泛的分布於腹部內臟。來自骶骨的神經則分布於大腸下方、膀胱、性器等部位。來自胸髓與腰髓的神經，則分布於全身的血管、肌肉、汗腺。

【自主神經的功能】幾乎所有的器官都受到交感神經與副交感神經的控制。從心臟的功能、血管的收縮、瞳孔的擴張、胃腸的功能都是由交感神經控制，當交感神經緊張度提高時，這些功能就會增強，而副交感神經緊張度提高時，則會產生反效果。這兩種彼此採相反作用的神經系統，都是由自主神經來使其保持平衡的，才可使身體內部環境能不受意志影響，而能自動的運轉。但是心靈的動搖及感情問題則多少對其功能有微妙的影響。

●主要疾病　自主神經失調症

7自主神經系統的功能

自律神經系統是由交感神經、副交感神經所構成。本圖是交感神經與副交感神經在器官中如何起作用的情形。

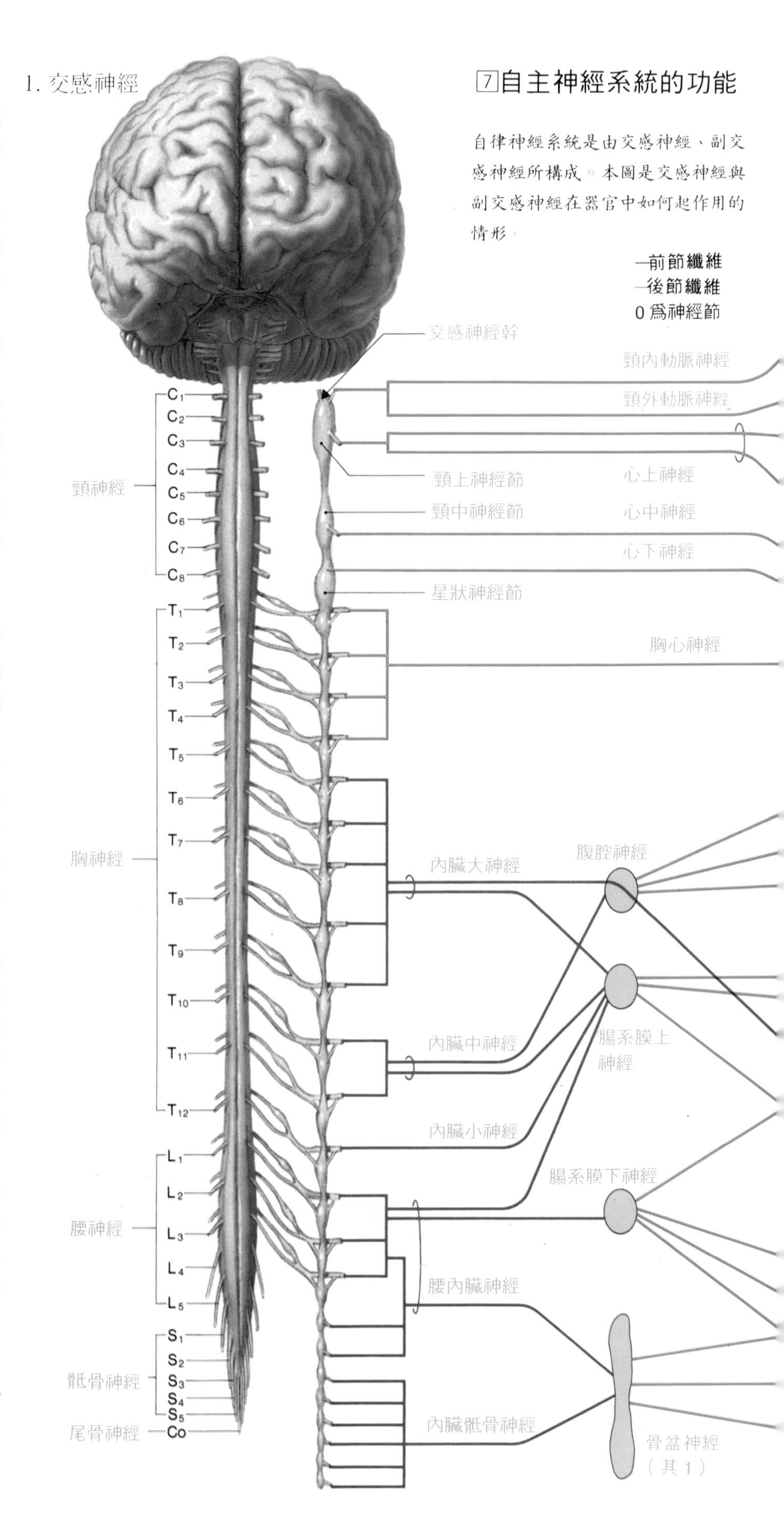

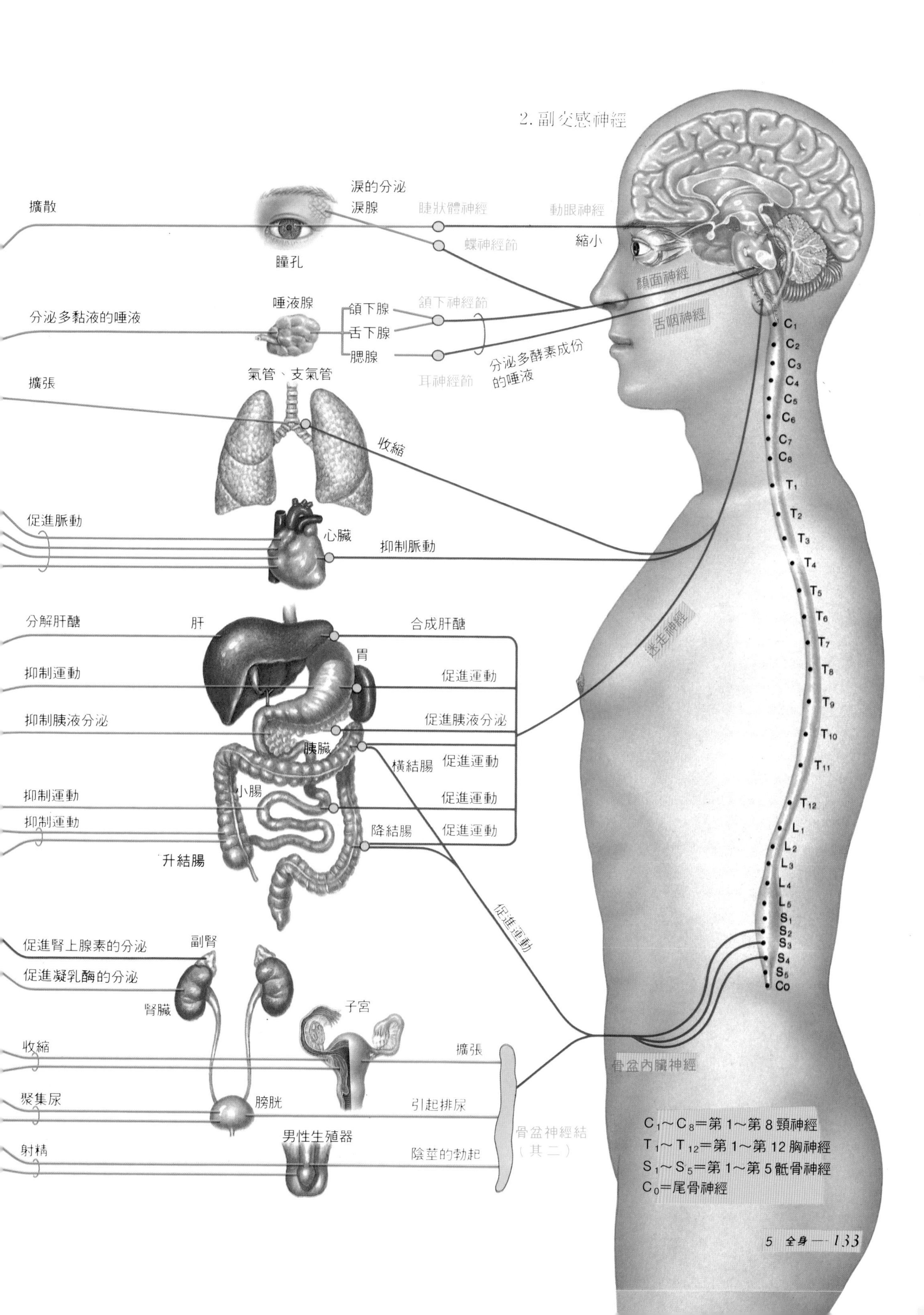
2. 副交感神經
淚的分泌
淚腺
擴散
睫狀體神經
動眼神經
蝶神經節
縮小
瞳孔
顏面神經
唾液腺
頜下腺
頜下神經節
舌咽神經
分泌多黏液的唾液
舌下腺
腮腺
分泌多酵素成份的唾液
耳神經節
氣管、支氣管
擴張
收縮
促進脈動
心臟
抑制脈動
分解肝醣
肝
合成肝醣
迷走神經
胃
抑制運動
促進運動
抑制胰液分泌
促進胰液分泌
胰臟
橫結腸
促進運動
小腸
抑制運動
促進運動
抑制運動
降結腸
促進運動
升結腸
促進運動
促進腎上腺素的分泌
副腎
促進凝乳酶的分泌
腎臟
子宮
收縮
擴張
骨盆內臟神經
聚集尿
膀胱
引起排尿
男性生殖器
骨盆神經結（其二）
射精
陰莖的勃起
C_1～C_8＝第 1～第 8 頸神經
T_1～T_{12}＝第 1～第 12 胸神經
S_1～S_5＝第 1～第 5 骶骨神經
C_0＝尾骨神經

內分泌器官與賀爾蒙

主要內分泌器官與垂體

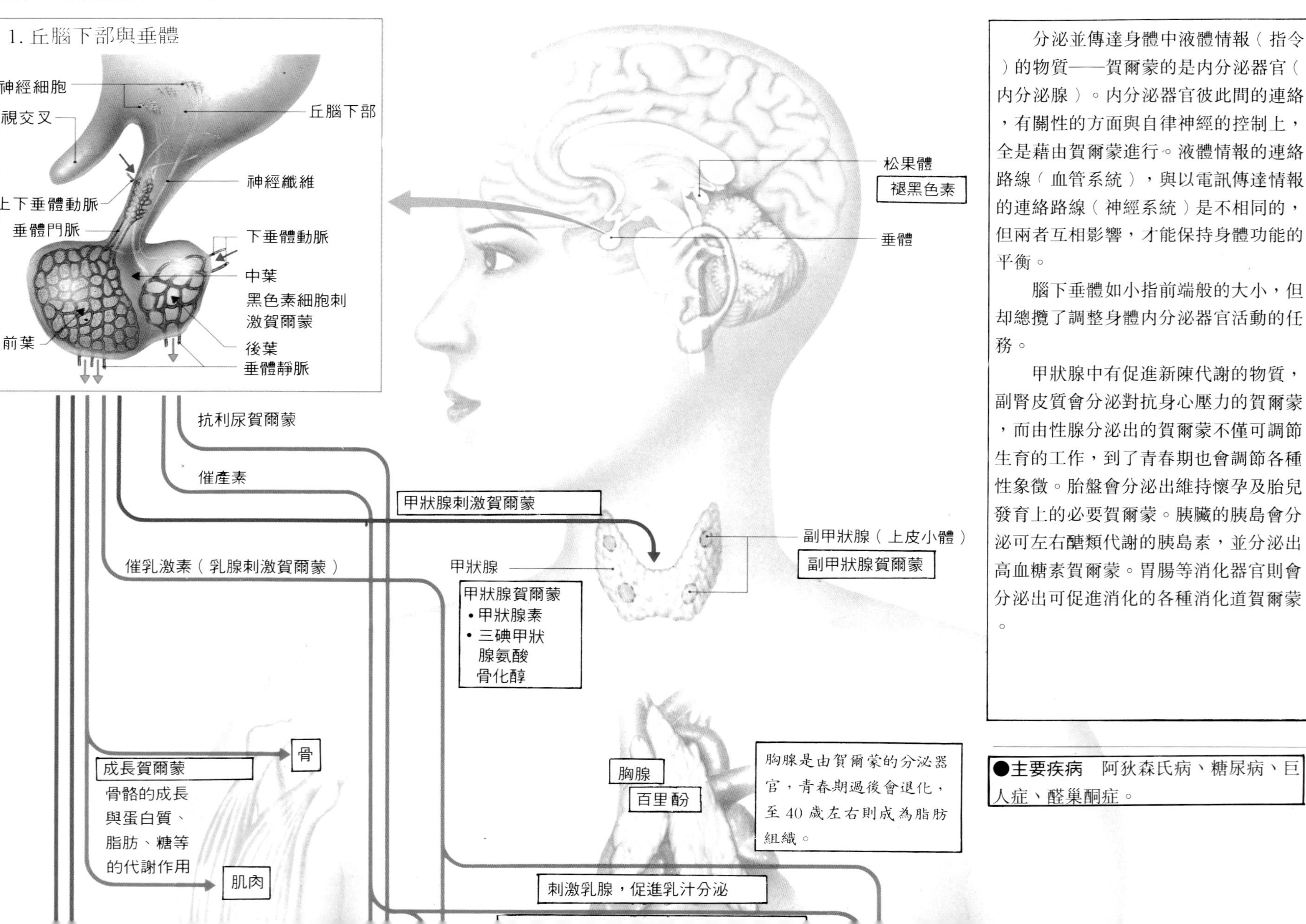

分泌並傳達身體中液體情報（指令）的物質——賀爾蒙的是內分泌器官（內分泌腺）。內分泌器官彼此間的連絡，有關性的方面與自律神經的控制上，全是藉由賀爾蒙進行。液體情報的連絡路線（血管系統），與以電訊傳達情報的連絡路線（神經系統）是不相同的，但兩者互相影響，才能保持身體功能的平衡。

腦下垂體如小指前端般的大小，但卻總攬了調整身體內分泌器官活動的任務。

甲狀腺中有促進新陳代謝的物質，副腎皮質會分泌對抗身心壓力的賀爾蒙，而由性腺分泌出的賀爾蒙不僅可調節生育的工作，到了青春期也會調節各種性象徵。胎盤會分泌出維持懷孕及胎兒發育上的必要賀爾蒙。胰臟的胰島會分泌可左右醣類代謝的胰島素，並分泌出高血糖素賀爾蒙。胃腸等消化器官則會分泌出可促進消化的各種消化道賀爾蒙。

●**主要疾病**　阿狄森氏病、糖尿病、巨人症、醛巢酮症。

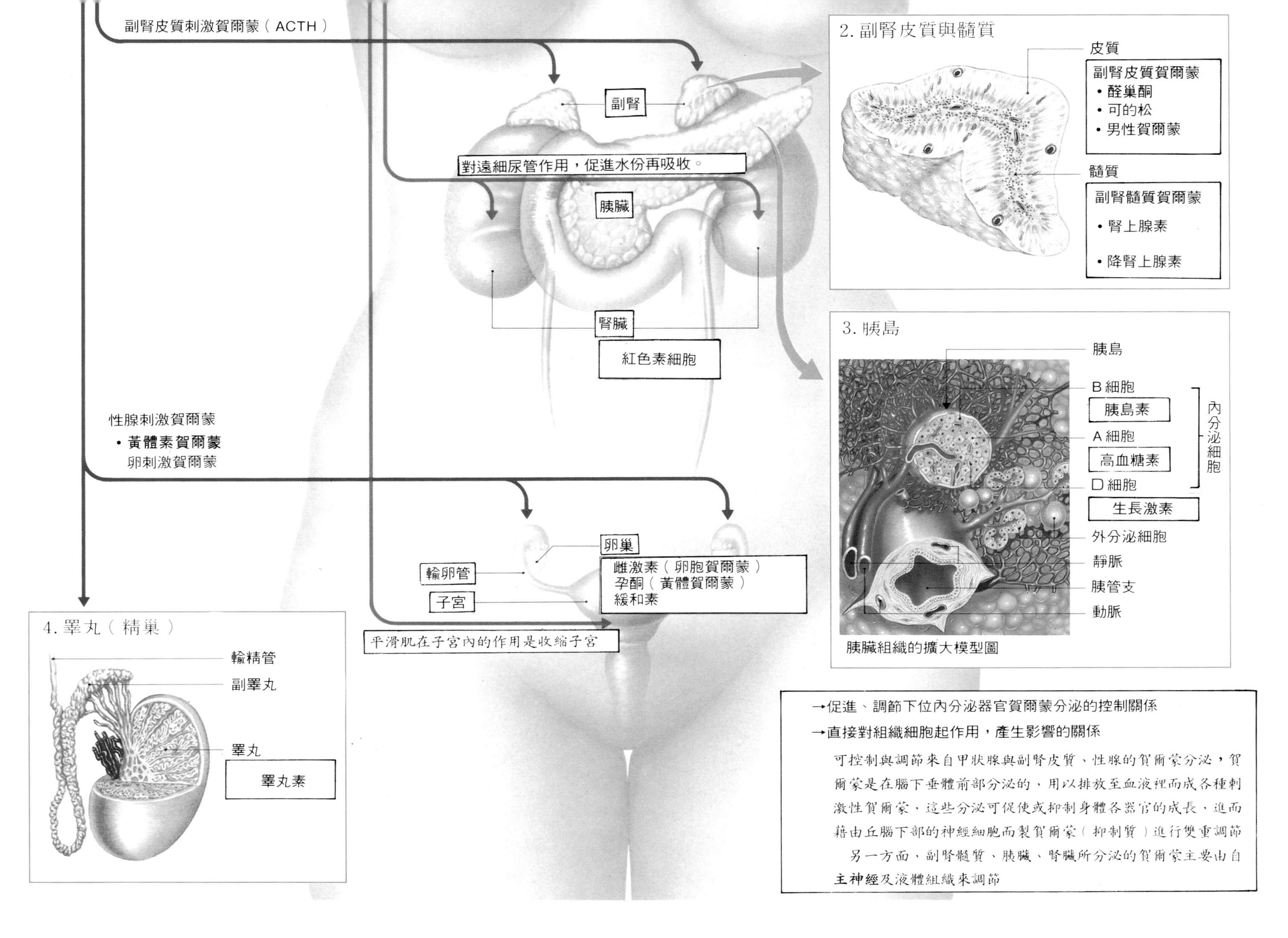

→促進、調節下位內分泌器官賀爾蒙分泌的控制關係

→直接對組織細胞起作用，產生影響的關係

可控制與調節來自甲狀腺與副腎皮質、性腺的賀爾蒙分泌，賀爾蒙是在腦下垂體前部分泌的，用以排放至血液裡而成各種刺激性賀爾蒙，這些分泌可促使或抑制身體各器官的成長，進而藉由丘腦下部的神經細胞而製賀爾蒙（抑制質）進行雙重調節

另一方面，副腎髓質、胰臟、腎臟所分泌的賀爾蒙主要由自主神經及液體組織來調節

全身的主要疾病

【肌肉】

嚴重性肌無力症－－ 神經與肌肉的接合部份發生異常，致使全身骨骼肌容易疲勞，而無法用力的疾病。此病的症狀首先是眼瞼下垂，進而會發生運動障礙、呼吸困難，此病是自我免疫系統疾病的代表病之一。

進行性肌肉營養不良 ——肌肉因某種因素而導致骨骼肌萎縮，肌力減退的遺傳性疾病，四肢、腰部、臉部的肌肉皆會遭到侵襲，而疾病的形態也各自不同。此病的症狀會慢慢加重，而大都是在幼兒期發病，到了青年期時便無法站立了。

多發性肌炎 ——骨骼肌發生大範圍的發炎症狀。除了會有發燒等全身性症狀之外，還會出現疼痛、肌肉萎縮、肌力減退等症狀。致此病的原因是膠原病、濾過性病毒感染、自我免疫等，以女性患者居多。

多發性硬化症 ——中樞神經系統遭到破壞，而引起視力障礙、運動、感覺痲痺、步行障礙等病，其原因不明，有些醫學專家認家是因過敏性、精神壓力、濾過性病毒感染所致。此病以 30 歲的人罹患率較高，其症狀有時會加重，有時會減輕。

【骨的關節】

突發性腰痛 ——因勉强的用力而致使腰椎的椎間板及其周圍的韌帶、肌肉發生障礙，而會感到疼痛的狀態。

骨骼形成不全 ——骨骼脆弱，包住眼球的强膜變薄變藍，並且出現重聽症狀的一種遺傳性疾病。罹患此病的患者容易發生骨折，以及四肢、脊柱、胸廓會變形。

骨髓炎 ——主要是因細菌感染而引起的骨髓發炎症狀。大多發生在大腿骨、上腕骨的骨髓上。症狀是發高燒、劇烈疼痛，進而破壞骨髓，以小男孩最易患此病。

骨骼疏鬆症 ——隨著老化骨骼會變脆變弱，因而某些因素引起脊椎壓迫骨骼，或四肢發生骨折的狀態。患此病者大多會感到腰背部疼痛，常發生於停經以後的女性。

骨骼軟化症 ——構成骨骼的硬體組織無法充份製造（石灰化障礙），其結果會導致四肢變形、身高低、脊柱變形、頭蓋變形等。主要致病原因是缺乏維他命D，在幼兒時期發生者稱爲佝僂症，而發生於發育期之後者，則稱爲骨骼軟化症。

脊椎骨瘍 ——結核菌由肺部的結核病巢擴散到脊椎，使脊椎受害，症狀嚴重時會遭到破壞，並形成腫瘍。

脊椎滑動症 ——脊椎骨向前滑動的狀態，主要發生在腰部，原因與程度皆不明。症狀有腰痛、下肢疼痛，知覺痲痺等。可能是先天性、外傷、或其他疾病所引起，原因多樣化。

脊椎分離症 ——脊椎骨在背部上下的關節突之間呈分離的狀態，常發生於下方的腰椎上，會有腰鬆弛、腰痛等一般症狀，但也有無症狀的情形。

椎間板疝氣 ——在位於構造背骨（脊柱）的椎骨與椎骨間之圓盤狀椎間板，呈現髓核突出狀態的疾病，即稱爲椎間板疝氣。其結果是周圍的韌帶與神經遭到壓迫而引起腰痛與坐骨神經痛。拿重物時或突然扭腰是造成此病的主要原因。

變形性脊椎症 ——隨著老化脊椎骨會生出異常骨棘等的脊椎變形症狀。患此症時會有坐骨神經痛、下肢痲痺、知覺障礙等症狀。

慢性風濕關節炎 ——原因不明，患此病時全身各關節（手指、膝、腳）會紅腫，活動或壓迫時會感到疼痛。早上時還有緊繃感。女性（20 歲以前與更年期）的患病率是男性的 3 倍。

【皮膚與毛髮】

特殊性皮膚炎 ——發生在具有先天性、過敏性體質者的身上，是以濕疹爲主的各種皮膚發炎症狀。也有因感情、情緒糾結而發病者，其患者的年齡層從嬰兒期至成年人皆有，大多會伴著支氣管哮喘的症狀。

圓形脫毛症 ——皮膚上並無異常也無自覺症狀，但卻會呈圓形脫毛的狀態。除了頭部以外，眉毛、陰毛也會發生，其致病原因不明，可能是特硬性皮膚炎體質、精神壓力、內分泌異常等。

疥癬 ——疥癬菌寄生在表皮的疾病，常發生於指間、下腹部、陰莖、陰囊等處，皮膚表面會紅腫（丘疹），並感到奇癢無比。

蕁麻疹 ——皮膚血管的滲透性變大，使血漿流入皮膚內所引起的皮膚異常症狀。會長出紅斑點及米粉般的紅腫物，並會感到搔癢。致病原因有食物、藥劑、壁蝨及溫熱寒冷的刺激。

壯年脫毛症 ——隨著年齡增加而慢慢嚴重的男性頭髮脫落症。有人從 25 歲時就發生。遺傳性男性賀爾蒙失去平衡而過剩是原因之一。女性也會因患男性賀爾蒙分泌過剩而引起此症。

白癬 ——屬於黴菌類的白癬菌寄生到皮膚與毛髮中而引起的症狀。患此病時皮膚會紅腫、長水疱、糜爛，並且會發癢。

【動、靜脈與淋巴腺】

解離性大動脈瘤 ——大動脈壁的內膜部分老化，而流經其間的血液會導致動脈壁有部份脫落症狀。患此病時胸部與背部會引起强烈疼痛。而因動脈硬化所引起的動脈壁病變，還會引起高血壓。

血友病 ——血液凝固力減弱，一出血就很難止住的疾病。一般是經由女性傳染，在男性是屬於遺傳性疾病。患此病時，皮下、肌肉、關節、消化道、鼻子、口腔內皆會出血，而頭蓋、中樞神經內也會出血。

高血壓症 ——動脈的血壓比正常年齡血壓高的疾病。高血壓是現代人常見的疾病之一，其分爲原因不清楚的本態性高血壓，與因腎臟病所引起的二次性高血壓，以前者居多。另外此病與攝取過多的鹽份及精神壓力有關。高血壓症還會引發腦出血、心臟病、腦梗塞等死亡率極高的疾病。

高脂血症 ——血液中的膽固醇等脂質，比正常質更高的狀態。此症會導致動脈硬化等血液障礙，也會引起肥胖及糖的代謝異常。此病有先天性的，也有因糖尿病所引起的，食用過度糖類食物與酒精也會引起此病。

靜脈瘤 ——部份靜脈發生異常擴張狀態。由於靜脈血液流動混亂，致使該血管所控制的組織發生萎縮、壞死、出血等症狀。先天性、賀爾蒙異常，靜脈壓亢進是造成此病的主因。此病容易發生於下肢靜脈與食道靜脈。

大動脈炎症候羣 ——以大動脈爲首的主要動脈發炎症狀。此病會致使內腔狹窄，引發動脈瘤。主要症狀有發燒、全身倦怠、關節痛、致病原因是因受感染所引起的自我免疫病，以 10−20 歲女性易罹患。

低血壓症 ——血壓比正常低的症狀。分爲原因不明的本態性低血壓，以及因其他疾病造成出血性低血壓症，還有時年輕人站立時血壓會降低的站立性低血壓症。患此症時會有頭痛、眩暈、耳鳴，但也有無症狀者。

動脈硬化症 ——動脈壁變厚變硬，內腔變窄的狀態，是因長年累積而生，攝取過多的脂肪是致病的主因。其次，高血壓也會促使動脈硬化。動脈硬化時，會導致腦梗塞、腦出血及腦血管障礙、狹心症、心肌梗塞等心臟血管重大疾病。

動脈瘤 ——動脈壁的一部份喪失彈性壞死而呈瘤狀鼓起的狀態。此病分爲先天性的與動脈硬化所引起的，原因很多。動脈瘤更大之後會破裂而導致大出血。

白血病 ——血液中的白血球異常增加的疾病，有急性與慢性之分。急性者會發燒、貧血，並有出血症狀，對感染症的抵抗力也會減低。慢性者則無劇烈的症狀。遺傳性體質中，會因濾過性病毒、放射線、化學物質而致病，但確切原因不明。

貧血症 ——末稍血液中的紅血球素，血色素數量變少的狀態。因此導致氧氣缺乏而引起呼吸困難、暈眩、頭痛、頻脈等症狀。分爲鐵質等造血材料不足，或各種疾病所引起的造血機能減退，與慢性、持續性出血所引起的。

血紅蛋白異常症 ——血液血球中的血紅蛋白發生異常的症狀。主要原因是遺傳性或因突然變化的遺傳因子異常化所致，會產生嚴重的貧血，但依目前所知的 250 種異常症中有 ⅔ 並無症狀。

淋巴結炎 ——侵入體內的病原體進入淋巴結中繁殖所引起的發炎症狀。發炎部份會紅腫、疼痛，並會發燒。小孩感冒時上氣道感染，會引起頸部及肺門淋巴結發炎。患此病時會引起疼痛及呼吸障礙。

淋巴浮腫 ——因淋巴腺發育不全及壓迫導致淋巴組織流動受阻的症狀，會有四肢浮腫的狀態，嚴重時皮膚會變厚變硬（象皮病）。致病原因是絲蟲病、惡性腫瘍及原因不明的物質。

〔神經〕

顏面神經麻痺 ——主司臉部肌肉運動及舌前味覺的顏面神經（第Ⅶ腦神經）發生麻痺的狀態。患此症時，臉部的一邊會麻痺，並且無法自由的閉眼及嘴巴張合，有時味覺會減退，大多原因不明，一般會隨著感冒發生，另外腦部有腫瘍也會引起此症。

三叉神經痛 ——屬第Ⅴ腦神經的三叉神經所控制的臉部突然有如針刺般疼痛的疾病。而此疼痛大約會持續 1–2 分鐘，一般是發生在單邊的上下巴附近。眞正三叉神經痛的原因是因頭蓋骨內的小動脈壓迫到神經之故。以 50–60 歲後才開始會發生此病。

自主神經失調症 ——會容易疲勞、頭重、四肢乏力、胃痛等，也會有原因不明的症狀。此病是自主神經系統內的平衡失調，大多是心理不安、恐怖等的心因性因素所引起的。

多發性神經炎 ——兩側末梢神經遭到侵害而引起疼痛、知覺障礙、運動障礙或營養障礙，致使皮膚異常等的廣泛症狀疾病。其原因有遺傳、過敏、中毒、血管性等，也有原因不明的。而此病的出現方式也分急性與慢性等多種。

肋間神經痛 ——分佈於胸部與腰部前方的肋間神經控制區域，通常從胸部到腹部的帶狀區域中，都會突然發生劇痛的疾病。致病主因是胸膜、肋骨、脊髓的病變，及胸膜內臟疾病所引起的。帶狀疱疹也會引起此病。

〔內分泌器官及賀爾蒙〕

阿狄森氏病 ——副腎皮質所分泌的類固醇賀爾蒙減少所引起的疾病。口腔與手掌會發生色素沈澱，還會引起低血壓、下痢、脫毛等症狀。致病主因可爲副腎結核、腫瘍、血管障礙等所引起的副腎皮質毀壞。

醛巢酮增多症 ——副腎皮質病變醛巢酮分泌過剩所引起的疾病。高血壓及血液中的鉀濃度減低所引起的多尿症是主要症狀。大多是因副腎皮質腺腫所引起，但也有原因不明的。

巨人症 ——在成長期因分泌過多賀爾蒙致使身高比平常要高大者。主要致病原因是先天性、腦部障礙或其他因素。

克辛格氏症候羣 ——腦下垂體所分泌的副腎皮質刺激賀爾蒙（ACTH）及副腎皮質腫瘍，致使副腎皮質過剩所引起的疾病，及高血壓等多樣性症狀。下垂體腫瘤是致病的主因。

甲狀腺炎 ——細菌、濾過性病毒感染產生自我免疫致使甲狀腺發炎的症狀。罹患此症時甲狀腺會硬腫，長期後則會致使甲狀腺機能減退。

甲狀腺機能亢進症或減退症 ——甲狀腺賀爾蒙分泌過剩及不足所引起的疾病。機能亢進是巴塞多氏病的代表性病，而因過度攝取碘及大量攝取甲狀腺賀爾蒙也會引起此病狀。機能減退時則會引起全身倦怠、皮膚乾燥、大多是因自我免疫系統失調所引起的。

侏儒症 ——比同年齡的平均身高還要矮很多的疾病，這是因成長賀爾蒙、甲狀腺賀爾蒙分泌不足的內分泌異常所引起的骨骼疾病，原因有代謝、營養障礙等多種。

前端巨大症 ——成長結束時期，成長賀爾蒙分泌過剩，使身體末梢異常發育的症狀。此病大多會出現特有的臉型、手、腳、手指很大，並有高血壓及心臟病等。下垂體腫瘍是此病的主因。

糖尿病 ——由胰臟所分泌的胰島素因功能不足致使血液、尿中糖份增加，而在全身引起各種障礙的疾病，會出現口渴、多尿、消瘦等症狀，並導致動脈硬化，嚴重時會致使視網膜障礙（失明）、昏睡。此病分爲急性與慢性，除了遺傳性之外，各種環境因素也會引發此病。

尿崩症 ——在製造尿液時，促進細尿管再吸收的抗利尿賀爾蒙缺乏，致使無法濃縮尿液而使尿量變爲極多的疾病。先天性、腦下垂體的障礙、腦腫瘤是主因。

巴塞杜病 ——甲狀腺功能發生異常所引起的疾病，會出現多汗、容易疲勞、手發抖等症狀，另外眼球會突出。主因是遺傳、身心壓力、腦下垂體異常及自我免疫所引起的，確切原因不明。

副甲狀腺機能亢進症及減退症 ——副甲狀腺所分泌的賀爾蒙過剩，及因分泌不足所引起的疾病。機能亢進症的主要症狀是口渴、多尿、容易疲勞。而機能減退症會發生手指頭痛、皮膚異常，主因是自我免疫系統失調所引起的。

類宦官症 ——在青春期男性賀爾蒙分泌不足，致使性器官與陰毛發育（第 2 性徵）出現障礙的疾病。睪丸、腦下垂體障礙是致病主因。

〔其他〕

愛滋病（AIDS） ——免疫不全病毒及濾過性病毒藉由血液、精液感染的疾病。不只是男同性戀者會患此病，一般性行爲也可能傳染，而有不少人因輸血而被傳染。主要的全身症狀有輕微發燒、全身倦怠、盜汗、下痢、體重減輕，另外還會引起淋巴結腫與脾腫。而隨著免疫機能的減退容易感染各種微生物，死亡率很高，目前並無治療方法。

膠原病 ——全身的膠原纖維（連接細胞之間製造骨及軟骨纖維）發生病變導致壞死的疾病總稱。罹患此症會發燒、關節、肌肉痛、皮膚異常等。免疫異常是致病主因，一般女性比男性的罹患率高。

全身性紅斑狼瘡 ——關節、皮膚、呼吸器官、腎臟、視網膜，及全身各器官發炎的疾病。會出現發燒、臉部有紅疹、關節疼痛等症狀。致病主因是遺傳性、濾過性病毒感染、免疫異常等。

資料篇

1. 身體的數值
2. 主要檢查的正常值
3. 隨著成長的體型變化
4. 胚胎、胎兒的形態變化及異常時期
5. 不同年齡的體力測試結果
6. 應了解的用語解說

1. 身體的數值

●數值是表示一般成人的數值，而排除掉特例者。
●數值因個人差異，不是絕對的，以一般的平均值爲準。
●有關血液的數值請參照 141 頁的主要檢查的正常值。

〔腦與脊髓〕

◆腦

●大腦的長徑：約 16−18cm，
短徑：約 12−14cm，
重量：男性約 1350g，女性約 1250g
●大腦皮質的厚度：平均約 2−5mm，
面積（擴展時）約
2000−2500cm^2（約一張報紙的大小）
●大腦皮質的神經細胞數：約 140 億個
●小腦的重量：男性平均約 135g，女性約 122g
●供給腦的血液量
1 分鐘約 650−700ml
●腦的氧氣消耗量
約爲全身的氧氣消耗量之 20%
●在低氧氣狀態下腦的變化
大約持續 3 分鐘後，腦的一部份會陷入無法恢復的障礙。約五分鐘後，腦部機能會完全喪失。
●不睡眠的實驗記錄（23 歲的男性）
101 小時 8 分 30 秒（1966 年）

◆脊髓

●長度：約 44cm，直徑：約 1−1.5cm，
重量：約 25g
●腦脊髓液的量：約 100～150ml

〔眼〕

●眼球的直徑：平均約 24mm，
前後徑：約 23−25mm，重量：約 7−8g
●兩眼所看到的視野角度
上方約 58−65°，下方約 73−75°
內方約 65°，外方約 100−104°，
左右約 200−208°
●眼瞼的厚度：上眼瞼約 3mm，下眼瞼約 3.5mm
●睫毛更換所需期間約 150 日
●眨眼的間隔：約 3−6 秒

〔耳〕

●外耳道的長度：約 2−3cm，直徑：約 6mm
●鼓膜的長徑：約 9mm，短徑：約 8mm，
面積：約 60mm^2，厚度：約 0.1mm
●耳蝸的長度：全身約 35mm

〔口腔與牙齒〕

◆舌

●舌的長度：約 7cm，寬度約 5cm，厚度：約 2cm
味蕾的數目：約 1 萬個。
●唾液的分泌量：1 日約 700～1500ml

◆牙齒

●乳齒的數目：上下 20 顆
（包括乳切齒 8 顆，乳犬齒 4 顆，乳臼齒 8 顆）
●永久齒的數目：上下 28−32 顆
（包括切齒 8 顆，犬齒 4 顆，小臼齒 8 顆，大臼齒 8−12 顆）
●牙齒的生長順序與時期
〔乳齒〕
①乳中切齒（約 6−8 個月）
②乳側切齒（約 7−12 個月）
③第 1 乳臼齒（約 12−16 個月）
④乳犬齒（約 15−20 個月）
⑤第 2 乳臼齒（約 20−30 個月）
〔永久齒〕
①第 1 大臼齒（約 6−7 歲）
②第 1 切齒（約 7−8 歲）
③第 2 切齒（約 8−9 歲）
④第 1 小臼齒（約 9−11 歲）
⑤犬齒（約 11−13 歲）
⑥第 2 小臼齒（約 11−15 歲）
⑦第 2 大臼齒（約 13−16 歲）
⑧第 3 大臼齒（不一定，約 17−40 歲）
●用力咬東西時的力量（以 20 歲男性爲例）
整齒列：約 80～100kg，切齒：約 6−23kg，
大臼齒：約 16−24kg
●普通在吃東西時臼齒的力量：約 30kg

咽與喉部

◆咽部
- ●長度：男性約 4cm，女性約 3cm
- ●聲帶的長度：男性約 2cm，女性約 1.5cm

〔肺與氣管，支氣管〕

◆肺
- ●肺的重量
  男性平均約 1060g，女性平均約 930g
- ●肺泡的直徑：約 0.14mm
- ●肺泡的數目（兩肺）：約 6 億個
- ●交換氣體的肺泡面積約 $60m^2$
- ●1 分鐘的呼吸數（安靜時）
  新生兒約 40 次，5 歲約 25 次，25 歲約 15 次，
  50 歲約 18 次，成人平均約 15–18 次
- ●一次的呼吸量（呼氣與吸氣的合計）（安靜時）：約 500ml（深呼吸時約 2300ml）
- ●一次呼吸所吸入肺的新鮮空氣約 14%
- ●肺活量：男性約 3000–4000ml，女性約 2000–3000ml
- ●咳嗽、打噴涕的強度：時速約 115km

◆氣管，支氣管
- ●氣管的長度：約 10–11cm，左右直徑：約 1.5cm
- ●支氣管的長度：左支氣管：約 4–6cm
  右支氣管：約 3cm

〔橫膈膜〕
- ●面積：約 $300cm^2$
- ●橫膈膜運動一次空氣吸入量（安靜時）：約 250ml

〔心臟〕
- ●長徑：約 14cm，短徑：約 10cm，
  厚度：約 8cm，重量：約 250–300g
- ●心跳數（安靜時）：成人約 70–75，新生兒約 130
- ●心臟含血液量：約全身血液量的 9%（體重 50kg 的人約 360ml）
- ●一分鐘所送出的血液量（安靜時）
  身高 160cm，體重 50kg 的人約 5 ℓ
- ●流經心肌的血液量：1 分鐘約 250ml
- ●流出心臟的血液回到心臟的最短時間（安靜時）：約 23 秒

〔食道〕
- ●長度：約 25cm，左右徑：約 2cm，厚度：約 1.2cm
- ●蠕動時的移動速度：1 秒約為 2–4cm
- ●食物的通過時間：液體約為 1–6 秒，
與唾液混合的固體食物約 30–60 秒

〔胃〕
- ●長度（中等程度者）
  大彎：約 42–49cm，小彎：約 13–15cm，
  胃容量：約 1200～1600ml
- ●將一餐的食物送出十二指腸所需的時間：約 4 小時
- ●蠕動時的移動速度：1 秒約 2–6mm
- ●胃液的分泌量：1 日約 1500–2500ml

〔小腸〕
- ●長度：約 6–8m（實際測量約 3m。而 6–8m 是包括十二指腸約 30cm，空腸約 2.5–3m，回腸約 3–4m）
- ●十二指腸的粗細：約 4cm
- ●空腸的粗細：約 2.7cm
- ●回腸的粗細：約 2.5cm
- ●絨毛的長度：約 1mm，數目：小腸粘膜 $1mm^2$ 中約 30 個
- ●小腸吸收表面積：約 $200m^2$
- ●腸液的分泌量：1 日約 2400ml
- ●蠕動的移動速度：1 秒 1–2cm

〔大腸〕
- ●長度：約 1.5m（包括昇結腸約 20cm，橫結腸約 50cm，降結腸約 25cm，S 狀結腸約 40cm，直腸約 15cm）
- ●闌尾的長度：約 6–9cm，
  直徑：約 6mm（約鉛筆的粗細）
- ●攝取食物後至排便的時間約 30–120 小時
- ●大便的量：1 日約 100–200g

〔肝臟〕
- ●長徑：約 25cm，短徑：約 15cm，
  厚度：約 7cm，重量：約 1200–1400g
- ●供給肝臟的血液量 1 分鐘約 1000–1800ml

〔膽囊〕
- ●長度：約 7–9cm，寬度：約 2–3cm，
  容量：約 30–50ml
- ●膽汁的分泌量：1 日約 200–800ml
- ●膽囊管的長度：約 3–4cm
- ●總膽管的長度：約 6–8cm

〔胰臟〕
- ●長度：約 15cm，厚度：胰臟頭部約 3cm
  重量：約 70–100g
- ●胰臟的分泌量：1 日約 500–800ml

〔脾臟〕
- ●長度：約 10cm，厚度：約 7cm，
  厚度：約 2.5cm，重量：約 80–120g

〔腎臟與尿道〕

◆腎臟
- ●長度：約 11cm，寬度：約 5cm，
  厚度：約 5.5cm，重量：約 130g
- ●供給腎臟的血液量 1 分鐘約 800–1000ml
- ●1 日的原尿量：約 180 ℓ
- ●1 日排出的尿量：150ml 左右。

◆尿管
- ●長度：約 30cm

〔膀胱與尿道〕

◆膀胱
- ●容量：約 300–450ml
- ●會感覺有尿意的容量：約 250ml 以上（內壓水柱 15–20cm）

◆尿道
- ●長度：男性約 16–20cm，女性約 4–5cm

〔男性生殖器〕

◆陰莖
（男性尿道突出體表的部份）
- ●長度：鬆弛時約 8cm，周圍：約 8cm
- ●龜頭的長度：約 3cm，周圍：約 9cm

◆睪丸
- ●長度：約 4–5cm，重量：約 8.5g，容量：約 8ml

◆精囊
- ●長度：約 5cm，寬度：約 2cm，
  厚度：約 1cm，容積：約 10-15cm^3

◆精管
- ●長度：約 50cm

◆前列腺
- ●長度：約 2.5cm，寬度：約 4cm，
  厚度：約 1.5cm，重量：約 20g

◆會陰
- ●長度：約 5–6cm

◆精液
- ●一次射精的精液量：約 2–4ml

◆精子
- ●長度：約 0.05–0.07mm
- ●1ml 精液中的精子數：約 6000 萬個
  （低於 4500 萬個以下就會不孕）
- ●精子的受精能力期間：射精後約 30 小時

至3日

●精子在女性性器內移動速度：1分鐘約2–3mm

〔女性生殖器〕

◆卵巢

●長度：約2.5–4cm，寬度：約1.2–2cm，厚度：約1cm，重量：約6g

◆卵管

●長度：約10–12cm，寬度：狹窄部約2–3mm，膨大部約6–8mm

◆子宮

●無懷孕時的長度：約7cm，最大寬度：約4cm，厚度：約2.5cm，重量：約40–65g

●懷孕末期的長度：約36cm，重量：約1000g

◆陰道

●長度：約10cm

◆會陰

●長度：約2.5～3cm

◆卵子

●直徑：約0.07～0.17mm

●卵巢內的原始卵泡數：左右約50萬（其中一生所排出的卵約500）

●排卵後，卵到達子宮的期間約3–4日

●卵子的受精能力期間：排卵後約24小時

〔懷孕與生產〕

◆懷孕

●從受精到著床：約6日

●懷孕期間：從受精到分娩平均265日，最後一次月經的第一天到分娩約280日

●懷孕末期的胎盤直徑：約15–12cm，厚度：約1.5–3.0cm，重量：約500g

◆生產

●出生時的臍帶長度約50–60cm，直徑：約1–2cm

●生育後數日的乳汁分泌量1日約2000–3000ml

〔骨骼與肌肉〕

◆骨骼

●全身的骨骼數目：206塊（包括，頭蓋骨15種23塊，耳小骨6塊，胸廓骨25塊，脊柱26塊，上肢64塊，下肢62塊）

●椎骨的數目：24塊（包括：頸椎7塊，胸椎12塊，腰椎5塊，骶椎5塊，尾椎3–5塊）

●肋骨數：12對24根

●全身骨頭的重量 約爲體重的5分之1（體重50kg的人約10kg）

●最長的骨骼：大腿骨，約35–45cm

◆肌肉

●全身的骨骼肌重量 約爲體重的2分之1（體重50kg的人約25kg）

●全身的骨骼肌數目：約400

〔皮膚與頭髮、指甲〕

◆皮膚

●厚度（表皮與真皮的總合）約1–4mm

●表皮的厚度普通約0.1–0.2mm，手掌約0.7mm，腳底約1.3mm

●全身皮膚的面積：成人男性約1.8m²

●全身的皮膚重量：約爲體重的8%（體重50kg的人約爲4kg）

●全身的皮膚感覺點
痛點（感覺痛的地方）約200–400萬處，
溫點（感覺熱的地方）約3萬處

●手背每1cm²的皮膚所存在的感覺點，
痛點約100–200處，溫點約0–3處，
冷點（感覺冷的地方）約23處，
觸點（感覺觸覺的地方）約25處。

●燒傷時會導致死亡的面積約是全身的三分之一。

◆頭髮

●總數：約10萬根

●1日的脫毛數約爲70根

●1日伸展的長度：約0.3–0.5mm

●換毛所需的時間：約5–7年

◆指甲

●1日伸展的長度：約0.1–0.4mm

〔血管與血液〕

◆血管

●全身血管的長度：約9萬km（約地球2周）

●全身血管的重量：約爲體重的3%（體重50kg的人約1.5kg）

●全身血管內腔的表面積：63m²

●大動脈的長度：約45–50cm，粗細：內徑約2.5cm

●大靜脈的粗細：內徑約3cm

●微血管的長度：約0.5–1mm，粗細：約0.006mm

◆血液

●血液的總量：普通約爲體重的8%（體重50kg的人約4000ml）

●1秒鐘血液的流速（安靜時）
大動脈：約50cm，小動脈：約30cm，
大靜脈：約25cm，
微血管：約0.5mm

●出血的致死量：全血液量的2分之1

●紅血球的壽命：在血管內約120天

●白血球的壽命：在血管內約3–5天

●血小板的壽命：約7–14天

〔體液與體溫〕

◆體液

●人體的水份含量約爲體重的60%（體重50kg的人約30ℓ）

●1日的流汗量普通約500ml，多時爲數千ml。

◆體溫

●腋窩溫的平均值：36.89±0.342℃（下午3–6時最高，上午5–6時最低，一天差距約爲1℃）

●體溫的變化與身體的變化
41–42℃時發生痙攣，44–45℃會死亡，33℃意識會減退，28℃會造成脈搏不整，甚至死亡。

●在低水溫下的可能生存時間
15–20℃約10小時，－1℃約1小時。

2.主要檢查的正常值

A 如何接受檢查

●所謂檢查的正常值

所謂檢查的正常值是針對多位健康者，利用檢查加以測定之後，約 95% 所顯出一定範圍內數值而設定的數值。因此，即使是健康者，也約有 5% 會出現正常值範圍以外的數值，相反的，有時測定病人時也會出現出常值。

在血液生化檢驗的正常值，因人種、地區、男女的差別，及年齡差異也會有所影響。此外因季節的不同，一天內的變動，體位的不同，站或臥等都會引起變化，飲食、懷孕、月經都會造成數值變動。通常在醫院、檢驗所測出的正常值，都是以坐著採血所得的結果，因此在解釋檢查資料時必須考慮到上述多種因素，再加以判斷是正常或異常。

●檢查方法影響檢查值

檢查方法不同檢查值也不同，因此在某醫院所得的數值如果與另一家不同，也不能就此認爲該項目檢查不正確，或是以爲病情在短期內出現變化。在每個醫院內所做的檢查，較可能不同的項目，是血液中的 GOT、GPT、ALP、r−GTP、LDH、澱粉酶、TTT、ZTT 等多種。

B・尿・血液的檢查

●驗尿的基本注意事項

尿液擔任著將體內物質變化分解後的物質排出體外的任務，尿中物質的變化可反應出身體的狀況。服藥時，藥物大部份會在體內發生變化再排至尿中，因此檢查結果會造成異常，所以驗尿前數小時應避免服藥。

其次，腎臟功能正常時，尿液的濃度會保持一定的狀態，因此驗尿時，並不是檢查某時點的尿液成份變化，而是檢驗一定時間內所排出的尿液成份。

●驗血

檢驗血液時主要是檢查血液中的血球數及凝固力等，以及血清中所含的成份。將血液倒入試管內放置之後，血液便開始凝固，而將血球成份與透明液分開，上面澄清的液體是血清。血清中的成份與血球中的成份不同，通常在進行健康檢查時，是採取檢驗血清中成份的生化檢查。但偶而也會採取人工凝固，從血液中將血球成份去除，檢查其液體「血漿」（在血清中加入會凝固的成份）。

	檢查項目		檢查內容	正常值	主要疾病	檢查的注意事項
尿液與大便的檢查	尿膽素原		測量尿中尿膽素原的濃度	•用尿試紙法呈弱陽性	强陽性＝肝障礙等	•過度疲勞及酒後避免檢查。
	潛血反應	尿	檢查尿中有無出血	•用尿試紙法呈陰性	陽性＝腎、尿路器官疾病	•過度疲勞時避免檢查，檢查前不可服用維他命C，月經時避免檢查。
		大便	檢查大便中有無出血	•癒創木脂法呈陰性 •免疫等測試呈陰性	陽性＝消化器官疾病	•做化學檢查法時，在前三天就不可吃太多的綠色蔬菜及含鐵劑及維他命C的藥物。
	蛋白質		檢查尿中蛋白質的濃度	•1 日 120mg 以下 •尿試紙法呈陰性	高值及陽性＝腎疾病	•檢查前不可做劇烈運動，劇烈運動後會使蛋白質呈陽性。
	糖		檢查尿中糖濃度	•20～30mg／dl，1 日 40～85mg •尿試紙呈陰性	高值及陽性＝糖尿病	•檢查前不可服維他命C。 •無糖尿病時，也會出現腎性糖尿病。
血液檢查	血小板數		檢查血液中血小板的數目	•10 萬～40 萬個／mm^3	低值＝血小板減少性紫斑病，骨髓機能減退等	•即使血小板數目正常，血小板的機能也會出現異常。
	血沈		檢測血液中紅血球 1 小時的沈降速度	•男 10mm 以下，女 15mm 以下50 歲以上 •男 20 mm 以下，女 30 mm 以下	高值＝結核、風濕、貧血等	
	紅血球數		檢測血液中紅血球的數目	•男 420 萬～570 萬／mm^3 •女 380 萬～550 萬／mm^3	低值＝貧血等	•因年齡、性別有所差異。
	白血球數		檢測血液中白血球數	•4000～8500 個／mm^3	低值＝再生不良性貧血等 高值＝急性闌尾炎、白血病、及其他細菌性感染症等	•老煙槍的白血球數約超過 10000 個／mm^3 以上。
	血球容量		檢測血液中所佔紅血球的容積率	•男 38～41% •女 32-45%	低值＝貧血等	•爲調查貧血種類，白血球數、紅血球數、血小板數、血紅蛋白、血球容量值都必須同時測量。
	血紅蛋白		檢測血液中的血色素量	•男 12.4～17.0g/dl •女 12.0～15.0/dl	低值＝貧血等	•依年齡、性別、數值會有所差異。 •女性因月經所引起的缺鐵性貧血，出現頻率高。
	澱粉酶		檢測血清中的澱粉酶活性值	•男 85～340IU/l •女 125～380IU/l	高值＝胰臟炎、耳下腺炎等	
	清蛋白		檢測血清中的血清蛋白濃度	•3.7～5.0g/dl	低值＝腎病變症候羣、肝硬化	•即使營養不良也會出現低值。
	膽固醇		檢測血清中的高比重蛋白質裏所含的膽固醇濃度	•男 36−87mg/dl •女 44～96mg/dl	低值＝容易變成動脈硬化症	•運動與體重減輕數值會上升。

	檢查項目	檢查內容	正常值	主要疾病	檢查時注意事項
血液生化檢查	ALP	檢測血清中鹼性磷酸酶P活性值	• 66～220IU/l	高值＝肝臟疾病、膽結石等	• 發育期與懷孕期會呈高值。
	A/G比	檢查血清蛋白中白朊與球朊的比例	• 1.3～2.0	低值＝腎病變症候羣，肝硬化、慢性炎症等。	
	LDH	檢測血清中的乳酸脫氫酶活性值	• 200–400雷布斯奇單位	高值＝肝臟疾病、心臟疾病、溶血等	
	鉀（K）	檢測血清中鉀離子的濃度	• 3.5～5.0mEq/t	低值＝嘔吐，下痢等 高值＝阿狄森氏症，溶血等	
	鈣（Ca）	檢定血清中鈣濃度	• 8.6～10.0mg/dl（4.3～5.0mEq/l）	低值＝維他命D缺乏症，慢性腎不全，副甲狀腺機能減退症 高值＝原發性副甲狀腺機能亢進症	
	r-GTP	檢定血清中r–GTP活性值	• 男 6～60IU/l • 女 5～40IU/l	高值＝藥物、酒精引起的肝障礙等	• 酒精容易導致肝障礙，禁酒後即可迅速改變其值。
	肌酸酐	檢測血清中肌酸肝的濃度	• 男 0.7～1.3mg/dl • 女 0.6～1.0mg/dl	低值＝肌肉營養障礙症等 高值＝腎機能障礙等	• 受BUN的影響飲食量大
	氯（Cl）	檢定血清中氯離子的濃度	• 100～110mEq/l	低值＝嘔吐，急性腎不全等 高值＝脫水症等	
	血清中膽固醇	檢定血清中膽固醇的量	130～240mg/dl	低值＝肝硬化，甲狀腺機能亢進症等 高值＝動脈硬化症，甲狀腺機能減退症等	
	血清中蛋白質濃度	檢定血清中蛋白質的濃度	• 6.5～8.2g/dl	低值＝營養不良，肝臟疾病，腎臟疾病	
	血糖	檢定血液中糖濃度	空腹時 • 微血管血 65～105mg/dl • 靜脈血 全血 60～100mg/dl 血清・血漿 75～110mg/dl	低值＝注射過量的血糖降低劑與胰島素，會導致胰臟的胰島腫瘤 高值＝糖尿病等	• 空腹時血糖值120mg/dl以上，血漿140mg/dl以上。平常血糖值（全血，血漿）在200mg/dl以上則爲糖尿病。 可進行葡萄糖量負負荷試驗來測出血糖高低。
	GOT	檢驗血清中含谷氨酸、丁酮二酸、氨基移轉酶的活性值	• 8～33IU/l	高值＝肝臟疾病，肌肉疾病，溶血等	• 劇烈運動的隔天會呈高值
	CPR	檢定血清中甲瓜基醋酸、二氧磷基活性值	• 男 50～190IU/l • 女 40～150IU/l	高值＝心肌梗塞，肌肉疾病等	• 劇烈運動的隔天會呈高值
	GPT	檢定血清中谷氨酸、丙酮酸、氨基移轉酶活性值	• 4～33IU/l	高值＝肝臟疾病等	
	ZTT 硫酸亞鉛混濁試驗）	檢驗血清中球朊濃度的變化	• 2～13肯凱單位	高值＝肝臟疾病，慢性發炎症等	
	中性脂肪	檢定血清中的中性脂肪濃度	• 35～170mg/dl	高值＝糖尿病，動脈硬化症，肥胖等	• 會受飲食與喝酒的影響，所以應在空腹時檢查。
	TTT（百里酚混濁反應）	檢驗血清中球朊、脂朊濃度的變化	• 5馬克拉凱單位以下	高值＝肝臟疾病，高脂血症等	
	鈉（Na）	檢驗血清中鈉離子濃度	• 133～150mEq/l	低值＝嘔吐、下痢、阿狄森氏病、腎病變症候羣 高值＝脫水症、糖尿病等	
	尿酸	檢定血清中尿酸濃度	• 男 3.9～7.7mg/dl • 女 2.5～5.7mg/dl	高值＝痛風、腎臟機能障礙	• 會受飲食的影響所以應在空腹時檢查。精神壓力也會使值增高。
	BUN（尿素窒素）	檢驗血清中尿素所含氮濃度	• 8～20mg/dl	高值＝腎機能障礙等	• 受飲食的影響。
	膽紅素	檢驗血清中總膽紅素的濃度	• 0.2～1.3mg/dl	高值＝肝臟病，膽結石等	
	無機磷（P）	檢驗血清中無機磷的濃度	• 2.5～4.7mg/dl	低值＝原發性副甲狀腺機能亢進症，維他命D缺乏症等 高值＝副甲狀腺機能減退症等。	
其他檢查	血壓	用手臂（通常爲右臂）測定血壓	• 收縮壓 100–140mmHg • 擴張壓 90mmHg以下	低值（收縮壓在100mmHg以下）＝低血壓症 高值（收縮壓140mmHg以上，及舒張壓在90mmHg以上）＝高血壓症。	• 受精神壓力與日常行動的影響很大。
	肥胖度	測量身高與體重比例與標準體重比	• 標準體重增減10%	20%以上＝有糖尿病因素的人容易造成糖尿病併發症。 20%以下＝雖有攝取食物但體重仍減輕是患有消耗性疾病	• 標準體重＝（身高〔cm〕－100）×0.9kg • 標準體重還有其他的算法

3.隨著成長的體型變化

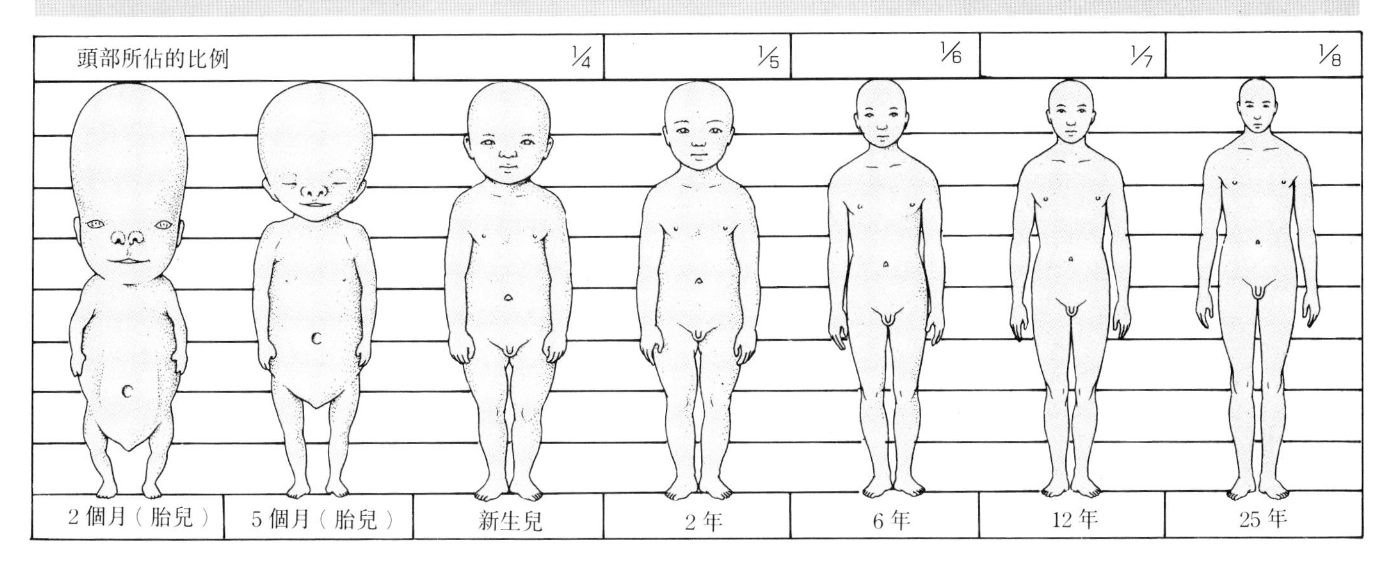

4.胚胎・胎兒的形態變化及胎兒容易發生異常的情形

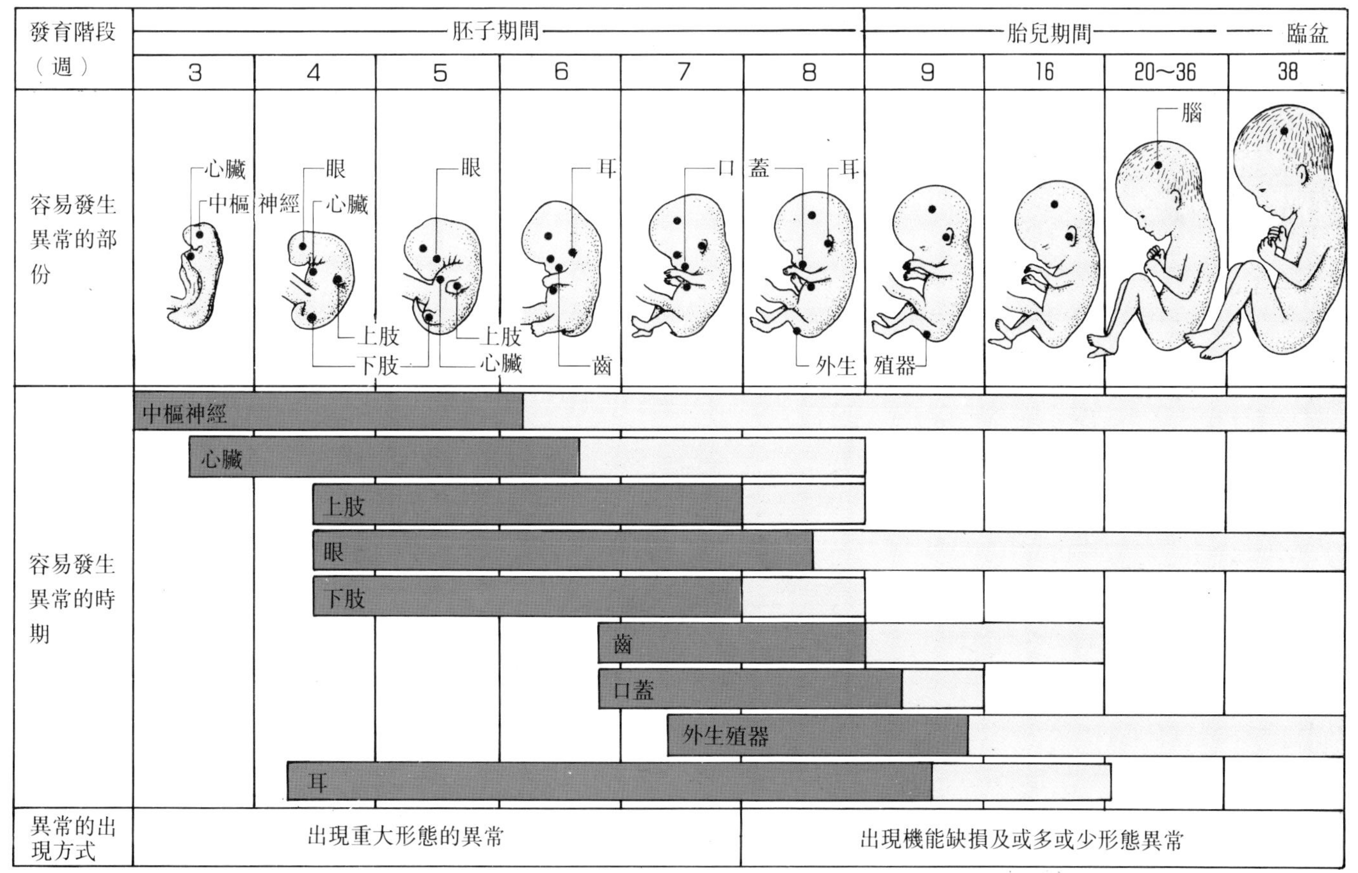

■對催畸形型因子極爲敏感的時期 □對催畸形因子不敏感的時期

註：器官分化期的受精後兩週內，不易受到畸形因子的侵害，但若受到畸形因子的侵害就會胎死腹中。

5. 不同年齡的體力測試結果

●這是取材自日本文部省體育局所做的壯年體力測試（反覆橫走，垂直跳躍，握力，Z字形運球，急走）的結果。從此項測試結果可了解到30歲以上的健康男女，其體力與運動現況。

●男性在21-22歲，女性在16-17歲時運動能力達到顛峯，以後就會逐年下降。〈壯年體力測試〉的結果也顯示出男女體力有下降的傾向，特別是在45歲以後，5種項目全都大幅滑落。

（註1）：表中〈標準數〉是爲了求平均值而進行測試的人數。

（註2）：表中的〈標準偏差〉是表示以平均值的記錄，可能發生誤差的數值。

●反覆橫走

〔目的〕 測驗身體快速移動的能力（敏捷性）。

〔測定方法〕 ①如圖站在中央線，聽到「開始」的信號就向右線跨越側走（不能跳），接著再回到中央線。

②然後再跨越左側線側步，接著再回到中央線。

〔記錄〕 ①在20秒內反覆上述4個動作，每越過線就給1分，右、中央、左、中央共4分。

②進行兩次測試以高分爲主。

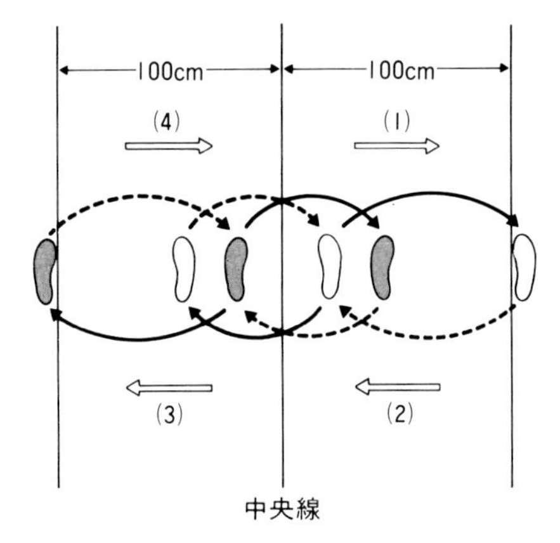

中央線

（單位：次）

年齡	男性			女性		
	標本數	平均值	標準偏差	標本數	平均值	標準偏差
30	544	47.63	6.12	508	42.24	5.87
31	501	47.02	5.83	518	41.30	5.87
32	520	46.54	5.78	520	41.65	5.66
33	508	46.42	5.71	531	40.85	5.79
34	525	45.99	5.97	564	40.99	5.44
35	528	44.95	5.77	585	40.70	5.62
36	549	44.74	5.76	599	40.17	5.60
37	540	44.15	5.89	599	39.92	5.51
38	544	44.25	5.98	602	39.52	5.89
39	586	43.60	5.75	595	38.74	5.56
40	527	42.73	5.58	572	38.76	6.04
41	491	42.35	5.93	489	37.88	5.65
42	498	42.41	5.49	512	37.60	5.66
43	502	41.71	5.61	523	37.66	5.70
44	514	41.49	5.62	507	37.26	5.51
45	492	40.83	5.64	523	36.87	5.79
46	482	40.54	5.19	502	36.37	5.77
47	482	40.45	5.28	493	36.70	5.75
48	481	40.92	6.21	477	36.15	5.91
49	473	40.01	5.83	466	35.58	5.88
50	426	39.51	5.20	457	35.02	5.95
51	424	39.99	6.08	437	34.57	5.77
52	433	39.26	5.83	457	33.99	5.80
53	414	38.29	5.70	436	33.75	5.71
54	414	37.92	5.79	431	33.00	5.74
55	413	37.56	5.91	429	32.65	5.52
56	415	37.28	5.88	433	31.82	5.63
57	416	36.51	5.86	412	31.79	5.45
58	413	36.03	5.89	417	31.04	5.64
59	444	35.74	5.87	424	30.66	5.68

●垂直跳躍

〔目的〕 測量瞬間所發揮的全身能力（瞬發力）。
〔測定方法〕 ①在靠近牆壁的手指上塗上粉筆，如左圖般雙腳並列靠線站立。
②儘可能的向上跳，並在測試用紙（黑板）上用手指做記號。
〔記錄〕 ①進行兩次，在較高的符號下如圖般將單腳靠近牆壁，另一腳靠線外側，筆直舉起單手在紙上做記號，後腳跟不可抬起。
②然後測量跳躍時所做的記號與站立時所做記號之間的距離。

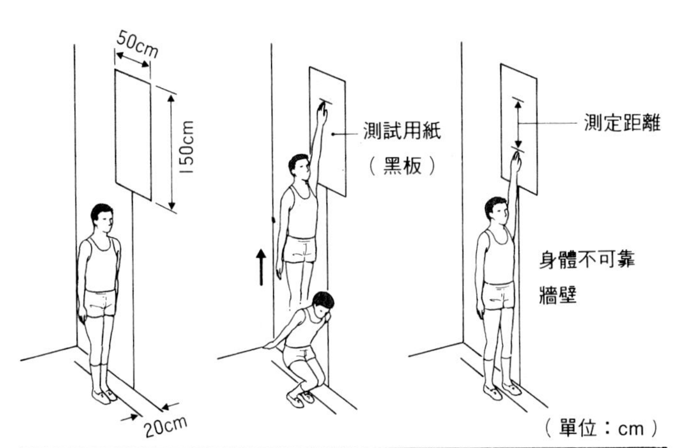

（單位：cm）

年齡	男性			女性		
	標本數	平均值	標準偏差	標本數	平均值	標準偏差
30	547	55.93	7.78	508	38.64	6.83
31	501	55.08	7.00	518	37.32	6.53
32	522	55.06	7.52	520	37.70	6.40
33	512	54.32	7.44	532	36.61	6.28
34	528	53.54	7.07	566	35.85	5.71
35	532	52.80	7.72	587	36.07	6.26
36	551	52.15	7.08	599	35.36	6.01
37	541	51.20	7.40	601	34.98	5.72
38	544	51.18	6.73	602	34.78	6.48
39	587	50.37	7.04	596	34.02	6.15
40	529	49.30	7.08	573	33.81	6.25
41	493	48.40	7.00	491	33.01	6.28
42	500	48.13	7.01	515	32.70	5.86
43	503	47.48	6.79	525	32.64	5.99
44	517	47.05	6.45	510	32.06	6.06
45	493	46.40	6.62	523	32.01	5.88
46	483	45.88	6.25	502	31.10	5.58
47	484	45.77	6.36	494	31.33	6.06
48	481	45.82	6.95	478	30.85	5.72
49	473	44.70	6.65	468	30.13	5.65
50	427	44.26	6.83	462	29.36	6.42
51	426	44.26	6.91	440	28.99	5.81
52	433	43.48	6.37	461	28.33	5.47
53	417	42.28	6.62	439	27.93	5.55
54	414	41.60	6.56	435	27.53	5.40
55	418	40.44	6.63	436	27.03	5.60
56	416	40.31	6.55	439	26.17	5.27
57	419	39.40	6.88	416	25.84	5.38
58	417	38.60	6.77	425	25.10	5.57
59	450	38.25	7.32	436	25.07	5.76

●握力

〔目的〕 爲了測試肌肉（主要是前臂的屈肌羣與手肌）收縮所產生的力量（肌力）。
〔測定方法〕 ①筆直的姿勢將兩腳自然左右張開，手臂自然下垂，手握力計，指針朝外側。此時，食指的第二關節幾乎呈直角般以調節握幅。
②握力計不可觸碰到身體或衣服，用力握，此時不可揮動握力計。
〔記錄〕 ①左右交互測兩次，採取較高的記錄加以平均，便成爲握力值。

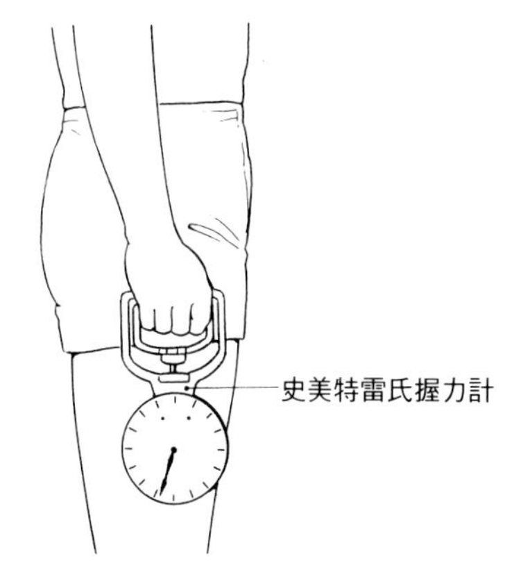

（單位：kg）

年齡	男性			女性		
	標本數	平均值	標準偏差	標本數	平均值	標準偏差
30	547	50.92	6.51	507	31.63	4.61
31	501	50.40	6.74	518	31.80	4.64
32	522	51.09	6.45	520	31.95	4.50
33	512	50.84	6.17	532	31.73	4.57
34	528	50.60	6.66	566	31.91	4.61
35	532	49.80	6.57	587	31.92	4.81
36	551	49.38	6.41	598	31.77	4.49
37	541	49.38	6.48	599	31.66	4.74
38	544	49.40	6.51	600	31.59	4.80
39	587	49.75	6.78	596	31.36	4.75
40	529	49.00	6.78	573	31.51	4.88
41	493	48.48	6.45	491	30.97	5.09
42	500	48.11	6.40	514	31.07	4.64
43	502	48.01	6.21	524	30.64	4.56
44	515	47.99	6.21	510	30.40	4.91
45	491	47.64	6.09	522	30.78	4.70
46	480	47.89	5.88	502	30.26	4.52
47	484	47.24	5.94	494	29.83	4.28
48	481	47.14	6.28	479	29.80	4.62
49	471	46.77	6.49	468	29.64	4.48
50	427	46.56	6.50	461	28.95	4.90
51	426	45.88	6.02	440	28.63	4.54
52	433	45.47	5.89	460	28.35	4.69
53	416	44.41	6.07	439	27.81	4.25
54	414	44.33	5.91	435	27.72	4.30
55	418	44.26	5.97	436	27.62	4.36
56	416	43.29	5.64	439	26.72	4.51
57	419	42.78	5.74	415	27.00	4.31
58	416	42.24	5.73	425	26.58	4.35
59	450	41.39	6.76	436	26.16	4.53

●Z字形運球

〔目的〕 是爲了測量身體的靈巧活動能力。

〔測試方法〕 ①手拿躲避球站在出發線標桿前方，根據信號開始，然後以單手朝箭頭方向（反向亦同）運球，通過兩標桿中間。

②運球途中不可用手握球，或是用雙手運球，但可以中途換手。

③身體或球碰到標桿，或是球跑出區域之外就要重來。

〔記錄〕 ①身體（不是肩、頭、手腳）回到出發線的時間以10分之1秒計算。

②進行兩次以較高記錄爲主。

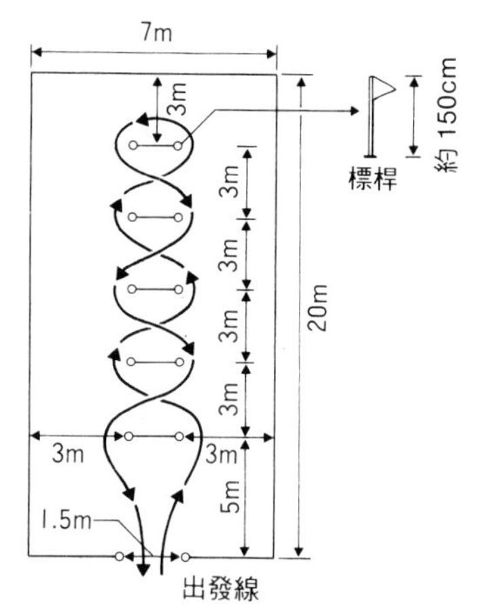

（單位：秒）

年齡	男性			女性		
	標本數	平均值	標準偏差	標本數	平均值	標準偏差
30	547	15.65	2.26	508	17.76	2.66
31	503	15.79	2.28	518	18.07	2.51
32	522	15.99	2.59	520	18.14	2.75
33	513	16.21	2.40	532	18.25	2.69
34	528	16.24	2.34	566	18.44	2.76
35	532	16.60	2.43	587	18.41	2.68
36	551	16.56	2.42	599	18.62	2.77
37	541	16.85	2.79	601	18.65	2.70
38	544	16.76	2.67	602	18.71	2.93
39	587	17.02	2.62	596	18.82	2.67
40	529	17.29	2.63	573	19.07	3.16
41	493	17.55	2.94	491	19.26	2.98
42	499	17.67	2.66	515	19.55	2.95
43	503	17.89	2.87	525	19.59	3.06
44	517	18.04	3.05	510	20.00	3.31
45	493	18.36	3.08	523	20.27	3.49
46	483	18.57	3.23	502	20.42	3.55
47	484	18.76	3.24	493	20.24	3.37
48	481	19.03	3.79	480	20.70	3.65
49	473	19.50	3.55	467	21.12	3.71
50	427	19.75	3.81	461	21.69	3.95
51	426	19.80	3.75	440	21.77	3.82
52	433	20.33	4.03	461	22.34	4.04
53	417	20.67	3.76	438	22.39	3.95
54	414	21.05	3.77	435	22.89	4.29
55	418	21.68	4.71	436	23.07	4.14
56	416	22.08	4.23	438	23.56	4.10
57	418	22.32	4.49	415	23.50	4.14
58	415	22.74	4.36	425	24.55	4.95
59	449	23.57	5.38	436	24.40	4.81

●急走

〔目的〕 測試長時間激烈運動能力（持久性）

〔測定方法〕 ①男性急走1500公尺，女性1000公尺。

②要保持平均速度快走。

〔記錄〕 ①計時員發出出發的訊號後就按馬錶，回到終點就停止馬錶，計算走路所花的時間。

（單位：秒）

年齡	男性			女性		
	標本數	平均值	標準偏差	標本數	平均值	標準偏差
30	543	675.81	72.43	499	501.22	48.65
31	500	679.62	71.59	505	502.83	47.12
32	517	674.69	72.48	513	501.04	42.01
33	511	686.75	74.01	520	505.80	51.28
34	524	687.58	72.64	559	501.54	44.43
35	532	696.27	69.88	584	504.14	47.01
36	545	701.10	71.04	589	508.30	44.49
37	538	705.16	67.89	587	506.94	43.39
38	541	694.83	71.45	591	508.30	42.62
39	582	706.34	66.53	591	511.07	48.26
40	523	707.57	73.15	567	512.96	45.70
41	483	707.66	68.76	487	513.29	44.72
42	494	711.24	65.37	505	518.71	45.65
43	503	715.08	66.39	522	516.95	43.24
44	508	717.91	69.03	503	524.28	49.60
45	488	714.98	72.33	517	523.22	46.41
46	474	716.14	71.23	499	523.35	49.88
47	472	723.28	71.04	484	524.76	44.97
48	477	718.02	68.49	475	530.17	49.84
49	466	729.22	68.39	462	529.39	52.03
50	420	727.94	65.78	457	541.59	59.47
51	419	732.17	69.75	437	537.41	55.75
52	422	735.90	67.31	455	536.56	54.80
53	409	734.68	65.44	436	539.61	52.24
54	402	734.41	71.31	425	542.34	52.98
55	407	740.41	70.03	429	542.38	53.03
56	404	742.33	66.39	432	551.87	58.63
57	407	752.38	67.18	408	550.57	62.09
58	406	753.41	66.38	420	554.85	59.29
59	425	753.81	74.42	429	558.63	62.71

6.應該知道的用語

三劃

口瘡 ——口中粘膜舌頭表面出現白色圓形的發炎症狀，周圍會出現充血粘膜，會有如潰爛般越來越嚴重，治好之後不留瘢痕。

口渴 ——生理上需要水份而產生的狀態，當排尿次數多致使體內水份減少，身體則會發出需要水份的訊號，此即以口渴來反應。

下痢 ——糞便中的水份異常多出而排出如水的狀態，且大便的次數增加，下痢的起因多爲腸功能異常。

四劃

中風 ——突然喪失意識而倒地，有因腦血管受阻而引起的腦中風，亦可能發生因腦下垂體中風而引起其他器官出血。

中毒 ——指血液中的PH值（氫離子指數）傾向酸性的身體狀態。普通血液的PH值爲7.4的弱酸性，而當單純的PH值屬於酸性（PH小於7時）並不可稱爲酸中毒，而應稱爲酸血症。

幻覺 ——腦海裏浮現出不實在的影像，包括幻聽、幻視、幻嗅、幻味、幻觸等，引起的原因多爲心理因素或飲了過量的酒而使腦部受到障礙。

心因性 ——由於心理或精神受刺激而引起的某種心理敏感，此爲心理疾病的一概要名詞。

心神不寧 ——身體的器官並無明顯異常，但體內及情緒却有不順暢的感覺，一般大都爲自主神經失調及心理因素而引起的。

心悸 ——會知覺到心臟跳動不正常，心臟跳動快而亂，有時甚至會感到心臟暫時停止跳動，但這也可能是心理感覺，實際上並不如此。

水疱 ——皮膚的淺層組織堆積著液體似透明的囊狀物。

內障炎 ——因疾病而致使視力受到障礙，如白內障、青光眼等。

乏尿 ——一天的尿量少於正常量的狀態稱爲乏尿，此狀態下的尿量在0.4ℓ以下。

五劃

打嗝 ——胃中的氣體經食道逆流回嘴巴的現象，一般會出現聲音。

丘疹 ——皮膚產生病變而突起，突起的部份有細小的物質堆積著，一般疹子約爲數釐米大小。

失行 ——身體並沒有發生麻痺等障礙，但行動或四肢却一時無法自主運行，例如無法用手來脫衣服等。

失神 ——暫時喪失意識，一般在站立或坐著時較易發生，可讓患者躺著休息一段時間即可恢復意識。

白帶 ——女性性器官的外陰部流出的一種分泌物。

正常體溫 ——正常體溫因人而異，時間不同體溫也隨之有異。一般爲36～37℃，小孩體溫較正常人高，老人則較低。

本態性 ——病因不明，與持續性同意。如本態性高血壓症、本態性出血。

六劃

血尿 ——尿液裏摻雜著帶紅血球的血液，肉眼即可看出的稱肉眼血尿；肉眼看不出，需用顯微鏡才能看出的稱顯微鏡血尿。主要是腎臟或尿道的出血。

血便 ——大便裏混有血液的狀態，主要是食道、胃、十二指腸、大腸、小腸、直腸等出血，也可能是痔瘡引起的出血造成血便。

血栓 ——血管或心臟出血，血液成堵塞狀態，血管內部一旦堵塞便會產生病變。

吐血 ——由口、鼻吐出血液，一般是身體上部的消化器官如胃、食道、十二指腸出血而引起吐血。

吐奶 ——嬰兒吃奶後不久，口裏吐出乳汁，有些情況是病態的症狀，也可能是吸奶時吸入空氣而刺激胃而引起。

休克 ——因某種原因而使心臟功能減低而發生臉色蒼白、冒冷汗、血壓低、呼吸異常且意識模糊，若不適時適當的救助，則可能導致死亡。

妄想 ——自己認爲正常，產生了非現實性的幻想，與一般正常性思考不同，有時產生被害妄想、誇大妄想等。可能因精神分裂而產生的，屬於精神病症。

耳鳴 ——耳朵外側沒有聲音刺激耳部，但感覺聲音一直作響，可能是血液流動或體內其他音源造成。這是只有自己才聽得到的自覺性耳鳴。

自我免疫 ——是一種普通免疫反應（抗原抗體反應），此種反應是對異物的防衛，將自我的細胞組織成抗體以抵制異物。自我免疫也可能導致對身體造成傷害（自我免疫系統疾病）。

七劃

弛緩症 ——肌肉的緊張度變弱或完全消失的狀態，因胃、腸、心臟等內臟肌肉等緊張消失時而發生，如胃弛緩。

抗原 ——具有防止異物侵入的免疫性反應物質，當異物（如細菌）侵入體內時則體內細胞或物質變化而產生抗原（自我免疫）。

抗體 ——由於抗原的刺激，使體內產生自我防衛的物質，以抵抗外來的異物的現象，這種情形即爲抗體。

肌肉紅腫 ——因運動而使下肢腫起或大腿肌肉產生疼痛無法行走，主要是肌肉疲勞或收縮而引起的。

八劃

肩膀僵硬 ——肩膀有脹痛僵硬的不快感覺，可能是肩肌緊張或血液不流通而造成，適當的予以按摩可舒服許多。

昏睡 ——喪失意識的嚴重狀態，給予強烈刺激後仍呈半昏睡狀態或無反應的深沈昏睡時可能是腦部受到嚴重傷害。

疝痛 ——腹部反覆疼痛，是爲胃腸等緊張而痙攣引起，一般發作數分鐘，控制後即不再疼痛。

青紫 ——口唇、爪牀、指尖或眼睛結膜呈暗紫狀，此爲血液中氧氣缺少或心臟、肺產生障礙、末梢血管滯阻所發生。

抽搐 ——特定肌肉非下意識的反覆規律收縮，是爲腦部或心臟、心理因素造成。

九劃

抽筋病 ——非意志性的使臉、手指等呈扭曲狀。一般發生於腦部有障礙時。

胃痙攣 ——上腹部短時間出現強痛的總稱。以胃爲首、十二指腸、膽囊等內臟器官痙攣與因擴張而生的內臟病，皆被列入此症，而嚴格上是指胃痙攣而言，有時也不感覺痛。

急性 ——短時間內身體部位突然發生劇烈疼痛，無具體的時間，與「慢性」爲對立之名稱。

便血 ——糞便混雜多量肉眼可見到的血液稱爲便血。

紅斑 ——爲皮膚病症之一，皮膚表面並無腫起。皮膚因充血而發紅，此爲皮膚發炎的症狀之一。

神經衰弱 ——身體極易疲勞，情緒焦燥、注意力不集中或失眠頭痛、食慾不振。主要因極度疲勞或感情壓力造成，爲神經之病症。

神智不清 ——意識模糊而產生幻覺、幻想等，中毒或發燒時也會產生神智不清狀態。

穿孔 ——體內器官組織可能因潰爛而造成穿孔，易造成穿孔的是胃、腸、膽囊或膀胱等管狀袋狀器官的管壁。

突指 ——指甲受外力而使關節、韌帶受損，有時也因手指伸展而導致肌腱斷裂。

哭泣痙攣 ——嬰幼兒因劇烈哭泣而發生突然停止呼吸且四肢用力而攣縮的暫時性症狀，產生原因不明。

便秘 ——大便的次數少而糞便很硬，造成排泄困難稱之便秘。

十劃

特異反應症 ——對於特定物質如花粉或香氣會有過敏反應的先天性體質狀態。支氣管哮喘、花粉症、皮膚炎是特異反應症的代表性疾病。

高熱 ——體溫比正常狀態高（發燒），體溫在 39℃ 以上稱高熱（高燒）。

倦怠感 ——全身感到疲乏不想動的狀態。

原發性 ——原發有最初、第一、直接的意義。例如有移轉性癌與原發性癌等。

酒疹 ——臉部皮膚或鼻頭因毛細管擴張而變紅，發酒疹的原因是身體內外的各種原因所造成。

徐脈 ——脈搏的跳動比正常低，一般以脈搏跳動在 60 次以下稱爲徐脈。

家族性 ——某一疾病集中在同一家族中的情形，一般稱以「遺傳性」之名。

浮腫 ——身體組織堆積多量水份，由外部肉眼即可見的腫脹現象稱爲水腫，今爲全身浮腫與特定部份局部性浮腫。

副疹脈 ——脈搏不規則而亂，是爲心臟跳動不規則的症狀。

疱疹 ——水疱及小疱以一定形式發生，一般爲濾過性病毒所引起的單純疱疹。

胸悶 ——胸部心窩附近產生灼熱感，從食道下部至胃的入口處因粘膜刺激而胃酸過多引起。

眩暈 ——對於空間感到異常，如周圍環境在旋轉而身體不能平衡。

痂皮 ——因水疱、腫疱破而成糜爛狀後，皮膚表面乾燥形成痂皮，也稱結痂。

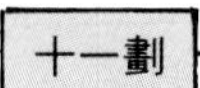

十一劃

副急性 ——在急性與慢性疾病之間所發生的疾病，而期間有多長無一定標準。

假死 ——喪失意識，以普通方法也無法確定呼吸及心臟是否跳動，由外觀看來是呈已死狀態，實際上却仍活著，若置之不理則可能真的死去，有時也會有自然復甦的情形。

脫臼 ——骨骼關節脫離，關節與關節無法接合完全。關節面稍微脫離稱之不完全脫臼，完全脫離則稱完全脫臼。

脫水症狀 ——體內水份約佔人體重的 60%，當水份多量排出如嘔吐等減至比正常比例少的狀態時會有脫水症狀，如不適當的補充水份則極可能致命。

悸動 ——自覺心臟猛烈的跳動，與心悸、動悸同意。

貧血 ——末稍血液的紅血球數量比正常少的狀態，由於身體活動致使氧氣不足，而發生失神、呼吸不順、動悸、暈眩等。

脫腸 ——體內的內臟器官有與生具來的洞口而脫出於正常位置，一般以腹部器官較易發生。

偏頭痛 ——發生的情況可能無特殊原因，但頭的一側會反覆疼痛，疼痛可能會持續數小時，也可能會有想吐的現象。

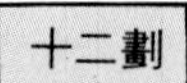

十二劃

萎縮 ——內臟或身體器官比原體積縮小的情況，可能是發育不良或從一開始就比正常小者稱萎縮。

喀血 ——肺部組織出血而自咽部咳出血，少量時稱血痰。因外力而損傷肺部而造成內部出血而喀血，或爲肺癌、肺結核、呼吸器官的病症。

喀痰 ——呼吸氣管分泌出痰狀物，此一物質主要是氣管、支氣管、肺泡所分泌，與鼻涕不同，檢查痰可驗出是否得了肺癌。

黃疸 ——膽紅素大量堆積在體內，使皮膚及粘膜變黃的狀態。膽紅素是血液紅血球中血紅蛋白經分解後所產生的廢物，而這些廢物在分解排泄過程中發生障礙，便會引起黃疸。

强直 ——因關節骨（軟骨）導致關節僵硬而活動受限稱爲關節强直。當肌肉的不隨意肌引起劇烈的收縮而持續强直狀態稱爲强直性痙攣。

痙直 ——當四肢關節伸展時產生了一股關節或肌肉受到抵擋的狀態稱爲痙直。

痙攣 ——原本可依意志活動的隨意肌一時無法依意志收縮時稱之。可分爲全身性痙攣及局部性痙攣，有時可能會過一段時間發生，此一情形爲續發性痙攣。

惡寒 ——在發燒時會感覺寒冷的狀態。因感染而刺激到體溫調節中樞，致使體溫調節水準上升，使正常體溫比它還低，因而會感覺寒冷，嚴重時會發抖。

惡液質——患癌症致使身體陷入各種不良情況的狀態。癌細胞不斷的破壞身體器官，奪走身體所需物質，而創造出有毒物質，這些有毒物質結合便稱爲惡液質。

結節 ——皮膚表面隆起，而皮下組織爲結塊的狀態。

結腹 ——腹部感到疼痛，有便意但只排出少量，此一情形會持續而使腹部極爲不適，爲直腸發炎症狀。

結滯 ——脈搏跳動不正常，與不整脈同意。

硬直 ——肌肉僵硬，由外使力可使四肢活動，但肌肉自始至終都呈抗力感的僵硬。

硬結 ——觸摸身體表面有硬塊的情形，與結節同意。結節是觸摸皮膚時感到有硬塊，硬結則是感到有彈性的硬塊。

紫斑 ——皮下組織或微血管出血，致使皮膚表面成紫色，跌倒、摔傷等受外力撞擊時易形成紫斑，但也有自然發生的情況。

喘鳴 ——隨著呼吸而產生咻咻的喘氣聲，此種情形是因支氣管哮喘或其他原因使氣管狹窄所致。

單邊麻痺 ——身體的一側上肢或下肢發生運動麻痺，這是控制上下肢的大腦單邊發生障礙的情形。

無尿 ——一天的尿液量極少，在 0.1 ℓ 以下的狀態，這是腎臟分泌尿液停止的情形。

十三劃

解熱 ——身體的溫度比正常高而以其他方法使體溫降到正常的情形稱之。用來降低熱度的藥物爲解熱藥。

瘙癢 ——皮膚感到奇癢無比，此爲皮膚受到輕微刺激而引起的輕微痛覺。

腹水 ——堆積在腹腔內的液體稱爲腹水。腹部有腹水時則腹部膨脹，一般爲肝硬化的症狀。

腫脹 ——身體某部發生紅腫現象，此爲身體表面發炎症狀。

腫瘤 ——病態細胞組織集結成塊而與其他部位明顯的區分出，以肉眼即可見到的即爲腫瘤。

腫瘍 ——體內細胞無限制增殖，導致喪失原本功能，可能還會造成血液逆流或毒性物質，破壞了組織功能。

腫疱 ——皮膚表面隆起了疹狀物，內部有膿液。

腹部腫瘤 ——由腹部表面可摸到內部的硬塊（腫瘤），有些爲發病的症狀。

腹部膨脹 ——腹部異常鼓脹，有液體積於內部使內臟器官造成腫瘤，或因脂肪堆積於腹部而發生。

腹鳴 ——腸內有氣體液體時蠕動而發出的聲音，在空腹或下痢時也會發出聲音，但大部份是其他因素致使腸內堵塞而發生的聲音。

嗜眠 ——即使予以強烈刺激仍昏睡，呼喊拍打也只產生反應遲鈍的輕度意識狀態。

嗄聲 ——聲音沙啞而破裂，是聲音異常的總稱，原因是喉嚨聲帶異常。

微燒 ——表發燒程度，與高燒（39℃）相對的用語，微燒狀態即持續在37°～38℃之間的體溫。

過敏症 ——爲了對抗來自外界的異物，身體所具有的免疫反應出現病症的現象。

溢乳 ——嬰兒喝奶後由嘴內溢出奶水，這與因患病的「吐奶」不同，不需擔心，授乳後只要拍嬰兒的背部讓他把氣吐出就不會發現此現象。

腸阻塞 ——腸內物質的移動受到阻礙，在腸內部發生通過障礙的狀態，與腸閉塞症同意。會出現腹痛、停止排氣、排便，並有嘔吐的現象。

瘀血 ——流回心臟的靜脈血流受到阻礙，而血液在組織內發生異常增加的狀態。心臟功能會減退，當靜脈受到壓迫或狹窄、閉塞時，便會發生此症狀。

瘀滯 ——血液、淋巴組織、膽汁等體液無法正常流動循環的狀態。

運動失調 ——意志運動發生不平衡的狀態，患此症時手會抓不到東西，而且腳的活動也無法協調，因此走路也不順暢，主要原因是小腦障礙。

運動麻痺 ——肌肉無法正常活動，不能隨意志行動，或運動機能減退等情況，運動中樞傳到肌肉的神經發生障礙便會引起此症。

十四劃

對麻痺 ——左右兩方下肢發生麻痺狀，一般爲脊髓發生障礙導致上肢麻痺（兩臂皆麻痺）。亦只有下肢單邊麻痺（單側麻痺）。

發疹 ——肉眼可看到的皮膚病症狀總稱，包含皮膚變紅變紫，或生紅斑、膿疱、痂皮等。

發紅 ——皮膚的有限範圍內周圍血管擴張而顯示出皮膚變紅的症狀，是爲皮膚發炎的代表性症狀。

發燒 ——體溫比正常高，正常體溫因人而異，普通體溫在37℃以上即爲發燒。

慢性 ——通常即爲長期性疾病，與急性相對。成人病通常都屬慢性疾病。

十五劃

嘔氣 ——胸部不舒服想吐的狀態。

嘔吐 ——胃內的食物經由食道從嘴巴吐出的現象。這是藉由嘔吐中樞的興奮所引起的身體防禦反應，是由胃及橫膈膜的強力收縮所產生的。

噁心 ——與嘔氣，想吐同樣的意思。會感覺胸部不舒服、唾液增加、出冷汗等不舒服感覺，一般皆出現在嘔吐之前。

潰瘍 ——皮膚及黏膜（管狀內臟器官裏面）的組織，由某種大範圍的破壞而造成潰爛狀態。引起原因爲感染了細菌而發炎，或因物理性、化學性藥品傷害而引起，一般所謂的潰瘍以消化道的潰瘍爲主。

器官性 ——身體的內臟、器官、組織等發生異常情形，而腦部也無法正常支配身體各部，此爲器官性精神病，（與機能性、心因性對稱的名詞）。

褥瘡 ——長期臥牀而身體部份組織被壓迫而導致身體細胞壞死，通常發生在身上長期臥病的病人身上。

瘜肉 ——由細胞組織形成莖形狀腫瘤，在鼻、腸、子宮內較易發生，通常是癌或腫瘍的原因造成。

十六劃

遺尿 ——堆積在膀胱的尿在無意識下全部排出的情形。

機能性 ——身體內臟器官無異常或病變，但是其功能卻異常。與「器官性」意義相對，與「心因性」相同。

膿瘍 ——內臟器官組織壞死而堆積於細胞組織上，一般多發生在皮膚、腎臟、肺、肝臟、腦部。

頻尿 ——尿次比平常多，但身體尿量並沒有增加的現象稱之頻尿。

頭昏眼花 ——頭或臉部發熱，通常是更年期的徵狀，有時是心理因素所造成。

十七劃

壓痛 ——自然情況下並不痛，但施予外力時就會感到疼痛。當肌肉組織發炎、腫瘤或其下方內臟有異常時就會有壓痛。

關聯痛 ——某部疼痛與實際疼痛有一段距離，如狹心症時左肩左手疼痛，腎臟炎時則在心窩處疼痛。

濕疹 ——一種皮膚病變，其發疹部含有漿液，主要原因是因外部的刺激致使體內過敏所造成。

糜爛 ——皮膚的表皮組織遭破壞，致使皮下組織潰爛。

黏血便 ——血液與黏液混雜的糞便。此爲大腸以下的消化器官產生病變而發生此一情形。

十八劃

顏面蒼白 ——流經臉部的血液量減少而使臉色蒼白。此爲遭受重大打擊時的代表徵狀。心肌梗塞或心臟功能減退時，血管萎縮使血流減少也會發生。

顏面潮紅 ——流經臉部的血液量增加因而使臉色變紅，除了發燒、運動外，害羞也會出現此一情形，這些是精神上興奮而產生的狀態。

十九劃

壞死 ——身體中一部份細胞或組織受傷害而死的症狀，原因有微生物感染、化學物質作用、物理作用、血液循環障礙、代謝障礙等。

壞疽 ——壞死的症狀中，表面呈黑色或褐色。因細菌感染腐敗時更爲嚴重，會產生具有惡臭的壞疽，與非感染性呈木乃伊狀的乾性壞疽。

二十一劃

囊泡 ——身體內部發生病變致使體內有液體或氣體的袋狀物。

二十二劃

顫抖 ——手臂或身體某部無意識不自主的抖動著，此一情況主要是對立肌交互收縮。

顫慄 ——身體因寒冷而發抖使肌肉非意識的產生規律的收縮症狀。

二十三劃

攣縮 ——關節韌帶及軟骨以外的組織發生萎縮現象致使關節活動受限。有先天性的攣縮，也有因後天的傷害（如火傷）而致攣縮。

二十四劃

鹼中毒 ——指血液中的 PH 值傾向鹼性的身體狀態，而血液如果已經完全屬於鹼性，稱爲鹼性血症。

●**主要疾病**　頭部外傷、腦梗塞、腦出血、蛛網膜下出血等，此皆爲暫時性腦出血症狀。

●**主要疾病**　腦腫瘍、日本腦炎。

●**主要疾病**　脊髓損傷、肌肉萎縮硬化、脊髓空洞症、脊髓腫瘍、髓骨膜炎等。

●**主要疾病**　因折射異常（遠視、近視、亂視、老花眼）而致；色盲、斜視、發炎（結膜炎、角膜炎），或因眼壓異常（青光眼）而致白內障等，有時也會產生網膜剝離或因外傷而導致眼部疾病。

●**主要疾病**　外耳炎、中耳炎（急性、慢性）、重聽、米尼爾氏病。

●**主要疾病**　急性鼻炎、慢性鼻炎（單純性・肥厚性・萎縮性）、鼻子過敏、副鼻腔炎、嗅覺異常、鼻中隔彎曲等。

●**主要疾病**　口腔炎、口角炎、舌炎、蛀牙、齒槽膿等。

●**主要疾病**　扁桃炎、咽頭炎、上顎炎、喉頭炎、聲帶瘜肉等。

●**主要疾病**　乳腺炎、乳腺症、乳腺纖維囊腫、乳汁分泌異常等。

●**主要疾病**　風濕、攣縮、腱鞘炎、金貝克氏病等。

人體的構造、疾病與症狀

人體的地圖

出　　版：暢文出版社
發 行 人：張文良
原 著 者：高橋長雄
翻　　譯：郭玉梅・張豐榮
文　　編：譚蕙婷・趙家梅
美術設計：黃郁晴・喬美玉
出版字號：新聞局局版台業字第2664號
地　　址：台北市西園路二段372巷15弄8號
電　　話：(02)305−8847・337−9228
傳　　真：(02)307−1105
郵撥帳號：台北 0560156−4 張文良帳戶
中華民國八十年十月出版
中華民國八十二年三月再版

定　價：360元

ISBN：957−8507−06−2